U0463373

"统计与数据科学丛书"编委会

主　编：朱力行

副主编：郭建华　　王兆军　　王启华

编　委：(以姓氏拼音为序)

艾明要　林华珍　石　磊　宋学坤

唐年胜　王汉生　薛留根　杨立坚

张志华　朱宏图　朱利平　朱仲义

邹国华

统计与数据科学丛书 8

因果推断方法及其应用

李 伟 著

科学出版社

北 京

内 容 简 介

本书系统介绍了因果推断的方法及其应用,共八章. 第 1 章重点阐述了潜在结果框架与结构因果模型,为全书内容奠定基础. 第 2 章介绍了多种经典因果推断的基本方法,包括倾向得分法、匹配法、回归法、双稳健估计法、工具变量法以及阴性对照法等. 在此基础上,本书进一步深入探讨多个因果推断的前沿主题. 第 3 章讨论了基于多模型整合的稳健估计方法,以应对模型不确定性带来的挑战. 第 4 章聚焦于融合数据的因果推断,介绍如何整合来自多个数据源的信息以提升推断效率与准确性. 第 5 章至第 8 章依次介绍了含死亡截断数据的因果推断、含缺失数据的因果中介分析、归因分析以及基于工具变量法的因果关系发现. 本书不仅注重因果推断方法的讲解,还结合实际案例进行分析.

本书可供统计学研究人员、对因果推断感兴趣并具备一定统计学基础的研究生、高年级本科生等参考阅读.

图书在版编目(CIP)数据

因果推断方法及其应用 / 李伟著. -- 北京 : 科学出版社, 2025. 5. -- (统计与数据科学丛书). -- ISBN 978-7-03-082196-6

I. B812.23

中国国家版本馆 CIP 数据核字第 2025EY4550 号

责任编辑:李 欣 李香叶 / 责任校对:杨聪敏
责任印制:赵 博 / 封面设计:无极书装

科学出版社 出版

北京东黄城根北街 16 号
邮政编码:100717
http://www.sciencep.com

北京华宇信诺印刷有限公司印刷
科学出版社发行 各地新华书店经销

*

2025 年 5 月第 一 版 开本:720 × 1000 1/16
2025 年 10 月第二次印刷 印张:12 1/2
字数:250 000

定价:98.00 元
(如有印装质量问题,我社负责调换)

作 者 简 介

李伟，北京大学数学科学学院博士毕业，现任中国人民大学应用统计科学研究中心研究员；统计学院副教授；中国人民大学吴玉章青年学者，入选国家高层次青年人才计划. 担任中国现场统计研究会因果推断分会副秘书长、医药与生物统计分会副秘书长. 研究兴趣包括因果推断、缺失数据及其在生物医学、社会经济学等领域中的应用. 研究成果发表于 *Journal of the Royal Statistical Society: Series B, Biometrika, Biometrics* 等国际知名期刊. 主持国家自然科学基金面上项目和青年项目、北京市自然科学基金面上项目等多项课题.

"统计与数据科学丛书" 序

统计学是一门集收集、处理、分析与解释量化的数据的科学. 统计学也包含了一些实验科学的因素, 例如通过设计收集数据的实验方案获取有价值的数据, 为提供优化的决策以及推断问题中的因果关系提供依据.

统计学主要起源对国家经济以及人口的描述, 那时统计研究基本上是经济学的范畴. 之后, 因心理学、医学、人体测量学、遗传学和农业的需要逐渐发展壮大, 20 世纪上半叶是统计学发展的辉煌时代. 世界各国学者在共同努力下, 逐渐建立了统计学的框架, 并将其发展成为一个成熟的学科. 随着科学技术的进步, 作为信息处理的重要手段, 统计学已经从政府决策机构收集数据的管理工具发展成为各行各业必备的基础知识.

从 20 世纪 60 年代开始, 计算机技术的发展给统计学注入了新的发展动力. 特别是近二十年来, 社会生产活动与科学技术的数字化进程不断加快, 人们越来越多地希望能够从大量的数据中总结出一些经验规律, 对各行各业的发展提供数据科学的方法论, 统计学在其中扮演了越来越重要的角色. 从 20 世纪 80 年代开始, 科学家就阐明了统计学与数据科学的紧密关系. 进入 21 世纪, 把统计学扩展到数据计算的前沿领域已经成为当前重要的研究方向. 针对这一发展趋势, 进一步提高我国的统计学与数据处理的研究水平, 应用与数据分析有关的技术和理论服务社会, 加快青年人才的培养, 是我们当今面临的重要和紧迫的任务. "统计与数据科学丛书" 因此应运而生.

这套丛书旨在针对一些重要的统计学及其计算的相关领域与研究方向作较系统的介绍. 既阐述该领域的基础知识, 又反映其新发展, 力求深入浅出, 简明扼要, 注重创新. 丛书面向统计学、计算机科学、管理科学、经济金融等领域的高校师生、科研人员以及实际应用人员, 也可以作为大学相关专业的高年级本科生、研究生的教材或参考书.

朱力行

2019 年 11 月

前　言

随着大数据时代的到来, 科学研究中数据的获取和应用变得前所未有的丰富与多样. 然而, 数据的关联性分析已难以满足人们对复杂现象背后因果机制的深入理解. 如何从试验数据和观察性研究中提取因果信息, 揭示变量之间的因果关系及其作用路径, 已成为统计学、经济学、医学、社会科学等多个领域的重要课题. 这一挑战推动了因果推断理论与方法的迅速发展, 也为科学研究和实际决策提供了新的契机和工具.

传统数据分析聚焦于变量间的相关性, 却无法回答 "为什么会发生?" "某种干预会带来什么结果?" 等因果性问题. 例如, 仅通过数据发现玩暴力类电子游戏的青少年更易参与校园霸凌, 并不能确定电子游戏是不是诱因. 因果推断的核心在于解答这些深层次问题: 理解干预的因果效应、识别潜在因果路径, 以及揭示现象背后的因果机制. 这不只是科学发展的需求, 更是政策制定等实际场景中的关键工具.

本书系统阐释了因果推断的理论框架、方法体系及实际应用. 第 1 章介绍了因果推断的基础理论, 包括潜在结果框架和结构因果模型; 第 2 章梳理了倾向得分法、匹配法、回归法、双稳健估计法、工具变量法及阴性对照法等经典方法; 第 3 章探讨了基于多模型整合的稳健估计方法, 以应对模型不确定性的挑战; 第 4 章介绍了基于融合数据的因果推断, 旨在通过多源数据提升推断的准确性; 第 5 章至第 8 章依次介绍了基于含死亡截断数据的因果推断、含缺失数据的因果中介分析、归因分析, 以及基于工具变量法的因果关系发现. 这些内容既包含理论方法解析, 也通过实际案例展示了方法的具体应用.

最后, 特别感谢作者的博士生导师耿直、周晓华对作者的悉心指导. 感谢罗珊珊老师、苗旺老师、刘岚老师、许王莉老师、李赛老师等合作者与作者在因果推断领域的共同探索. 感谢研究生王语涵、张孝延、杜箴玥、刘佳朋、王婷、张楠、张逍颖、单嘉伟、邹静的支持与帮助. 感谢国家重点研发计划 (2022YFA1008100) 及国家自然科学基金 (12471269) 的经费资助.

李　伟

2024 年 12 月

目　　录

第 1 章　因果推断框架及相关概念

1.1　从辛普森悖论谈起

在统计学的漫长历史中, 辛普森悖论以其独特的反直觉的特性, 为我们揭示了数据背后的复杂性与局限性. 本节将从历史上对相关性的初步探索出发, 通过辛普森悖论的具体数值例子, 引出对因果推断的讨论.

早在 19 世纪末, 英国统计学家弗朗西斯·高尔顿 (Francis Galton) 就开始了对人类身高遗传规律的研究. 他通过对大量父子身高的观察与统计, 发现了身高在代际间传递的规律性, 并首次提出了 "回归效应" 的概念, 即后代的身高有向总人口平均身高回归的趋势. 这一发现不仅揭示了遗传与环境的相互作用, 也为后续统计学中相关性的研究奠定了基础. 随后, 卡尔·皮尔逊 (Karl Pearson) 在 1895 年提出了 "相关系数", 这一指标成为衡量两个变量之间线性相关程度的重要工具. 相关系数的引入, 使得我们能够更准确地量化变量间的关系, 为统计分析提供了强大的工具.

然而, 即便在相关性分析日益成熟的今天, 我们仍可能遭遇辛普森悖论这一统计学的 "陷阱". 辛普森悖论指出, 在某些情况下, 单独观察每个子群体时得出的结论, 与将这些子群体合并后得出的整体结论可能截然相反. 以下是一个具体的数值例子来说明辛普森悖论.

假设我们研究两家医院 (医院 A 和医院 B) 针对某种疾病的治疗效果, 以存活率作为评价指标. 表 1.1 显示, 相对整体数据而言, 医院 A 的存活率为 40%(800 人存活, 1200 人死亡), 而医院 B 的存活率为 50%(1000 人存活, 1000 人死亡). 这似乎表明医院 B 的治疗效果优于医院 A. 然而, 当我们进一步根据病情的严重程度细分数据时, 情况却发生了逆转. 在重症患者中, 医院 A 的存活率为 30%(450 人存活, 1050 人死亡), 而医院 B 仅为 20%(100 人存活, 400 人死亡); 在非重症患者中, 医院 A 的存活率为 70%(350 人存活, 150 人死亡), 医院 B 则为 60%(900 人存活, 600 人死亡). 因此, 在考虑了病情的严重程度这一背景变量后, 我们发现医院 A 在重症和非重症患者的治疗上都表现得更好.

表 1.1　医院 A 和医院 B 的辛普森悖论存活率对比

	病情	重症	非重症	总和
医院 A	存活数	450	350	800
	死亡数	1050	150	1200

续表

	病情	重症	非重症	总和
医院 A	存活率	30%	70%	40%
医院 B	存活数	100	900	1000
	死亡数	400	600	1000
	存活率	20%	60%	50%

　　这个例子就是辛普森悖论的一个典型案例: 单独观察每个子群体 (重症和非重症患者) 时, 医院 A 的治疗效果优于医院 B; 但将子群体合并后, 医院 B 的整体存活率却看似更高. 上面的例子是人工构造的, 现实中也存在不少辛普森悖论的例子. 美国加利福尼亚大学伯克利分校的著名统计学家 Peter Bickel 教授在 1975 年 *Science* 杂志上发表的研究[13], 揭示了一个著名的辛普森悖论实例. 该实例涉及加州大学伯克利分校研究生院在录取学生时可能存在的性别偏见问题. 具体来说, Bickel 教授发现, 当单独分析各个院系时, 女性申请者的录取率接近甚至在某些院系高于男性申请者. 然而, 当汇总全校的录取数据时, 却呈现出女性整体录取率显著低于男性的现象. 具体数据信息见表 1.2.

表 1.2　加利福尼亚大学伯克利分校研究生录取情况

	院系	A	B	C	D	E	F	总和
男生	申请数	825	560	325	417	191	373	2691
	录取率	62%	63%	37%	33%	28%	6%	44%
女生	申请数	108	25	593	375	393	341	1835
	录取率	82%	68%	34%	35%	24%	7%	35%

　　辛普森悖论的出现, 提醒我们在进行统计分析时必须谨慎考虑背景变量或混杂因素的影响. 它揭示了数据背后的复杂性和潜在的误导性, 使得我们不能仅仅依靠相关性来推断因果关系. 例如, 在研究吸烟与肺癌的关系时, 我们不能仅凭吸烟与肺癌之间的相关性就断定吸烟是导致肺癌的原因. 这是因为可能存在一系列未观测的变量, 如遗传特性、环境因素 (如暴露于其他致癌物质)、生活习惯 (如饮食习惯、运动水平) 以及社会经济状况等, 这些变量可能同时影响个体的吸烟倾向和患癌风险. 比如, 某些基因变异可能增加个体对尼古丁的依赖性和对肺癌的易感性. 这些基因变异不仅影响了个体的吸烟倾向, 还可能直接影响其细胞对致癌物质的反应, 从而增加患癌风险. 因此, 即便吸烟对肺癌没有因果作用, 吸烟与肺癌之间也会相关. 因果推断是确定一个事件或因素是否导致另一个事件或因素发生的方法. 为了进行有效的因果推断, 我们需要给出合理的假定、采用更为严谨的研究设计和方法.

1.2 因果推断的基本框架

潜在结果框架和结构因果模型是现代因果推断领域的两种主要方法. 它们分别从不同的角度描述因果关系, 目标都是揭示变量间的因果联系并提供对因果效应的估计. 下面我们分别介绍这两种方法.

1.2.1 潜在结果框架

潜在结果框架 (Potential Outcomes Framework) 由 Donald Rubin 在 20 世纪 70 年代提出[150], 是因果推断中的一个重要工具, 用来定义和量化因果效应. 该框架通过潜在结果来描述个体在不同处理条件下可能的结果, 从而能明确地定义处理变量对结果变量的因果效应.

对于个体 i, 用 T_i 表示处理或干预变量, 用 Y_i 表示感兴趣的结果变量. 我们这里考虑二值变量 T_i, 处理状态取 1, 对照状态取 0 (可相应推广至多值处理变量). 每个个体 i 在两种状态下有两个潜在结果: $Y_i(1)$ 表示当个体 i 接受处理时的结果, $Y_i(0)$ 表示当个体 i 接受对照时的结果. 这些潜在结果代表了个体在接受处理和未接受处理时的结果, 因此在理论上, 它们是固定的、反映了个体的属性或特征. 潜在结果定义的提出需要以下稳定个体处理值假设 (Stable Unit Treatment Value Assumption, SUTVA).

假设 1.2.1 (稳定个体处理值假设) 对任意个体 i, 其潜在结果 $Y_i(t)$ 不随其他个体的处理而变化, 且在同一处理水平的情况下, 个体 i 的潜在结果只有一个明确的结果.

稳定个体处理值假设表明每一个体的结果不受其他个体处理的影响, 这个假设在很多科学问题中是合理的, 例如, 对一块土地施肥不会影响其他土地的产量; 张三服用阿司匹林, 不会降低李四的体温. 但是在一些社会学研究中, 由于个体间存在干涉, 这个假定可能不成立, 例如, 给某个人颁奖, 不仅促进他自己的工作, 也许会影响到周围人的积极性. SUTVA 还蕴含了对一个个体施加相同水平的处理, 只能得到一个潜在结果, 即潜在结果 $Y_i(t)$ 是个体 i 和处理值 t 的函数或随机变量, 例如, 考虑抽烟对肺癌的作用, $t = 1$ 表示抽烟, $t = 0$ 表示不抽烟, 那么稳定个体处理值假设要求 $Y_i(t = 1)$ 只能有一个结果, 而不管个体 i 的抽烟量是一天一根还是两根. 当然, 实际上不同抽烟量下的潜在结果不同, 如果定义处理 T_i 为抽烟量, SUTVA 更容易满足, 但该假设是不可用观测数据进行检验的. 在因果推断研究中, 我们一般还需要因果一致性 (Consistency) 假设建立观测结果和潜在结果的联系.

假设 1.2.2 (一致性假设) 如果有 $T_i = t$, 则 $Y_i = Y_i(t)$.

在一致性假设下, 对于二值的处理 T_i, 实际观测到的结果 Y_i 与处理状态 T_i

相关, 其表达式为

$$Y_i = T_i Y_i(1) + (1 - T_i) Y_i(0).$$

因此, 对于每个个体, 在给定处理状态下只能观测到 $Y_i(1)$ 或 $Y_i(0)$ 中的一个, 另一个结果则是潜在的, 且无法被观测到. 这种反事实 (Counterfactual) 思维是 Rubin 潜在结果框架的核心. 例如, 在表 1.3 中, $T_i = 1$ 表示个体接受了处理, 我们只能观测到 $Y_i(1)$ 的结果, 而 $Y_i(0)$ 是未知的; 类似地, $T_i = 0$ 表示个体未接受处理, 我们只能观测到 $Y_i(0)$ 的结果, 而 $Y_i(1)$ 是未知的.

表 1.3   潜在结果示例

个体 i	处理 T_i	观测结果 Y_i	潜在结果 $Y_i(1)$	潜在结果 $Y_i(0)$
1	1	8	8	?
2	0	5	?	5
3	1	7	7	?
4	0	4	?	4
5	1	10	10	?

注: ? 表示不可观测

对于个体 i, 处理的因果效应定义为 $Y_i(1) - Y_i(0)$, 这表示处理与未处理之间的结果差异. 由于我们无法同时观测到 $Y_i(1)$ 和 $Y_i(0)$, 个体因果效应通常无法直接估计. 因此, 我们更关注总体层面的平均处理效应 (Average Treatment Effect, ATE) 或平均因果作用. 为简便记号, 将省略变量的下标 i. 我们用 τ 表示平均处理效应, 它通常被定义为

$$\tau = \mathbb{E}\{Y(1) - Y(0)\},$$

其中 $\mathbb{E}\{\cdot\}$ 表示期望值. 我们可以看到, ATE 量化了在总体上处理对结果的平均影响.

在随机化试验中, 由于处理是随机分配的, 处理组和对照组的差异可以完全归因于处理本身. 这意味着

$$\{Y(1), Y(0)\} \perp\!\!\!\perp T,$$

即潜在结果 $Y(1)$ 和 $Y(0)$ 与处理分配 T 是独立的. 因此, 随机化试验消除了混杂因素的影响, 使得因果效应的估计更加可信, 我们有

$$\tau = \mathbb{E}\{Y(1) \,|\, T = 1\} - \mathbb{E}\{Y(0) \,|\, T = 0\} = \mathbb{E}(Y \,|\, T = 1) - \mathbb{E}(Y \,|\, T = 0).$$

这说明我们可以通过计算处理组和对照组的平均观测结果, 来估计总体的因果效应. 假如表 1.3 中的数据来自一种新药对患者健康影响的随机化试验研究. 患者被随机分为两组: 一组接受药物 (处理组); 另一组不接受药物 (对照组).

在这个表格中, 患者 1、3、5 接受了药物, 而患者 2、4 未接受药物. 那么, 处理组的平均结果: $\mathbb{E}(Y \mid T = 1) = (8 + 7 + 10)/3 = 8.33$; 对照组的平均结果: $\mathbb{E}(Y \mid T = 0) = (5 + 4)/2 = 4.5$. 因此, ATE 的估计值为 $8.33 - 4.5 = 3.83$. 这表明, 平均来看, 接受药物的患者比未接受药物的患者健康状况增加了 3.83 个单位.

1.2.2 结构因果模型

结构因果模型 (Structural Causal Model, SCM) 的概念和方法是由 Pearl 提出的[130,132]. Pearl 是计算机科学和统计学领域的著名学者, 他通过将因果图与结构方程模型相结合, 发展出了一套系统的因果推断方法, 通常被称为结构因果模型. 一个典型的结构因果模型由三部分组成: 变量集合 $X_1, X_2, \cdots, X_p$ 表示系统中的所有变量; 有向无环图 (Directed Acyclic Graph, DAG) 表示变量之间的因果关系; 结构方程用数学形式描述每个变量如何生成. 我们接下来分别介绍有向无环图和结构方程.

有向无环图 (DAG) 是一种用于表示变量之间因果关系的图形结构. 在 DAG 中, 每个节点代表一个变量, 箭头表示从一个变量到另一个变量的因果影响. DAG 是有向的, 即每条边都有一个方向, 并且是无环的, 即不存在一个从某个节点出发, 沿着箭头回到该节点的路径, 它有如下关键特性.

- 有向: 边有方向, 通常表示因果关系的方向. 箭头指向结果变量, 箭头的起点是原因变量.
- 无环: DAG 中不存在任何闭环, 也就是说不存在一个变量既是其自身的结果又是其原因.
- 图: 由节点和有向边组成, 用图形方式表示变量之间的依赖关系.

在有向无环图中, 父节点是指指向某一节点的节点, 也就是因果关系中原因的角色. 如果在 DAG 中存在一条从节点 X_i 指向节点 X_j 的边 $(X_i \to X_j)$, 则节点 X_i 是节点 X_j 的父节点, 而节点 X_j 是节点 X_i 的子节点. 一个节点的祖先节点是通过有向边可以追溯到的所有上游节点. 一个节点的后代节点是通过有向边可以到达的所有下游节点. 例如, 假设我们有三个变量: X_1 表示吸烟; X_2 表示焦油沉积; X_3 表示肺癌. 如果吸烟导致焦油沉积, 焦油沉积导致肺癌, 则该因果关系可以用 DAG 表示如下:

$$X_1 \to X_2 \to X_3.$$

在上面的例子中, X_1 是 X_3 的祖先节点, X_2 也是 X_3 的祖先节点, X_3 是 X_1 和 X_2 的后代节点. 从因果关系的角度看, 因果路径是从一个变量沿箭头方向到另一个变量的路径. 例如, 在 $X_1 \to X_2 \to X_3$ 中, X_1 到 X_3 存在因果路径. 并非所有的路径都是因果路径, 一些路径可能仅代表变量之间的关联. 例如, 如果 X_1 同时

影响 X_2 和 X_3, 但 X_2 和 X_3 没有边, 这会导致 X_2 和 X_3 之间存在关联路径, 但不是因果路径.

在结构因果模型中, 每个变量 X_j 都由其直接原因 (父节点) 决定, 并通过以下结构方程表示:

$$X_j = f_j(\mathrm{pa}(X_j), \varepsilon_j),$$

其中, $\mathrm{pa}(X_j)$ 是 X_j 的直接原因, 即父节点; f_j 是一个描述变量生成过程的函数; ε_j 是未观测因素或噪声 (外生变量), 与 $\mathrm{pa}(X_j)$ 独立. 在结构因果模型中, 联合分布可以根据因果图的结构进行分解. 在 DAG 中, 变量 X_i 只依赖于它的父节点 $\mathrm{pa}(X_i)$, 所以我们可以利用这些依赖关系简化联合分布的分解:

$$\mathrm{P}(X_1, X_2, \cdots, X_p) = \prod_{j=1}^{p} \mathrm{P}(X_j \mid \mathrm{pa}(X_j)).$$

这表明, 联合分布可以分解为每个变量在其父节点条件下的概率分布的乘积. 这种分解方式是基于因果图的局部条件独立性假设的: 给定父节点, 节点与其非后代节点条件独立.

在上面的例子 $X_1 \to X_2 \to X_3$ 中, 我们可以通过以下结构方程描述: 吸烟 X_1 是外生的, 定义为 $X_1 = \varepsilon_1$; 焦油沉积 X_2 由吸烟决定: $X_2 = f_2(X_1, \varepsilon_2)$; 肺癌 X_3 由焦油沉积决定: $X_3 = f_3(X_2, \varepsilon_3)$. 其中, $\varepsilon_1, \varepsilon_2, \varepsilon_3$ 是噪声项, 代表未观测到的外部因素对每个变量的影响. 根据因果图的结构, 联合分布 $\mathrm{P}(X_1, X_2, X_3)$ 可以分解为

$$\mathrm{P}(X_1, X_2, X_3) = \mathrm{P}(X_1)\mathrm{P}(X_2 \mid X_1)\mathrm{P}(X_3 \mid X_2).$$

这表示每个变量只依赖于它的父节点, 而不依赖于其他无关变量.

结构因果模型可以用于推断干预的因果效应. 干预指的是外部强制改变某个变量的值, 并观察其他变量的变化. 干预通过 do-算子进行建模, $\mathrm{do}(X_j = x_j)$ 表示将变量 X_j 固定某个特定值 x_j, 并切断对 X_j 的其他影响, 这样会改变系统中其他变量的联合分布. 干预后的联合分布可以表示为

$$\mathrm{P}\{X_1 = x_1, \cdots, X_p = x_p \mid \mathrm{do}(X_j = x_j')\} = \frac{\mathrm{P}(x_1, \cdots, x_p)}{\mathrm{P}(x_j \mid \mathrm{pa}(x_j))}\mathbb{I}(x_j = x_j'),$$

其中 $\mathbb{I}(\cdot)$ 表示示性函数. 例如, 当我们干预吸烟变量时, 相当于对系统进行强制处理: $\mathrm{do}(X_1 = x_1)$. 这相当于用常数 x_1 取代结构方程中的 X_1: $X_1 = x_1$, 则干预后的联合分布为

$$\mathrm{P}\{X_2, X_3 \mid \mathrm{do}(X_1 = x_1)\} = \mathrm{P}(X_2 \mid X_1 = x_1)\mathrm{P}(X_3 \mid X_2).$$

这里我们认为干预后 X_1 不再是随机变量, 而是一个固定值 x_1. 使用 do-算子, 我们也可以定义二值处理变量 T 对结果变量 Y 的平均处理效应 τ:

$$\tau = \mathbb{E}\{Y \mid \mathrm{do}(T=1)\} - \mathbb{E}\{Y \mid \mathrm{do}(T=0)\}.$$

1.2.3 两种框架关系的讨论

Rubin 的潜在结果框架关注不同处理状态下的潜在结果, 并通过比较处理组和对照组的潜在结果差异来定义因果效应. 它不依赖于图形化表示, 而是基于潜在结果的数学定义推导因果效应. Pearl 的结构因果模型通过因果图来直观地表示变量之间的因果依赖关系. 每个因果图节点代表一个变量, 边的方向表示因果关系, 结构方程则用数学公式描述这些因果关系的生成过程. 因果图可以明确指出哪些路径是因果路径, 哪些路径是关联路径.

尽管 Pearl 和 Rubin 框架的表述方式和方法不同, 但它们可以互补使用. 在某些情况下, Pearl 的因果图和结构方程可以用来直观地表示 Rubin 框架中的因果机制, 而 Rubin 的潜在结果框架则可以为 Pearl 框架提供关于干预效应的精确定义. Pearl 框架的图形化表示有助于识别因果路径和调整混杂因素, 而 Rubin 框架的数学定义使得潜在结果的估计更加直接. 在某些问题中, 使用 Pearl 的因果图来理解系统结构, 并在 Rubin 框架下估计因果效应是有效的策略.

1.3 研究挑战

因果推断在许多现实场景中面临复杂的挑战, 特别是在观察性研究中, 混杂因素的调整是一个关键难题. 对于可观测的混杂因素, 虽然可以通过倾向得分匹配、回归调整、双稳健估计等方法进行校正, 但这种调整依赖于对所有混杂因素的准确观测和测量. 如果某些关键混杂因素未被观测到或者测量不准确, 可能会导致残余混杂, 仅通过调整可观测协变量一般无法消除其干扰, 从而对因果效应估计产生偏差甚至完全颠倒因果关系. 在这种情况下, 研究者需要设计更复杂的统计方法, 如工具变量法、阴性对照法等来消除这些不可观测的混杂因素所带来的影响, 从而得到准确的因果效应估计.

许多因果推断方法通常需要依赖工作模型来对数据生成过程进行描述, 比如倾向得分模型或结果回归模型等, 这些模型为因果效应的估计提供了基础. 然而, 在实际应用中, 这些模型往往很难被完全正确地指定. 例如, 数据中的非线性关系、高维交互项或未知的分布特性都可能导致模型误设. 一旦模型假设偏离实际数据生成过程, 可能引发严重的估计偏差和不可信的结论, 这对因果推断的可靠性构成了威胁. 为了克服这一局限性并提高因果效应估计的稳健性, 我们将提出能够融合多模型的因果推断方法. 与传统方法依赖单一模型不同, 这类方法的核心思想在于通过整合多个候选模型或估计器的结果, 以降低单一模型误设的影响. 这种整合方式可以在某些工作模型误设的情况下, 仍然保证对因果参数的估计的相合性感兴趣.

　　随着大数据时代的到来, 数据的复杂性和多样性显著增加, 特别是在因果推断领域, 合理地融合多中心数据库的样本成为一个关键挑战. 多中心数据库通常来源于不同的研究机构、医疗系统或试验设计, 包含了在样本结构、变量观测等方面的差异. 然而, 这些数据库往往相辅相成, 如果能有效整合, 便可提供更全面的信息支持因果效应的识别以及推断效率的提高. 例如, 某个感兴趣的内部数据库可能包含来自目标人群的原因变量、结果变量以及部分混杂变量. 然而, 由于数据收集的限制或成本问题, 部分关键混杂变量未能在该数据库中完整记录. 这种未观测混杂因素的存在, 可能导致因果效应的偏倚估计. 与此同时, 另一个外部数据库可能记录了更多完整的混杂变量信息, 但缺乏对目标人群特定原因或结果变量的直接观测. 这种数据的不完整性和互补性, 为因果推断方法的发展带来了挑战和机遇.

　　在很多实际数据分析中, 死亡截断问题是一种普遍但复杂的现象, 通常对因果推断研究提出了显著挑战. 死亡截断的核心在于某些感兴趣的结果变量对部分个体未定义, 这种现象不仅限于医学研究, 还广泛存在于社会科学、经济学和教育学等领域. 例如, 在小鼠药物毒性试验中, 如果受试者在试验期间死亡, 其体重等结果变量就无法被定义; 在社会经济学研究中, 如果个体未成功就业, 其工资水平等结果变量也无法被定义. 需要特别指出的是, 死亡截断并非传统意义上的缺失数据问题, 因为截断个体的结果变量并不是简单的缺失, 而是 "从未出现", 即结果变量不是良定的, 这使得基于死亡截断数据的因果推断更加复杂. 现有研究主要集中于二值处理的随机化试验, 但多臂试验、含未知混杂的观察性研究中的死亡截断问题并未得到充分解决, 值得我们深入探讨.

　　许多科学问题除了关心平均处理效应之外, 也特别重视因果作用发生的机制. 中介分析是挖掘因果机制的统计方法. 在中介分析的研究中, 数据不仅包含原因和结果变量, 还包含一个或多个发生在原因和结果之间的中间变量. 因果中介分析能够评价原因对结果变量是否有直接作用以及是否经由中间变量产生间接作用. 然而, 现有大多数方法通常假设数据完整可观测, 而忽视了实际中广泛存在的数据缺失问题. 当结果变量或混杂变量存在非随机缺失时, 中介效应的识别和估计将面临更大挑战. 这种非随机缺失问题不仅导致效应估计的偏倚, 还会显著增加推断的不确定性, 使得研究结论难以推广至广泛的人群.

　　多数因果推断研究旨在利用大数据评价原因对结果的作用, 而归因分析则是挖掘当前结果发生的原因. 人工智能研究的先驱 Pearl 将因果推断分为三个层级: 相关、干预和反事实. 评价原因对结果的影响属于第二层级, 而推断特定结果的原因属于第三层级. 在第三层级, 我们需要回顾性地探讨特定个体发生当前结果的原因. 例如, 若一个人长期吸烟后患了癌症, 我们想知道吸烟是否为他患癌症的原因. 为了回答这一问题, 我们需要想象他不吸烟的反事实场景并推断他在该场景下不患癌症的可能性. 归因问题在疾病诊断、法庭判决等涉及责任划分的应用场景中大量存在. 归因分析旨在揭示个体反思与行为改进的机制, 而统计学在归因方面的研究还处于初步阶段, 许多概念亟须建立.

深刻理解复杂特征或系统之间的因果关系是各个科学领域研究的核心问题之一, 对于揭示潜在机制、优化决策过程和指导实践具有重要意义. 传统因果推断方法通常假设变量之间的因果网络结构已知, 研究者的任务是利用数据定量分析因果作用的大小; 而因果发现则致力于从数据中挖掘变量间的因果关系, 构建描述这些因果关系的图结构. 近年来, 因果关系发现领域发展迅速, 尤其是基于观察性数据推断因果关系的方法引起了较多关注. 尽管在方法上取得了显著进展, 但大多数研究都不允许存在未观测混杂因素. 未观测混杂是观察性研究中普遍存在的问题, 可能导致虚假的因果路径, 使得算法在推断因果结构时产生误导性结论. 工具变量法是处理未观测混杂的经典方法, 但基于工具变量进行因果关系发现的研究仍然相对较少. 许多现有工具变量法更多聚焦于因果效应的估计, 而对复杂系统中因果结构的识别鲜有涉及. 因此, 如何在存在未观测混杂因素的情况下, 基于工具变量提出因果关系发现的方法, 并开发行之有效的算法以准确地发现因果结构是当前因果推断领域的一个重要挑战.

第 2 章　因果推断的基本方法

因果推断是统计学和数据科学的一个重要领域, 旨在确定变量之间的因果关系. 随着大数据和复杂系统的普及, 传统的相关分析已不足以满足现代研究的需求, 因果推断提供了更深层次的理解和分析框架. 在医学、经济学、社会科学等很多领域, 研究人员面临着如何从观察数据中推断出因果关系的挑战. 简单的相关性并不能揭示变量之间的因果机制, 因此, 采用严谨的方法来区分因果关系和相关关系显得尤为重要.

本章将介绍因果推断的几种基本方法, 包括倾向得分法、匹配法、回归法、双稳健估计法、工具变量法、阴性对照法. 通过理解这些基本方法, 研究人员可以更有效地设计研究、分析数据, 并为政策制定和实践提供有力的依据. 当混杂因素均可观测时, 倾向得分法利用模型估计个体接受处理的概率, 通过赋予个体逆概率权重减少混杂偏差; 匹配法通过将样本中的个体根据特征进行配对, 以减少潜在的混杂偏差; 回归法利用回归模型控制混杂变量, 是流行病学领域常用的混杂调整方法; 双稳健估计法结合倾向得分法和回归法, 通过同时估计两个模型, 提高估计的稳健性. 当面对未观测到的混杂因素时, 工具变量法通过引入与处理相关但不直接影响结果的辅助变量解决内生性问题; 阴性对照法通过引入未观测混杂因素的两个代理变量消除混杂偏倚. 这些方法各具特点, 在不同情境下提供了灵活的工具, 以更准确地估计因果效应. 本章还将探讨这些基本方法的应用, 继而为后续章节的深入分析打下基础.

本章安排如下: 2.1 节介绍倾向得分法, 2.2 节介绍匹配法, 2.3 节介绍回归法, 2.4 节介绍双稳健估计法, 2.5 节介绍工具变量法, 2.6 节介绍阴性对照法, 2.7 节将结合实例展示如何应用这些方法, 最后我们在 2.8 节对本章内容作简单总结.

2.1　倾向得分法

倾向得分法是因果推断领域的一种核心方法. Rosenbaum 和 Rubin (1983)[145] 首次提出了倾向得分的概念, 也引入了基于倾向得分减少观察性研究中偏差的几种方法. 我们知道, 随机化试验的随机性可以保证处理组与对照组之间数据的平衡性, 从而可以去除混杂的影响, 使得各种分析结果不存在偏差. 但在观察性研究中, 我们所能观测到的数据不满足随机化试验的条件, 处理变量的分配往往不能人为控制, 因此处理组与对照组之间的数据平衡性被打破. 倾向得分法就是一种能减小观测到的混杂因素影响的统计方法, 它通过降低数据维度来消弱混杂变量的影响, 从而提高估计精度, 增加数据分析的可信度.

2.1.1 倾向得分模型

遵循第 1 章的符号表达, T 表示处理变量 (例如接受药物治疗与否, 处理组为 $T=1$, 对照组为 $T=0$), Y 表示结果变量 (例如病情改善情况), X 表示观测到的协变量或混杂变量 (例如患者年龄、性别等). 我们感兴趣的参数是前文已经介绍过的平均处理效应 ATE, 用 τ 表示, 后续我们把 τ 的估计记为 $\hat{\tau}$. 在观察性研究中, 为了识别因果作用, 需要一些假设, 其中最常用的假设是处理分配的可忽略性 (Ignorability) 假设[145].

假设 2.1.1 (可忽略性) 在给定可观测协变量 X 的条件下, 潜在结果 $\{Y(1), Y(0)\}$ 与处理变量 T 条件独立, 记为 $\{Y(0),Y(1)\} \perp\!\!\!\perp T \mid X$; 并且对所有的 X 满足正值假设 $0 < \mathrm{P}(T=t \mid X) < 1$ 对 $t=0,1$ 均成立.

假设 2.1.1 表示处理分配在给定可观测协变量的条件下与潜在结果独立, 即给定 X, 处理分配 T 相当于随机分配. 其中, 正值假设要求对于所有 X, 接受每种处理的概率都是正的. 正值假设是为了确保在所有的协变量水平上都有可能接受到处理, 从而允许使用统计方法来平衡协变量并估计因果效应. 正值假设避免了完全由协变量 X 决定是否接受处理的情况, 使得处理的分配更趋于随机. 在可忽略性假设下, 平均处理效应 τ 可识别如下

$$\tau = \mathbb{E}\{\mathbb{E}(Y \mid T=1, X)\} - \mathbb{E}\{\mathbb{E}(Y \mid T=0, X)\}. \tag{2.1}$$

由于倾向得分法、匹配法、回归法、双稳健估计法用于在可观测混杂下估计因果效应, 因此我们默认假设 2.1.1 对于这些方法均成立, 后续将不再赘述.

倾向得分通常被定义为在给定协变量 X 条件下, 个体被分配为处理状态的概率. 我们用 $e(X)$ 表示, 其表达式如下:

$$e(X) = \mathrm{P}(T=1 \mid X). \tag{2.2}$$

倾向得分反映了在观察到协变量 X 的情况下, 暴露为处理的倾向. 倾向得分法可以通过计算概率式 (2.2), 使高维特征变量由一维变量来表征, 达到降维的目的. 其理论依据如下: 当可忽略假设 2.1.1 成立时, 我们有 $T \perp\!\!\!\perp \{Y(0),Y(1)\} \mid e(X)$. 该结论指出, 如果可忽略性在协变量 X 上成立, 那么它在标量倾向得分 $e(X)$ 上也成立. 协变量 X 可能具有多个维度, 但倾向得分是一个一维标量变量, 取值范围在 0 到 1 之间. 因此, 倾向得分降低了原始协变量的维度, 但仍然保持可忽略性, 我们可以把倾向得分看作是一个降维工具.

在一般情况下, 倾向得分是未知的, 可以使用参数模型来拟合倾向得分. 假设参数化倾向得分可表示为 $e(X; \alpha)$, 其中 α 为参数向量. 例如, Logistic 倾向得分模型如下所示:

$$e(X; \alpha) = \frac{\exp(X^\top \alpha)}{1 + \exp(X^\top \alpha)},$$

或者采用 probit 倾向得分模型: $e(X; \alpha) = \Phi(X^\top \alpha)$, 其中 $\Phi(\cdot)$ 为标准正态分布的累积分布函数. 我们一般使用最大似然估计法来估计模型中的未知参数 α, 将参数估计量记为 $\hat{\alpha}$.

2.1.2　逆概率加权估计

逆概率加权估计是一种常用于观察性研究的统计方法, 旨在减少因选择偏倚所导致的估计误差[74, 145]. 在观察性研究中, 随机分配往往不可行, 因此处理组和对照组之间可能存在系统性差异. 倾向得分逆概率加权法通过计算每个个体接受特定处理的倾向得分, 并根据其倾向得分赋予逆概率权重, 从而将这些差异加以校正. 在加权后, 处理组和对照组的分布趋向于相似, 使得分析结果能够更接近随机化试验的假设, 提高因果推断的有效性.

在此方法中, 首先为每个个体 i 赋予合理的权重. 对处理组个体赋予权重:

$$w_i = \frac{1}{e(X_i; \hat{\alpha})}.$$

该权重是个体接受处理的概率的倒数, 也就是说, 如果个体的倾向得分较高, 说明它更有可能接受处理, 那么赋予该个体的权重理应相对较小; 反之, 如果个体的倾向得分较低, 即被选择进入处理组的概率较低, 那么赋予的权重理应较大, 这样才会使得样本具有良好的平衡性. 对对照组个体赋予权重:

$$w_i = \frac{1}{1 - e(X_i; \hat{\alpha})}.$$

该权重是个体未接受处理的概率的倒数, 这意味着对于那些倾向得分高的个体, 更有可能接受处理, 因此在对照组中要赋予更高的权重; 反之, 对于那些倾向得分低的个体, 更有可能不接受处理, 即在对照组中的概率较大, 因此理应赋予更低的权重.

在可忽略假设 2.1.1 下, 我们可将识别表达式 (2.1) 改写为如下基于倾向得分的识别式:

$$\tau = \mathbb{E}\left\{\frac{YT}{e(X)}\right\} - \mathbb{E}\left\{\frac{(1-T)Y}{1-e(X)}\right\}.$$

由识别表达式可以得到下述逆概率加权估计量:

$$\hat{\tau}_{\mathrm{ipw}} = \frac{1}{n}\sum_{i=1}^{n}\frac{T_i Y_i}{e(X_i; \hat{\alpha})} - \frac{1}{n}\sum_{i=1}^{n}\frac{(1-T_i)Y_i}{1-e(X_i; \hat{\alpha})}. \tag{2.3}$$

逆概率加权的思想首先是由 Horvitz 和 Thompson[74] 提出的, 因此 $\hat{\tau}_{\mathrm{ipw}}$ 也被称作 HT 估计量. 容易证明: 当倾向得分模型被正确指定时, $\hat{\tau}_{\mathrm{ipw}}$ 具有相合性, 并且其分布趋向于正态分布. 但当倾向得分模型被错误指定时, $\hat{\tau}_{\mathrm{ipw}}$ 可能不再是 τ 的相合估计.

虽然 $\hat{\tau}_{\mathrm{ipw}}$ 的可解释性较强同时也具有优良的大样本性质, 然而 $\hat{\tau}_{\mathrm{ipw}}$ 估计量对 Y 却不能保持线性不变性, 即如果改变 Y_i 到 $Y_i + c$, 其中 c 是一个常数, 那么上述逆概率加权估计量 $\hat{\tau}_{\mathrm{ipw}}$ 会变为 $\hat{\tau}_{\mathrm{ipw}} + c(\hat{1}_T + \hat{1}_C)$, 其中

$$\hat{1}_T = \frac{1}{n} \sum_{i=1}^{n} \frac{T_i}{e(X_i; \hat{\alpha})}, \qquad \hat{1}_C = \frac{1}{n} \sum_{i=1}^{n} \frac{1 - T_i}{1 - e(X_i; \hat{\alpha})}.$$

一般来说, 给每个结果添加一个常数不应该改变平均因果效应. 因此 $\hat{\tau}_{\mathrm{ipw}}$ 估计量在这个角度上显得不太合理, 因为它依赖于 c. 解决这个问题的一个简单方法是分别用 $\hat{1}_T$ 和 $\hat{1}_C$ 对权重进行归一化, 从而得到以下估计量:

$$\hat{\tau}_{\mathrm{hajek}} = \left\{ \sum_{i=1}^{n} \frac{T_i Y_i}{e(X_i; \hat{\alpha})} \right\} \bigg/ \left\{ \sum_{i=1}^{n} \frac{T_i}{e(X_i; \hat{\alpha})} \right\}$$
$$- \left\{ \sum_{i=1}^{n} \frac{(1 - T_i) Y_i}{1 - e(X_i; \hat{\alpha})} \right\} \bigg/ \left\{ \sum_{i=1}^{n} \frac{1 - T_i}{1 - e(X_i; \hat{\alpha})} \right\}. \tag{2.4}$$

此估计量叫做 Hájek 估计量, 是由 Hájek 和 Marsalek (1971)[65] 在不等概率抽样调查背景下提出的. 经简单推导发现 Hájek 估计量对于 Y 的线性变化保持不变, 而且很多数值例子都说明 $\hat{\tau}_{\mathrm{hajek}}$ 比 $\hat{\tau}_{\mathrm{ipw}}$ 要稳定.

2.2 匹 配 法

协变量 X 一般表示个体的一些特征, 有的个体之间协变量分布相似, 有的差异很大. 在因果推断中, 衡量个体之间的相似度可以比较协变量的分布或协变量的某些函数的相似度. 为了对平均处理效应进行良好的估计, 我们希望比较尽可能相似的处理组和对照组. 实施匹配法的目的就是使处理组与对照组的协变量分布达到平衡, 以便后续开展分析[168]. 匹配法通常在两种情况下使用: 首先, 在尚未获得结果数据的情况下, 使用匹配法来选择随访对象对于考虑成本的研究尤为重要; 其次, 当所有结果数据都可用时, 匹配的目标是减少因果效应估计中的偏差. 匹配法的一个主要特征是在匹配过程中不使用结果值, 因此少了一些主观性, 更让人信服. 匹配法一般包含以下四个步骤, 其中前三步代表 "设计", 第四步代表 "分析".

- 度量: 定义距离度量, 用来确定某个体是否是其他个体的良好匹配.

- 匹配: 在给定距离度量定义的基础上, 实现一个匹配方法.
- 评估: 评估匹配质量, 迭代 "度量" 和 "匹配", 直到得到良好的匹配结果.
- 分析: 在完成匹配的情况下, 分析结果并估计感兴趣的参数.

2.2.1　度量

距离度量可用于衡量两个个体之间的相似程度. 我们在本小节将介绍四个常用的距离度量, 它们都具有仿射不变性, 即保留个体协变量之间相对关系不变时, 两者距离也不变.

精确距离[79] 是一种常用的距离度量, 只有当个体 i 与 j 的所有协变量取值完全一致时, 个体之间的距离 $D_{ij} = 0$, 否则 $D_{ij} = \infty$. 它通过将个体之间的差异最小化, 来尽量避免混杂因素对因果效应估计的影响. 它是一种最严格的距离度量方法, 与其他距离度量相比, 精确距离要求个体在所有特征上完全相同. 虽然精确距离在计算方面十分简便, 但当协变量是高维时表现不佳, 精确匹配的严格要求往往导致许多个体无法匹配, 这可能比进行不精确匹配但保留更多个体的分析所带来的偏差更大[146].

马哈拉诺比斯距离是一种衡量样本间差异的度量方式, 它考虑了数据的协方差结构, 其距离度量公式为 $D_{ij} = (X_i - X_j)^\top \Sigma^{-1}(X_i - X_j)$, 其中 i, j 表示两个个体. 因为我们关注的是平均处理效应 ATE, 这里 Σ 表示处理组和全体对照组合并后的协变量的协方差矩阵. 这种距离度量对于连续变量效果最佳, 如果协变量包含分类变量, 应将其转换为一系列二值变量. 当协变量少于 8 个时[151], 马哈拉诺比斯距离表现得相当好; 但当协变量不服从正态分布或协变量较多时, 它的表现则不如预期[61]. 这可能是因为马哈拉诺比斯距离本质上是将协变量的各个元素之间的交互作用视为同等重要, 随着协变量的增加, 马哈拉诺比斯匹配试图匹配越来越多的高维交互作用.

倾向得分距离是一种在因果推断中常用的距离, 它主要用于处理观测数据中的选择偏差问题. 个体 i 与个体 j 的倾向得分的绝对值就记为倾向得分距离 $D_{ij} = |e_i - e_j|$, 其中 $e_i = e(X_i)$, e_j 有类似定义. 不像精确距离和马哈拉诺比斯距离, 倾向得分距离适用于高维数据, 简单直观、适用范围广. 但当样本量较小时倾向得分估计值的准确性可能不高, 这导致距离计算不准. 再者, 如果协变量之间存在复杂的非线性关系或交互作用, 倾向得分匹配可能无法完全捕捉到这些复杂性.

线性倾向得分距离定义为个体倾向得分的 logit 变换的绝对值 $D_{ij} = |\mathrm{logit}(e_i) - \mathrm{logit}(e_j)|$, Rosenbaum 和 Rubin[146]、Rubin 和 Thomas[152] 发现若距离度量选择倾向得分的线性形式, 则基于倾向得分的匹配法在减少偏差方面比较有效.

2.2.2 匹配

确定了距离度量之后, 下一步就是匹配. 本节将概述常用的三种匹配方法, 这些方法的差异主要体现在匹配后剩余的个体数量和不同个体获得的相对权重这两方面. 以下我们以对处理组中的所有个体匹配对照组个体为例进行说明.

半径匹配法是一种用于控制混杂变量的简单直观的匹配方法. 其主要步骤为: 首先依据 2.2.1 小节的距离度量计算任意两个个体之间的距离; 然后设定一个半径值, 定义可接受的距离差异; 接着, 为每个处理组个体选择距离在该半径内的所有对照组个体作为该处理组个体的匹配对象. 该方法旨在保留较多的对照组个体, 从而提高样本的有效性. 通过这种方式, 研究者可以更准确地估计相关处理效果.

最近邻匹配法是一种常用的匹配方法, 用于在观察性研究中控制混杂变量, 以估计处理效果. 该方法的核心在于为每个接受处理的个体找到一个在距离度量上最接近的对照组个体. 具体步骤包括: 首先依据 2.2.1 小节的距离度量计算任意两个个体之间的距离, 然后对每个处理组的个体根据距离选择最近的对照组个体作为匹配对象. 这种方法的优势在于其相对简单且有效, 能够减少潜在的偏差.

核匹配法的主要步骤包括: 首先计算所有处理组个体 i 和所有对照组个体 j 之间的距离, 然后选择合适的核函数, 通过该函数对个体 i (固定 i) 与每个对照组个体 j 的距离进行核计算得到个体 j 的权重, 使用这些权重对所有对照组个体进行加权再求和得到处理组个体 i 所对应的 "匹配对象". 核匹配法的优点在于其使用了对照组的全部样本, 没有信息的损失, 具有灵活性和对混杂变量的有效控制, 但也存在核函数选择和计算复杂性等挑战.

2.2.3 评估

评估这一步是要进行平衡性检验. 平衡性检验的主要目的是确保经过匹配后, 处理组与对照组在影响结果的观测协变量上没有显著差异. 事实上, 在进行匹配之前就要进行平衡性检验, 如果处理组与对照组个体的协变量那时就具有良好的平衡性, 那么可以直接进行因果分析, 而不需要进行匹配等操作; 如果发现两个组之间的协变量不平衡, 那么直接进行分析往往会得到错误的结论, 因此需要进行匹配操作. 匹配的本质是基于观测数据把潜在的满足随机化试验的样本找到的, 因此完成匹配后要再次检验平衡性, 即要检验匹配后的样本分布是否近似于随机化试验, 如果检验没有通过, 那么需调整协变量和匹配方法后再次进行匹配操作. 检验可分为数值检验以及图形检验, 数值检验较有说服力, 而图形检验较为直观, 其中数值检验常用的指标为标准化均差 (Standardized Mean Difference, SMD)、对数标准差比 (Log Ratio of Standard Deviation, LRSD).

标准化均差的表达式如下:

$$\text{SMD} = \frac{\bar{X}_{j,T} - \bar{X}_{j,C}}{\sqrt{(s_{j,T}^2 + s_{j,C}^2)/2}},$$

其中 $\bar{X}_{j,T}$ 表示第 j 个协变量在处理组的样本均值, $\bar{X}_{j,C}$ 表示第 j 个协变量在对照组的样本均值, $s_{j,T}^2$ 表示第 j 个协变量在处理组的样本方差, $s_{j,C}^2$ 表示第 j 个协变量在对照组的样本方差, 具体公式如下:

$$s_{j,T}^2 = \frac{\sum_{i:T_i=1}(X_{ji} - \bar{X}_{j,T})^2}{n_T - 1}, \quad s_{j,C}^2 = \frac{\sum_{i:T_i=0}(X_{ji} - \bar{X}_{j,C})^2}{n_C - 1},$$

这里 n_T 表示处理组的样本数量, n_C 表示对照组的样本数量. 当两个组的样本具有良好的平衡性时, 通过计算得到每个协变量的 SMD 会接近 0, 通常绝对值小于 0.1 表示没有显著差异, 0.1 到 0.3 为较小差异, 0.3 到 0.5 为中等差异, 超过 0.5 为较大差异[168]. 对数标准差比的表达式如下:

$$\text{LRSD} = \log\left(\frac{s_{j,T}}{s_{j,C}}\right).$$

可以看出当两组样本平衡时, 通过计算得到每个协变量的 LRSD 应该接近 0. LRSD 用于比较两组数据的分布和变异性, 特别适合于当数据呈指数分布时. 如果 LRSD 为正, 表明处理组的变异性大于对照组; 如果为负, 表明处理组的变异性小于对照组.

对于有多个协变量的诊断, 有时很难对每个协变量进行数值诊断, 因此图形诊断有助于直观并快速评估协变量的平衡特征. 一种想法是直接检查倾向得分在原始组和匹配组中的分布, 即拟合倾向得分分布图. 另一种想法是观察标准化均值差异图, 它可以让我们快速了解单个协变量的平衡是否得到改善. 对于连续协变量, 我们也可以观察分位数-分位数图 (QQ 图) 来进行检验, QQ 图将原始组中某个变量的分位数与匹配组中相应的分位数进行比较, 如果两组具有相同的经验分布, 那么所有点都应位于 45 度线上.

2.2.4　分析

匹配法的最终目的是分析感兴趣的参数, 其思想本质为: 对于处理组的个体 i, 我们可以在对照组里寻找与 X_i 最接近的若干个体的结果用于 "填补" 个体 i 在接受对照时的潜在结果 $Y_i(0)$, 得到 $\hat{Y}_i(0)$; 对于对照组的个体 i, 我们可以在处理组里寻找与 X_i 最接近的若干个体的结果用于 "填补" 个体 i 在接受处理时的潜在结果 $Y_i(1)$, 得到 $\hat{Y}_i(1)$. 我们将个体 i 的匹配组集合记为 $J_M(i)$, 其大小为 M, 这里 $J_M(i)$ 的定义允许在构造匹配集合过程中放回已被使用的个体, 不同的个体可以选择相同的协变量进行匹配. 基于填补完整的潜在结果, 我们可以得到如下关于平均处理效应 τ 的匹配估计量 $\hat{\tau}_{\text{match}}$:

$$\hat{\tau}_{\text{match}} = \frac{1}{n}\sum_{i=1}^{n}\hat{Y}_i(1) - \frac{1}{n}\sum_{i=1}^{n}\hat{Y}_i(0), \tag{2.5}$$

其中对于 $t = 0, 1$, 我们有

$$\hat{Y}_i(t) = \begin{cases} Y_i, & T_i = t, \\ \dfrac{1}{M}\displaystyle\sum_{j \in J_M(i)} Y_j, & T_i = 1 - t. \end{cases}$$

有研究表明, 匹配估计量在完全消除潜在干扰因素且充分控制协变量的情况下是 $\sqrt{n}$-相合和渐近正态的[1]. 特别地, 若使用倾向得分度量进行匹配, 第一步对于倾向得分的估计会影响倾向得分匹配估计量的大样本分布, 即使用估计的倾向得分所得到的匹配估计量的大样本方差比使用真实的倾向得分所得到的匹配估计量的大样本方差要小. 这意味着在大样本情况下, 基于估计倾向得分的匹配比基于真实倾向得分的匹配更有效[2].

2.3 回 归 法

结果回归法与 Pearl 后门准则[130] 在因果推断领域对于正确识别和处理潜在的混杂因素是至关重要的. 本节将首先介绍结果回归法, 然后探讨 Pearl 后门准则, 最后分析两者之间的关系.

结果回归法是一种常用的统计方法, 可用于估计处理对结果变量的因果效应. 它基于可观测混杂的假设, 即假设所有影响结果变量的重要因素都已经被观测到并包含在模型中. 通过这种方法, 研究者可以控制这些变量, 从而减少或消除混杂变量对估计结果的影响. Pearl 提出的后门准则为识别和处理因果推断中的混杂变量提供了一种直观的方法. 该准则基于因果图理论, 指出如果某组变量 X 能阻断所有从处理 T 到结果 Y 的后门路径 (后续将介绍详细定义), 那么控制这些变量 X 就能够清除混杂影响, 从而识别出结果变量在干预处理变量后的分布. 这一准则不仅能帮助研究者识别应该控制的变量, 还指出不应控制哪些变量, 以避免引入新的偏差.

2.3.1 结果回归法

引入结果变量的参数回归模型如下:

$$\mathbb{E}(Y \mid T = 1, X) = \mu_1(X; \beta_1), \quad \mathbb{E}(Y \mid T = 0, X) = \mu_0(X; \beta_0).$$

根据可观测混杂情况下的平均因果效应 τ 的识别表达式 (2.1), 我们有

$$\tau = \mathbb{E}\{\mu_1(X; \beta_1)\} - \mathbb{E}\{\mu_0(X; \beta_0)\}.$$

这启发我们写出如下回归估计量 $\hat{\tau}_{\text{reg}}$:

$$\hat{\tau}_{\text{reg}} = \frac{1}{n} \sum_{i=1}^{n} \left\{ \mu_1(X_i; \hat{\beta}_1) - \mu_0(X_i; \hat{\beta}_0) \right\},$$

其中对于 $t = 0, 1$, $\hat{\beta}_t$ 是 β_t 的估计. 类似逆概率加权估计量 $\hat{\tau}_{\text{ipw}}$, 当结果回归模型正确指定时, $\hat{\tau}_{\text{reg}}$ 是 τ 的相合估计且是渐近正态的.

在结果变量连续的情况下, 我们通常假设回归模型为线性模型:

$$\mathbb{E}(Y \mid T, X) = \beta_0 + \beta_t T + \beta_x^\top X,$$

如果上述模型是正确的, 则在该模型假设下, 我们有 $\tau = \beta_t$. 这说明在可忽略性假设成立并且结果模型是线性的条件下, 平均处理效应等于处理分配变量 T 的系数. 上述模型忽略了协变量引起的结果异质性, 如果我们假设在结果模型中有交叉项, 即有以下形式:

$$\mathbb{E}(Y \mid T, X) = \beta_0 + \beta_t T + \beta_x^\top X + \beta_{tx}^\top TX,$$

那么有

$$\tau = \beta_t + \beta_{tx}^\top \mathbb{E}(X).$$

如果我们对协变量进行了标准化, 即 $\mathbb{E}(X) = 0$, 那么平均因果效应此时仍等于 T 的系数 β_t. 若结果变量为二值, 则我们可以假设回归模型为 Logistic 回归:

$$\mathrm{P}(Y = 1 \mid T, X) = \frac{\exp(\beta_0 + \beta_t T + \beta_x^\top X)}{1 + \exp(\beta_0 + \beta_t T + \beta_x^\top X)},$$

基于参数 β_0, β_t, β_x 的估计, 我们有以下估计量:

$$\hat{\tau}_{\text{reg}} = \frac{1}{n} \sum_{i=1}^{n} \left\{ \frac{\exp(\hat{\beta}_0 + \hat{\beta}_t + \hat{\beta}_x^\top X_i)}{1 + \exp(\hat{\beta}_0 + \hat{\beta}_t + \hat{\beta}_x^\top X_i)} - \frac{\exp(\hat{\beta}_0 + \hat{\beta}_x^\top X_i)}{1 + \exp(\hat{\beta}_0 + \hat{\beta}_x^\top X_i)} \right\}.$$

2.3.2　Pearl 后门准则

Pearl 后门准则提供了一种借助因果图调整混杂因素进而识别因果效应的方法. 这种方法依赖于对变量间关系的深入理解以及 DAG 的使用, 通过识别并控制混杂因素, 可以更准确地估计处理变量对结果变量的因果效应. 然而, 当无法直接观测到所有混杂变量时, 后门准则的应用受到限制.

我们先引入后门路径的概念. 假设在变量因果图中, 我们想要探究 $T \to Y$ 的因果效应. 如果在 DAG 中存在一条从处理变量 T 到结果变量 Y 的路径, 并且这条路径在 T 处的箭头是指向 T 的, 则称该路径为后门路径. 后门准则确保了如果存在可能的后门路径, 我们可以通过控制相关的协变量 X, 阻断这些路径的影响, 从而获得更准确的推断.

定义 2.3.1 (后门准则) 令 X 是一个既不包含 T, 也不包含 Y 的变量集合, 若该集合满足下列两个条件, 则称 X 满足后门准则:

(i) 集合 X 中节点没有 T 的子节点;

(ii) 集合 X 阻断了所有从 T 到 Y 的后门路径.

在图 2.1 中, 变量 X 不是 T 的后代节点, 且 X 阻断了从 T 到 Y 的唯一后门路径 $T \leftarrow X \rightarrow Y$, 故 X 满足后门准则. 如果变量集合 X 满足后门准则, 那么在干预处理 $T = t$ 之后, 结果变量 Y 的分布可表示为如下形式:

$$\mathrm{P}\{Y = y \mid \mathrm{do}(T = t)\} = \sum_x \mathrm{P}(Y = y \mid T = t, X = x)\mathrm{P}(X = x). \qquad (2.6)$$

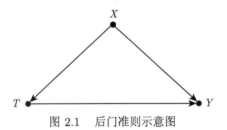

图 2.1　后门准则示意图

上述结论说明如果我们能找到一个满足后门准则的变量集合 X, 那么就能由观测变量的联合分布来计算结果变量在处理被干预之后的分布. 在第 1 章中, 我们使用 do-算子定义平均处理效应如下:

$$\tau = \mathbb{E}\{Y \mid \mathrm{do}(T = 1)\} - \mathbb{E}\{Y \mid \mathrm{do}(T = 0)\}.$$

因此根据 (2.6), 平均处理效应在 X 满足后门准则时可如下识别:

$$\tau = \sum_y y\mathrm{P}\{Y = y \mid \mathrm{do}(T = 1)\} - \sum_y y\mathrm{P}\{Y = y \mid \mathrm{do}(T = 0)\}$$

$$= \mathbb{E}\{\mathbb{E}(Y \mid T = 1, X)\} - \mathbb{E}\{\mathbb{E}(Y \mid T = 0, X)\}.$$

特别要说明的是, 我们这里假设变量为离散的, 若为连续变量将求和号写为积分号即可. 可以看出, 上式的最后一行恰与在可忽略性假设下通过结果回归方法得到的识别表达式 (2.1) 相符. 因此, 后门准则在一定程度上将结构因果模型与潜在因果模型建立了联系.

2.4　双稳健估计法

双稳健估计法旨在提高因果效应估计的准确性与稳健性, 其核心思想是通过结合两个模型来进行估计: 一个是倾向得分模型; 另一个是结果回归模型. 具体来说, 双稳健估计法的优势在于, 即使倾向得分模型或结果回归模型之一被错误指定, 只要另一个模型是正确指定的, 最终的估计仍然可以保持相合性. 这种方法允许研究者在一定程度上避免模型误设的风险, 从而得到更为可靠的推断.

双稳健估计同时包含了倾向得分模型 $e(X; \alpha)$ 以及结果回归模型 $\mu_t(X; \beta_t)$, 其中 $t = 0, 1$. 我们首先用 2.1 节和 2.3 节中的方法得到参数的估计 $\hat{\alpha}$ 以及 $\hat{\beta}_t$, 进而得到倾向得分估计量 $e(X; \hat{\alpha})$ 以及结果回归估计量 $\mu_t(X; \hat{\beta}_t)$. 由此构建出如下关于平均处理效应的双稳健估计 $\hat{\tau}_{\mathrm{dr}}$:

$$\hat{\tau}_{\mathrm{dr}} = \frac{1}{n}\sum_{i=1}^{n}\frac{T_i}{e(X_i; \hat{\alpha})}Y_i - \frac{1}{n}\sum_{i=1}^{n}\frac{1 - T_i}{1 - e(X_i; \hat{\alpha})}Y_i + \frac{1}{n}\sum_{i=1}^{n}\left\{1 - \frac{T_i}{e(X_i; \hat{\alpha})}\right\}$$

$$\times \mu_1(X_i; \hat{\beta}_1) - \frac{1}{n}\sum_{i=1}^{n}\left\{1 - \frac{1 - T_i}{1 - e(X_i; \hat{\alpha})}\right\}\mu_0(X_i; \hat{\beta}_0). \tag{2.7}$$

上式前两项为 2.1 节所介绍的倾向得分逆概率加权估计的表达式, 后两项为逆概率加权估计的纠偏项.

当倾向得分模型 $e(X; \alpha)$ 被正确指定时, 我们可以得到 α 的相合估计量 $\hat{\alpha}$. 记 α^* 和 β_t^* 分别表示当样本量趋于无穷时 $\hat{\alpha}$ 和 $\hat{\beta}_t$ 的概率极限值, 它们在模型正确时等于参数的真值. 注意到, 当倾向得分模型被正确指定时, 无论回归模型正确指定与否, 式 (2.7) 的第三项以及第四项的收敛值都等于 0:

$$\frac{1}{n}\sum_{i=1}^{n}\left\{1 - \frac{T_i}{e(X_i; \hat{\alpha})}\right\}\mu_1(X_i; \hat{\beta}_1) \xrightarrow{P} \mathbb{E}\left[\left\{1 - \frac{T}{e(X; \alpha^*)}\right\}\mu_1(X; \beta_1^*)\right] = 0,$$

$$\frac{1}{n}\sum_{i=1}^{n}\left\{1 - \frac{1 - T_i}{1 - e(X_i; \hat{\alpha})}\right\}\mu_0(X_i; \hat{\beta}_0) \xrightarrow{P} \mathbb{E}\left[\left\{1 - \frac{1 - T}{1 - e(X; \alpha^*)}\right\}\mu_0(X; \beta_0^*)\right] = 0.$$

由以上等式可知, 如果倾向得分模型正确指定, 则 (2.7) 中的两个纠偏项趋于 0, 并且由于逆概率加权估计量在这种情况下是相合的, 那么双稳健估计量 $\hat{\tau}_{\mathrm{dr}}$ 也具有相合性.

通过对式 (2.7) 进一步整理, 我们可得到双稳健估计量的另一种表达形式:

$$\hat{\tau}_{\mathrm{dr}} = \frac{1}{n}\sum_{i=1}^{n}\mu_1(X_i; \hat{\beta}_1) - \frac{1}{n}\sum_{i=1}^{n}\mu_0(X_i; \hat{\beta}_0) + \frac{1}{n}\sum_{i=1}^{n}\frac{T_i}{e(X_i; \hat{\alpha})}$$

$$\times \left\{Y_i - \mu_1(X_i; \hat{\beta}_1)\right\} - \frac{1}{n}\sum_{i=1}^{n}\frac{1 - T_i}{1 - e(X_i; \hat{\alpha})}\left\{Y_i - \mu_0(X_i; \hat{\beta}_0)\right\}. \tag{2.8}$$

上式前两项为 2.3 节所介绍的结果回归估计的表达式, 后两项为结果回归估计的纠偏项. 当回归模型 $\mu_t(X; \beta_t)$ 被正确指定时, 我们可以得到 β_t 的相合估计量 $\hat{\beta}_t$.

依然记 α^* 和 β_t^* 分别表示当样本量趋于无穷时 $\hat{\alpha}$ 和 $\hat{\beta}_t$ 的概率极限值. 注意到, 当回归模型被正确指定时, 无论倾向得分模型正确指定与否, 式 (2.8) 的第三项以及第四项都收敛于 0:

$$\frac{1}{n}\sum_{i=1}^{n}\frac{T_i}{e(X_i;\hat{\alpha})}\{Y_i-\mu_1(X_i;\hat{\beta}_1)\} \xrightarrow{\text{P}} \mathbb{E}\left[\frac{T}{e(X;\alpha^*)}\{Y-\mu_1(X;\beta_1^*)\}\right]=0,$$

$$\frac{1}{n}\sum_{i=1}^{n}\frac{1-T_i}{1-e(X_i;\hat{\alpha})}\{Y_i-\mu_0(X_i;\hat{\beta}_0)\} \xrightarrow{\text{P}} \mathbb{E}\left[\left\{\frac{1-T}{1-e(X;\alpha^*)}\right\}\{Y-\mu_0(X;\beta_0^*)\}\right]=0.$$

由以上等式可知, 如果结果回归模型正确指定, 则式 (2.8) 的两个纠偏项均趋于 0, 并且由于结果回归估计量在这种情况下是相合的, 那么双稳健估计量 $\hat{\tau}_{\text{dr}}$ 也具有相合性.

2.5 工具变量法

在前面的几节中, 我们介绍了基于可观测混杂的因果推断方法, 这些方法都要求可忽略性成立. 然而, 在实际研究中, 如果有重要的变量未被观测, 可忽略性就不再成立, 平均处理效应可能不再识别, 使用前面几节介绍的方法估计因果作用, 很可能出现偏差. 这种由于混杂因素引起的估计偏差通常被称为混杂偏倚. 从本节开始, 我们将考虑存在未观测混杂的情形, 将未观测的混杂变量记作 U, 其他变量的记号与之前保持一致. 在经济学中, 未观测混杂变量也被称为内生变量. 与假设 2.1.1 类似, 我们假设下面的潜在可忽略性 (Latent Ignorability) 成立.

假设 2.5.1 (潜在可忽略性) 给定所有混杂变量 X 和 U, 要求 $Y(t) \perp\!\!\!\perp T \mid X, U$; 并且满足潜在正值假设: $0 < \text{P}(T=t \mid X, U) < 1$ 对所有的 t 均成立.

潜在可忽略性假设 2.5.1 表明: 在给定可观测混杂变量 X 和未观测混杂变量 U 的情况下, 潜在结果与处理变量是条件独立的, 也就是说 U 包含了所有的未观测混杂. 如果 U 退化为常数, 那么潜在可忽略性退化为可忽略性. 在潜在可忽略性假设下, 我们有

$$\mathbb{E}\{Y(t) \mid X\} = \mathbb{E}\{\mathbb{E}(Y \mid T=t, X, U) \mid X\}.$$

如果我们没有观测到 U, 那么 $\mathbb{E}(Y \mid T=t, X, U)$ 一般不可识别, 进而 $\mathbb{E}\{Y(t) \mid X\}$ 不可识别, 平均因果效应 τ 也不可识别. 为了进一步解释混杂偏倚问题, 我们考虑存在变量遗漏的一元线性模型. 假设数据真实的模型为

$$Y = \beta T + U + \varepsilon,$$

其中 Y, T, U, ε 都是一维变量, 并且 $\mathbb{E}(\varepsilon \mid T) = 0$. 在假设 2.5.1 下, 平均处理效应 $\tau = \beta$, 我们希望估计因果参数 β.

如果我们忽略未观测的变量 U, 在观测数据上使用最小二乘法估计回归系数, 得到 β 的估计

$$\hat{\beta} = \frac{\sum_{i=1}^{n}\left(T_i - \bar{T}\right)\left(Y_i - \bar{Y}\right)}{\sum_{i=1}^{n}\left(T_i - \bar{T}\right)^2} \xrightarrow{\mathrm{P}} \frac{\mathrm{Cov}(T, Y)}{\mathrm{Var}(T)}.$$

注意到

$$\frac{\mathrm{Cov}(T, Y)}{\mathrm{Var}(T)} = \frac{\mathrm{Cov}(T, \beta T + U + \varepsilon)}{\mathrm{Var}(T)} = \beta + \frac{\mathrm{Cov}(T, U)}{\mathrm{Var}(T)}.$$

由于 U 是一个混杂因素, 也就是说 U 会同时影响结果变量 Y 和处理变量 T, 所以 $\mathrm{Cov}(T, U)$ 一般不等于 0. 因此, 仅基于观测数据的最小二乘估计一般不会收敛到因果参数真值 β, 而是存在一个偏倚项 $\{\mathrm{Var}(T)\}^{-1}\mathrm{Cov}(T, U)$. 这个例子启示我们: 为了解决含有未观测混杂的因果推断问题, 需要引入一些新的假设并给出对应的新方法, 本节所介绍的工具变量法就是其中一种重要的方法.

2.5.1　工具变量简介

工具变量 (Instrumental Variable, IV) 在经济学研究中有着悠久的历史, 其想法最早可以追溯到 Wright (1928)[196] 关于农业生产函数的一系列研究. 直到 20 世纪 50 年代, 工具变量法在经济学中得以系统性使用和理论化, 使得工具变量成为计量经济学的重要工具[93]. Hausman (1978)[70] 在计量经济学中进一步推广了工具变量法, 并提出了 Hausman 检验, 用来比较普通最小二乘估计与工具变量估计的差异, 从而检验是否存在内生性问题. 除了经济学, 工具变量也广泛应用于医学等领域, 例如近年来随着孟德尔随机化方法的发展, 工具变量在基因组学研究中发挥了非常重要的作用.

工具变量法是处理未观测混杂问题最常用、最重要的方法之一. 其核心思想是利用与处理变量相关、不直接影响结果变量且与未观测混杂独立的变量来消除混杂偏倚. 这种方法不仅在理论上有良好的性质, 也在实践中被广泛应用. 通过合理选择和应用工具变量, 研究者可以有效控制未观测混杂因素, 得到更为可靠的因果推断结果. 一个有效的工具变量需要满足下面的假设.

假设 2.5.2 (工具变量)　工具变量 Z 需同时满足以下假设:

(i) 相关性: $Z \not\!\perp\!\!\!\perp T$.

(ii) 排除限制: $Z \perp\!\!\!\perp Y \mid T, X, U$.

(iii) 独立性: $Z \perp\!\!\!\perp U \mid X$.

相关性假设表明 $\mathrm{Cov}(Z, T) \neq 0$, 也就是说, 工具变量可以用来解释处理变量的变异. 如果二者没有相关性, 工具变量就无法提供关于处理变量的有效信息, 从而无法解决未观测混杂问题. 排除限制假设表示在给定混杂因素 (X, U) 与处理变量 T 的情况下, 结果变量 Y 的取值不受工具变量 Z 的影响, 用潜在结果的语

言也可以表示为 $Y(z,t) = Y(t)$. 这表明工具变量仅通过处理变量影响结果变量. 如果工具变量可以直接影响结果变量, 那么估计的因果效应可能会存在偏差, 进而导致错误的结论. 独立性假设说明工具变量与未观测混杂 U 是条件独立的. 图 2.2 解释了工具变量假设 2.5.2 在因果图上的具体表示. 在实际研究中, 我们需要找到同时满足假设 2.5.2 的变量, 因此对工具变量作出合理的解释至关重要, 以下是一些常见的工具变量.

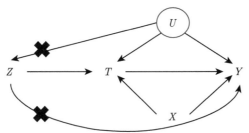

图 2.2　符合工具变量假设的因果图, 其中 "✖" 表示相应的边不存在, 带圈变量表示不可观测

在临床研究中, 随机化试验是一种常见的研究方法. 研究者关心某种药物对患者的效果, 随机将患者分配到处理组或对照组, 其中处理组服用该药物, 对照组服用安慰剂. 然而, 患者常常不会完全按照被分配的方案进行治疗. 记患者实际接受的治疗变量为 T, 患者被分配的治疗为 Z, 患者是否痊愈为 Y, 我们关心 T 对 Y 的因果作用, 那么 Z 可以看作是一个工具变量. 患者被分配的治疗 Z 与实际接受的治疗 T 通常是相关的, 因此 Z 满足相关性; 在给定实际接受治疗 T 的情况下, 患者是否痊愈 Y 与被分配的治疗 Z 通常是无关的, 进而满足排除限制; Z 是随机化的, 满足独立性.

孟德尔随机化是一种利用等位基因作为工具变量的方法, 用于研究暴露因素与疾病之间的因果作用. 比如, 研究高密度脂蛋白胆固醇水平 T 对心肌梗死 Y 的影响, 选择某等位基因作为工具变量 Z, 该等位基因的携带者具有更高的胆固醇水平, 但与非携带者相比, 其他风险因素的水平较为接近. 该基因对于胆固醇水平 T 有直接的调控作用, 因此 Z 满足相关性; 该等位基因的携带者和非携带者的其他风险因素水平相似, 这表明该基因仅通过胆固醇水平 T 影响心肌梗死 Y, 因此 Z 满足排除限制; 根据孟德尔第二定律, 基因型从父母传给后代时是随机分配的. 也就是说在不考虑父母基因的情况下, 个体的基因型在人群中可以看作是随机化的, 进而 Z 满足独立性.

经济学家常常关心教育年限对收入的影响, 记教育年限变量为 T, 个体年收入为 Y, 关心的因果参数是每多接受一年教育收入的增加值. 在这一问题中, 个人能力就是一个混杂因素, 然而个人能力这一指标难以观测与量化, 因此考虑将父亲的教育年限 Z 作为工具变量进行分析. 首先, 一个教育程度较高的父亲更可能让孩子受到更好的教育, 因此满足相关性; 其次, 一般认为父亲的教育水平只通过孩子的教育水平影响收入, 因此满足排除限制假设; 最后, 父亲的教育水平一般与父亲自身的因素有关, 与孩子无关, 因此满足独立性.

　　然而, 在上述例子中, 我们只是解释了这些变量作为工具变量的合理性, 却很难验证它们严格满足上述假设. 在不严格满足假设的情况下, 工具变量分析仍然可能提供有关因果效应的信息. 比如, 当存在未测量的混杂时, 如果使用一系列工具变量进行的分析得到了一致的结论, 那么这样的分析会为因果效应提供有价值的证据[7]. 此外, 我们还可以针对工具变量的有效性进行敏感性分析, 以评估使用工具变量分析结果的稳健性.

2.5.2　线性模型的工具变量估计

　　在 2.5 节开始, 我们发现普通最小二乘估计在未观测混杂存在的情况下会产生混杂偏倚. 在这一小节, 我们考虑多个协变量与多个工具变量的一般情况, 在线性模型下解决因果参数的识别与估计问题. 假设所有变量均作了中心化, 考虑下面的线性模型:

$$Y = \beta T + \gamma^\top X + \varepsilon, \tag{2.9}$$

其中 T, Y, ε 为一维变量, 工具变量 Z 与协变量 X 允许是多维的, 且 $\mathbb{E}(\varepsilon \mid Z, X) = 0$, 但由于混杂因素的存在, $\mathbb{E}(\varepsilon T) \neq 0$. 在假设 2.5.1 下, 每个个体的处理效应都等于回归方程中处理变量的系数 β, 进而等于平均处理效应. 记 $D = (X^\top, Z^\top)^\top$, 我们假设 $\mathbb{E}(DD^\top)$ 是可逆的.

　　为了得到 β 的相合估计, 下面介绍两阶段最小二乘 (Two-Stage Least Squares, 2SLS) 方法. 因果参数 β 的两阶段最小二乘估计 $\hat{\beta}_{2SLS}$ 是通过以下两步得到的回归系数估计: 第一步, T 对 X 和 Z 作最小二乘回归, 得到 T 的预测值 $\hat{T}$; 第二步, Y 对 X 和 $\hat{T}$ 作最小二乘回归, 得到 $\hat{T}$ 的系数估计即为两阶段最小二乘估计, 记作 $\hat{\beta}_{2SLS}$. 我们接下来将阐释 $\hat{\beta}_{2SLS}$ 的相合性.

　　设 $T^* = D^\top \{\mathbb{E}(DD^\top)\}^{-1}\mathbb{E}(DT) \triangleq D^\top \Lambda$, 则第一步回归中得到的 $\hat{T}$ 是 T^* 的一个相合估计. 将式 (2.9) 改写为

$$Y = \beta T^* + \gamma^\top X + \varepsilon^*, \tag{2.10}$$

其中 $\varepsilon^* = \varepsilon + \beta(T - T^*)$. 由于 $\mathbb{E}(\varepsilon \mid Z, X) = 0$, 所以 $\mathbb{E}(\varepsilon \mid D) = 0$, 以及 $\mathbb{E}(T^*\varepsilon) = \Lambda^\top \mathbb{E}(D\varepsilon) = 0$. 同时注意到 $\mathbb{E}(DT^*) = \mathbb{E}(DT)$, 所以 $\mathbb{E}\{D(T - T^*)\} = 0$, 进而有 $\mathbb{E}\{X(T - T^*)\} = 0$. 由第一步最小二乘估计中自变量与残差项不相关可知: $\mathbb{E}\{T^*(T - T^*)\} = 0$. 因此, 我们得到

$$\mathbb{E}(T^*\varepsilon^*) = \mathbb{E}(T^*\varepsilon) + \beta\mathbb{E}\{T^*(T - T^*)\} = 0,$$
$$\mathbb{E}(X\varepsilon^*) = \mathbb{E}(X\varepsilon) + \gamma\mathbb{E}\{X(T - T^*)\} = 0.$$

这意味着式 (2.10) 中 T^*, X 与 ε^* 总是不相关的, 所以对式 (2.10) 作最小二乘可以得到相合的系数估计. 而我们又知道 $\hat{T}$ 是 T^* 的一个相合估计, 因此在式 (2.10) 中, 用 $\hat{T}$ 代替 T^* 并不影响回归系数估计的相合性. 至此我们便说明了两阶段最小二乘估计 $\hat{\beta}_{2SLS}$ 的相合性.

在进一步的假设下, 两阶段最小二乘估计也满足渐近正态性. 两阶段最小二乘方法可以有效消弱混杂偏倚的影响, 帮助我们得出正确的结论. 此外, 该方法原理简单、易于操作, 是应用很广泛的工具变量法.

2.5.3 非参可加模型的工具变量估计

在识别因果参数时, 线性模型显然是一个较强的假设, 当真实模型不满足线性假设时, 使用两阶段最小二乘方法可能会得到错误的因果估计. Newey 和 Powell (2003)[126] 将线性模型扩展到非参可加性模型, 把因果参数的可识别性与分布的完备性联系起来, 给出了特定分布族下识别平均处理效应的充分条件, 同时给出了对应的估计与推断方法. 在这一部分, 为了方便起见, 我们将省略观测到的协变量 X, 这并不影响识别性等问题. 考虑下面的模型:

$$Y = g_0(T) + \varepsilon, \tag{2.11}$$

其中, Y 表示结果变量, T 表示处理变量, 可以是连续的, g_0 表示我们感兴趣的、真实且未知的结构函数, 仍用 Z 表示工具变量, ε 是随机误差项, 且要求 $\mathbb{E}(\varepsilon \mid Z) = 0$. 注意到 $\text{ATE}(t, t') = \mathbb{E}\{Y(t) - Y(t')\} = g_0(t) - g_0(t')$, 所以如果我们能够识别结构函数 $g_0(t)$, 就可以识别平均处理效应.

对式 (2.11) 两边同时关于 Z 取条件期望, 有

$$\mathbb{E}(Y \mid Z = z) = \mathbb{E}\{g_0(T) \mid Z = z\} = \int g_0(t)\, dF(t \mid z). \tag{2.12}$$

在式 (2.12) 中, $E(Y \mid Z = z)$ 和 $F(t \mid z)$ 都是可观测变量的函数, 因此可以被识别. 所以, 如果 g_0 是式 (2.12) 的唯一解, 那么 g_0 就是可识别的. 也就是说, 假设 $\tilde{g}(t)$ 是式 (2.12) 的任意解, 只需要证明对于函数 $\delta(t) = \tilde{g}(t) - g_0(t)$ 满足 $\mathbb{E}\{\delta(T) \mid Z\} = 0$, 我们能够推出 $\delta(t) = 0$ 几乎处处成立即可, 这恰是数理统计中完备性的概念. 例如, 如果 T 关于 Z 的条件分布属于指数分布族, 我们就可以利用指数族的完备性得到结构函数 $g_0(t)$ 的识别性. 具体来说, 如果 T 关于 Z 的条件密度绝对连续, 且 $f(t \mid z) = S(t)r(z)\exp\{\mu(z)^{\top}\theta(t)\}$, 其中 $S(t) > 0$, $\theta(t)$ 和 t 是一一对应的, 同时 $\mu(z)$ 的支撑集是开集, 那么 $g_0(t)$ 就是可识别的.

在 T 和 Z 都是离散变量的情况下, 也有类似的识别性结果, 感兴趣的读者可以参考 Newey 和 Powell (2003)[126]. 在解决了识别性问题后, 我们考虑使用非参数两阶段最小二乘方法来估计因果参数, 这种方法的步骤与线性模型的两

阶段最小二乘方法类似, 额外用到了非参数回归的技术, 具体如下: 首先取一组适当的基函数 $\{q_1(t), \cdots, q_J(t)\}$, 如果 $g_0(t)$ 可以被近似为 $\sum_{j=1}^{J} \gamma_j q_j(t)$, 那么就有

$$\mathbb{E}(Y \mid Z = z) \approx \sum_{j=1}^{J} \gamma_j \int q_j(t) dF(t \mid z) = \sum_{j=1}^{J} \gamma_j \mathbb{E}\{q_j(T) \mid Z = z\}.$$

然后将 $q_j(T)$ 逐个对 Z 回归, 得到预测值 $\widehat{\mathbb{E}}\{q_j(T)\}$; 进一步将 Y 对预测值 $\widehat{\mathbb{E}}\{p_1(T)\}, \cdots, \widehat{\mathbb{E}}\{p_J(T)\}$ 回归, 得到系数估计量 $\{\hat{\gamma}_1, \cdots, \hat{\gamma}_J\}$. 由此可得到结构函数的估计 $\hat{g}_0(t) = \sum_{j=1}^{J} \hat{\gamma}_j \widehat{\mathbb{E}}\{q_j(t)\}$, 进而可以估计因果参数.

可以证明, 在一系列正则条件下, 非参数两阶段最小二乘估计满足相合性与渐近正态性. 相比于一般的两阶段最小二乘估计, 非参数两阶段最小二乘估计更加灵活, 可以适应不同的可加模型. 然而, 这种估计的相合性还额外需要一组合适的基函数来充分表示 $g_0(t)$. 此外, 非参数两阶段最小二乘方法的计算复杂性高、收敛速度慢、对样本量的要求也较高, 因此在实际使用中需要谨慎选择.

2.5.4   单调性假设下的工具变量估计

在线性假设和非参可加模型假设下, 我们默认了因果效应的同质性. 然而在实际研究中, 因果效应的同质性可能是一个较强的假设, 因为在不同的个体或群体中, 处理的效果可能存在显著差异. 当因果效应存在异质性时, 上一小节给出的估计方法可能缺乏明确的因果解释, 甚至会造成错误的结论. 在处理变量和工具变量均为二值的条件下, Angrist 等 (1996)[4] 提出了局部平均处理效应 (Local Average Treatment Effect, LATE) 框架. 当存在异质性处理效应时, 该框架为工具变量相关的估计量提供了一个清晰合理的解释.

我们依然省略协变量 X, 考虑之前介绍的随机化试验, $Z = 1$ 表示患者被分配到处理组, $Z = 0$ 表示患者被分配到对照组; $T = 1$ 表示患者实际接受处理, $T = 0$ 表示患者实际接受对照, $Y(z, t)$ 表示给定 $Z = z$ 和 $T = t$ 之后的潜在结果, $T(z)$ 表示给定 $Z = z$ 之后 T 的潜在结果, 下面假设单调性成立.

假设 2.5.3 (单调性) $T(1) \geqslant T(0)$.

如果我们把分配到处理组当作一种鼓励接受处理的行为, 那么单调性假设 2.5.3 意味着对于每个个体, 这种"鼓励"对实际接受处理都有着非负的作用. 在药物试验中, 单调性假设被认为是合理的: 如果医生鼓励患者服用药物, 患者一般不会拒绝; 而如果医生没有鼓励患者服用药物, 患者也可能自主选择服用药物. 我们将患者是否遵从分配处理的性质称为依从性, 这样背景下的问题也被称为不依从问题.

根据患者的依从性, 我们可以将患者分层: 如果 $T(1) = 1, T(0) = 1$, 称患者属于永远接受组 (Always-Taker); 如果 $T(1) = 0, T(0) = 0$, 称患者属于永远拒绝

组 (Never-Taker); 如果 $T(1) = 0, T(0) = 0$, 称患者属于依从组 (Complier); 如果 $T(1) = 0, T(0) = 1$, 称患者属于抵抗组 (Defier). 在这样的分层下, 单调性假设也可以表达为人群中没有抵抗组.

用变量 G 表示患者的依从性状态, $G = a, n, c, d$ 分别表示个体属于永远接受组、永远拒绝组、依从组和抵抗组. 定义依从组平均处理效应 $\tau_c = \mathbb{E}\{Y(1) - Y(0) \mid G = c\}$, 有时也被称为局部平均处理效应. 如果假设 2.5.1—假设 2.5.3 成立, τ_c 可以识别, 且我们有

$$\tau_c = \frac{\mathbb{E}(Y \mid Z = 1) - \mathbb{E}(Y \mid Z = 0)}{\mathbb{E}(T \mid Z = 1) - \mathbb{E}(T \mid Z = 0)}.$$

上式对应的插入估计为

$$\hat{\tau}_c = \frac{\widehat{\mathbb{E}}(Y \mid Z = 1) - \widehat{\mathbb{E}}(Y \mid Z = 0)}{\widehat{\mathbb{E}}(T \mid Z = 1) - \widehat{\mathbb{E}}(T \mid Z = 0)}, \tag{2.13}$$

其中 $\widehat{\mathbb{E}}(Y \mid Z = 1)$ 表示分配到处理组个体的结果变量的均值, $\widehat{\mathbb{E}}(T \mid Z = 1)$ 表示分配到处理组个体的处理变量的均值, 也就是分配到处理组个体中实际接受处理的比例; $Z = 0$ 时的含义类似.

在单调性假设成立的情况下, 式 (2.13) 对依从组这一子群体的平均处理效应进行估计. 在同质性假设不成立的情况下, 我们不能直接估计 ATE, 此时依从组平均处理效应的估计也可以为我们提供一些有用的信息. 在某些药物试验中, 研究者主要关心药物对依从组患者的影响, 因为对于永远接受组和永远拒绝组中的患者, 他们接收到的实际治疗状态是不会发生改变的, 所以我们不关心药物对于他们的潜在影响. 同时, 如果我们可以基于一些先验知识, 给出依从组平均处理效应与永远接受组、永远拒绝组平均处理效应差异的界限, 那么工具变量法也可以为整个人群的平均治疗效应的区间提供有用的信息.

依从性问题在许多领域, 尤其是医学、心理学、教育等领域中, 具有重要的研究意义. 在因果推断的框架下, 依从性问题作为因果主分层中的特例, 展现了因果推断中的一个独特挑战. 关于因果主分层问题的更多内容, 会在第 5 章进行更深入的讨论.

2.6 阴性对照法

2.6.1 阴性对照变量简介

阴性对照变量的概念最早出现在流行病学研究当中, 一般可以分为阴性对照结果 (Negative Control Outcome) 和阴性对照暴露 (Negative Control Exposure) 两种. 简单地说, 阴性对照结果是与处理变量没有直接因果关系的变量, 阴性对照

暴露是与结果变量没有直接因果关系的变量. 在早期的研究中, 阴性对照变量主要用来评估和检测混杂偏倚的强度. 例如, Trichopoulos 等[185] 研究了突发压力对心脏病发病率的研究, 他们发现在雅典 1981 年地震后由心脏病导致的死亡增加, 而同一时间段内癌症导致的死亡没有明显增加, 这表明突发地震和心脏病之间没有受到明显的混杂影响, 因此提高了地震造成的突发压力增加心脏病风险这一结论的可信度.

Miao 等[117] 研究了利用阴性对照变量识别因果作用的方法和所需要的条件. 在这样的条件下, 我们可以利用阴性对照变量得到平均处理效应的相合估计, 这一研究很大程度上扩展了阴性对照变量在因果推断领域的应用. 在部分混杂未观测的情况下, 阴性对照变量可以视为未观测混杂的 "代理", 即可以反映未观测混杂对因果结构的影响, 在部分文献中也被称为代理变量 (Proxy Variable)[37]. 在本节中, 我们记阴性对照结果为 W, 阴性对照暴露为 Z.

假设 2.6.1 (阴性对照变量)　阴性对照结果变量 W 满足 $W \not\perp U \mid X$ 且 $W \perp T \mid X, U$; 阴性对照暴露变量 Z 满足 $Z \perp \{W, Y(t)\} \mid X, U$.

假设 2.6.1 将阴性对照变量的定义严格化. 在给定全部混杂因素 (X, U) 的情况下, 阴性对照结果与处理变量独立、阴性对照暴露与潜在结果独立, 且阴性对照结果和阴性对照暴露相互独立. 除此之外, 我们还额外要求阴性对照结果变量与未观测混杂不独立, 对阴性对照暴露则没有要求. 我们将满足假设 2.6.1 的变量 (W, Z) 称为一组阴性对照变量. 如果我们希望解决识别性问题, 则需要同时观察到阴性对照结果与阴性对照暴露; 而如果我们只希望检验混杂偏倚的存在性, 只需要在二者中选择其一即可.

图 2.3 在省略了协变量 X 的情况下, 给出了含有阴性对照变量的因果图. 值得注意的是, 符合阴性对照变量假设的因果图结构并不是唯一的, 相关因果图结构的讨论可以参考 Shi 等[160]. 和工具变量类似, 为了得到有效的阴性对照变量, 我们往往需要结合实际问题, 对变量作出合理的解释. 以下分别举一个关于阴性对照结果和阴性对照暴露的例子.

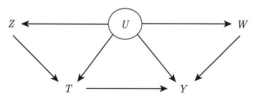

图 2.3　符合阴性对照变量假设的因果图, 带圈变量表示不可观测

在研究接种流感疫苗对因流感住院的影响时, 患者本身是否重视健康是一个未观测混杂因素, 因为一个注意健康的人更有可能接种疫苗, 同时也更有可能因

为生病住院. 将因外伤住院作为阴性对照结果, 一方面, 因外伤住院与是否接种疫苗无关; 另一方面, 它受患者重视健康程度的影响很大. 除此之外, 流感季节之前的流感住院也可以用作阴性对照结果, 因为流感疫苗不能在流感病毒传播很少的情况下预防流感住院.

在研究孕妇吸烟对新生儿体重的影响时, 家庭情况是一个未观测混杂因素. 将父亲是否吸烟作为阴性对照暴露, 一方面父亲是否吸烟同样受家庭情况影响; 另一方面父亲吸烟不会直接影响新生儿的健康状况, 因此是一个合理的阴性对照暴露.

然而, 由于涉及未观测混杂 U, 假设 2.6.1 是不可检验的. 因此我们需要更加小心地选择和使用阴性对照变量. 在实际研究中, 我们一般遵循下面几个原则: 首先, 阴性对照结果 (暴露) 与实际暴露 (结果) 之间不应该存在因果关系, 这要求有充足的先验知识说明阴性对照暴露不应该对潜在结果有直接因果作用以及处理变量不应该对阴性对照结果有直接因果作用. 其次, (Z,W) 的混杂因素和 (T,Y) 的混杂因素在给定协变量 X 的时候应该是相同的. 最后, 选择的变量需要具有足够强的统计功效. 这要求未观测混杂与阴性对照变量的相关性不能太小, 同时, 阴性对照变量也尽量不要选择过于罕见的事件. 否则可能会需要非常大的样本量.

2.6.2 平均处理效应的识别与估计

在这一小节, 我们借助阴性对照变量首先给出离散情况下平均处理效应的识别和估计方法, 然后拓展至一般情况.

首先考虑 U, W, Z 都是离散变量的情况, 假设它们都只有 k 个取值. 根据假设 2.5.1, 可得到如下潜在结果的分布:

$$P\{Y(t)=y\} = \sum_u P(y \mid U=u,t)P(U=u). \tag{2.14}$$

考虑使用阴性对照变量来识别式 (2.14). 首先根据假设 2.6.1, 我们可以得到

$$P(y \mid Z=z,t) = \sum_u P(y \mid Z=z,U=u,t)P(U=u \mid Z=z,t)$$

$$= \sum_u P(y \mid U=u,t)P(U=u \mid Z=z,t), \tag{2.15}$$

$$P(w \mid Z=z,t) = \sum_u P(w \mid Z=z,U=u,t)P(U=u \mid Z=z,t)$$

$$= \sum_u P(w \mid Z=z)P(U=u \mid Z=z,t). \tag{2.16}$$

为了方便表示, 我们作以下的记号约定: 用 $P|(y \mid U,t)$ 表示关于 U 的 k 个取值分别取条件概率所组成的行向量; 用 $P(U)$ 表示 U 分别取 k 个取值的概率所组

成的列向量; 用 $\mathrm{P}(W \mid Z,t)$ 表示一个 $k \times k$ 矩阵, 它的行向量为 $\mathrm{P}(w \mid Z,t)$, 这里 $\mathrm{P}(w \mid Z,t)$ 与 $\mathrm{P}(y \mid U,t)$ 定义类似, w 表示 W 的任意一个取值. 类似可以定义 $\mathrm{P}(y \mid Z,t), \mathrm{P}(W \mid U,t), \mathrm{P}(U \mid Z,t)$ 等向量与矩阵. 在这样的记号表示下, 式 (2.14)—式 (2.16) 可以分别写作

$$\mathrm{P}\{Y(t) = y\} = \mathrm{P}(y \mid U,t)\mathrm{P}(U),$$

$$\mathrm{P}(W \mid Z,t) = \mathrm{P}(W \mid U,t)\mathrm{P}(U \mid Z,t),$$

$$\mathrm{P}(y \mid Z,t) = \mathrm{P}(y \mid U,t)\mathrm{P}(U \mid Z,t).$$

如果矩阵 $\mathrm{P}(W \mid Z)$ 可逆, 经过简单的矩阵运算, 可以得到

$$\mathrm{P}\{Y(t) = y\} = \mathrm{P}(y \mid Z,t)\{\mathrm{P}(W \mid Z,t)\}^{-1}\mathrm{P}(W).$$

所以潜在结果的分布式 (2.14) 可识别, 进而平均处理效应可识别. 对于 k 值变量 U, 如果 W 和 Z 的取值数大于 k 时, 我们可以将变量取值进行适当合并, 进而构造出满足以上假设的新变量; 而如果 W 和 Z 的取值数小于 k, 潜在结果的分布将不能识别.

接下来, 我们不假定 U,W,Z 的分布, 考虑在更一般的情况下识别平均处理效应. Miao 等 (2018)[117] 提出了混杂桥函数 (Confounding Bridge Function) 的概念, 在完备性假设和混杂桥函数存在的假设下, 平均处理效应可以识别.

假设 2.6.2 (完备性) 对于任意的平方可积函数 $g(\cdot)$ 和任意给定的 (t,x), 如果 $\mathbb{E}\{g(U) \mid Z,T = t,X = x\} = 0$, 那么 $g(U) = 0$ 几乎处处成立; 如果 $\mathbb{E}\{g(Z) \mid W,T = t,X = x\} = 0$, 那么 $g(Z) = 0$ 几乎处处成立.

完备性是统计学中的一个常见假设. 给定 $T = t, X = x$, 假设 2.6.2 分别包含了 U 关于 Z 的完备性和 Z 关于 W 的完备性. 完备性假设允许变量是连续或离散的, 如果 U 是二值变量, 那么 U 关于 Z 的完备性的一个充分条件是 $U \not\perp\!\!\!\perp Z \mid T = t, X = x$ 对于任意的 (t,x) 均成立; 或者如果 U 关于 Z 的条件分布属于指数分布族, 那么 U 关于 Z 的完备性也成立. 类似的讨论也适用于 Z 关于 W 的完备性.

在上述完备性条件下, 如果存在函数 $h(\cdot)$ 使得

$$\mathbb{E}(Y \mid T,X,U) = \int h(w,T,X)dF(w \mid X,U) \tag{2.17}$$

几乎处处成立, 那么由假设 2.5.1 容易得到 $\mathbb{E}\{Y(t) \mid X\} = \mathbb{E}\{h(W,t,x) \mid X\}$, 进而平均处理效应可识别, 这样的函数 $h(\cdot)$ 通常被称为混杂桥函数. 但是, 式 (2.17) 是关于未观测混杂 U 的方程, 因此 $h(\cdot)$ 不可计算, 这启发我们先使用阴性对照暴

露变量 Z 识别 $h(\cdot)$, 再通过 $h(\cdot)$ 识别因果参数. 可以证明, 在假设 2.5.1、假设 2.6.1 及假设 2.6.2 成立的条件下, 混杂桥函数 $h(\cdot)$ 满足

$$\mathbb{E}(Y \mid Z, T, X) = \int h(w, T, X) dF(w \mid Z, T, X). \tag{2.18}$$

所以, 平均处理效应的可识别表达式为

$$\tau = \mathbb{E}\{h(W, 1, X) - h(W, 0, X)\}. \tag{2.19}$$

式 (2.18) 定义了一种称为第一类弗雷德霍姆积分方程 (Fredholm Integral Equation) 的问题, 在这个积分方程中, $\mathbb{E}(Y \mid Z, T, X)$ 与 $F(w \mid Z, T, X)$ 均为可观测变量的期望或分布, 因此混杂桥函数可以求解. 我们不要求积分方程的解在几乎处处意义下具有唯一性, 但是所有积分方程的解都对应相同的因果参数. 在实际研究当中, 我们可以对混杂桥函数建立模型进行估计. 假如我们建立了线性模型, 可以通过类似工具变量的两阶段最小二乘法进行估计; 如果建立了一般的参数模型 $h(w, t, x; \gamma)$, 可以通过广义矩估计方法对 γ 进行估计.

Cui 等 (2024)[37] 提出了另外一种识别策略, 这种策略类似于可观测混杂下的逆概率加权识别式, 需要假设新的混杂桥函数 $q(z, t, x)$ 的存在性以及对应的完备性条件成立. 进一步地, 结合 (2.19) 的识别表达式, 可以得到平均处理效应的双稳健估计. 可以证明, 如果两个混杂桥函数至少有一个是正确估计的, 所提估计量就是相合的; 如果两个模型都估计正确, 估计的方差可以达到半参数效率下界, 感兴趣的读者可以参考相关文献.

2.7 应 用 实 例

2.7.1 就业培训对收入的影响

在本节中, 我们在 Lalonde 数据集[95] 上展示匹配法、倾向得分逆概率加权法、结果回归法和双稳健估计法的具体应用. Lalonde 数据集包含来自"国家支持工作示范计划"中的处理组数据的子样本, 以及来自"收入动态人口调查"的对照组子样本[44], 感兴趣的读者可使用 R 语言包 MatchIt 导入该数据集并查看具体数据. 该数据集包含 641 个观测对象, 其中对照组有 456 个观测对象, 处理组有 185 个观测对象. 感兴趣的结果变量 Y 为 1978 年总收入, 二值处理变量 T 为是否参与就业培训, 连续协变量 X 包括 1974 年的总收入、1975 年的总收入、年龄、受教育年限, 二值协变量 X 包括种族是否为黑色人种、种族是否为西班牙裔、是否已婚、是否高中以下文凭. 该数据集旨在评估就业培训对个体收入的影响, 我们这里假设可忽略性成立, 感兴趣的参数是平均处理效应.

首先我们使用 2.1 节介绍的倾向得分逆概率加权法进行数据分析. 我们先对处理变量关于协变量拟合逻辑回归模型, 利用最大似然估计法得到模型中的参数, 并代入观测到的协变量的值得到每个个体对应的倾向得分估计值, 最后通过逆概率加权估计表达式计算. 但在实施过程中, 发现若使用所有数据, 得到的估计值非常不合理, 此时我们认为有可能是由倾向得分估计存在极端值导致的, 因此我们考虑对估计的倾向得分值进行截断, 仅保留取值在 0.1 ∼ 0.9 区间内的估计值, 这时保留了 341 个个体的观测数据, 根据式 (2.3)、式 (2.4) 计算后得到了如下结果, 其中标准差由 bootstrap 算法得出 $\hat{\tau}_{\mathrm{ipw}}$ = 1231.92, 95% 置信区间为 [1147.35, 1316.50]; $\hat{\tau}_{\mathrm{hajek}}$ = 1255.41, 95% 置信区间为 [1172.71, 1338.10].

接下来我们使用 2.2 节介绍的匹配法来估计平均处理效应, 具体实施过程如下. 我们首先通过逻辑回归模型估计个体接受培训的倾向得分. 其次我们将倾向得分用于匹配处理组和对照组中的个体, 以确保这两个组在这些特征上的可比性, 这里我们仅使用最近邻匹配 (一对一匹配) 来进行实现, 且允许重复匹配个体. 最后, 通过平衡性检验来验证此时的处理组与对照组变量的平衡性. 如果平衡性检验通过就可以计算每组的平均收入, 并用它们的差值作为平均处理效应的估计值. 这里我们用对照组为处理组的个体匹配为例进行说明; 反之, 用处理组为对照组的个体作匹配可同理分析. 通过 R 语言程序得到这次匹配前与匹配后的标准化平均差异 (SMD) 结果, 如表 2.1 所示.

表 2.1　用对照组为处理组的个体匹配前后的 SMD 对比

变量名	匹配前	匹配后	变量名	匹配前	匹配后
年龄	−0.309	0.240	是否已婚	−0.826	0.152
受教育年限	0.055	−0.016	是否高中以下文凭	0.245	0.012
种族是否为黑色人种	1.762	0.015	1974 年的总收入	−0.721	−0.049
种族是否为西班牙裔	−0.350	−0.023	1975 年的总收入	−0.290	0.009

当 SMD 接近 0 时, 表示两组之间的均值差异较小, 可比性较好; SMD 的绝对值越大, 表示两组之间的差异越显著. 一般认为, SMD < 0.1 表示两组之间的差异很小; 0.1 ⩽ SMD < 0.3 表示两组之间的差异小到中等; 0.3 ⩽ SMD < 0.5 表示两组之间的差异中等; SMD ⩾ 0.5 表示两组之间的差异大. 因此可以看出在匹配前协变量分布差异较大, 基本没有平衡性, 而匹配后所有协变量的 SMD 都得到了改善, 大多数都小于 0.1, 可以说明在倾向得分匹配后协变量分布达到平衡. 我们也画出了这次倾向得分匹配前后处理组与对照组倾向得分的分布直方图, 如图 2.4 所示, 直方图显示匹配后的处理组和对照组的倾向性得分分布更加接近. 根据式 (2.5) 计算, ATE 的估计为 $\hat{\tau}_{\mathrm{match}}$ = 1312.65, 由于匹配估计量的渐近性质比较复杂, 这里我们并未给出点估计的置信区间, 感兴趣的读者可参阅 Abadie 和 Imbens (2006, 2016)[1,2].

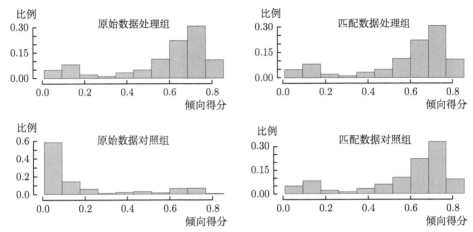

图 2.4 用对照组为处理组的个体匹配前后, 处理组与对照组倾向得分的分布直方图

然后我们使用 2.3 节介绍的结果回归法来估计感兴趣的参数及其置信区间, 这里仅使用最简单的线性回归来实现. 我们以协变量 X 与处理变量 T 为自变量, 结果 Y 为因变量, 拟合一元线性回归模型, 经 R 软件计算可得 $\hat{\tau}_{\mathrm{reg}} = 1275.82$, 由 bootstrap 算法得出 95％置信区间为 $[1192.45, 1359.19]$.

最后实现 2.4 节介绍的双稳健估计法, 首先拟合逻辑回归模型得到每个个体的倾向得分估计, 然后利用结果回归法得到每个个体的结果回归值估计, 代入双稳健估计量表达式 (2.7) 可得平均处理效应的估计. 经 R 软件计算可得估计值为 $\hat{\tau}_{\mathrm{dr}} = 1239.36$, 由 bootstrap 算法得出 95％置信区间为 $[1155.90, 1322.83]$. 从以上四种方法的结果来看, 估计值均比较接近, 这说明参加培训班对于 1978 年的收入有显著的正向影响.

2.7.2 教育对收入的影响

在这一小节, 我们使用 R 语言包 "ivreg" 提供的数据集展示工具变量法的应用. 在该数据集中, 感兴趣的结果变量为收入的对数变换, 处理变量为受教育年限, 连续协变量包括年龄、工作年限, 二值协变量包括是否居住在 M 统计区、是否为非裔, 工具变量为是否居住在大学附近, 数据样本量为 3010, 我们关心的因果参数是教育年限对年收入的平均处理效应. 在早期的研究中, 父亲的教育水平被认为是一个合理的工具变量. 然而许多经济学家认为父亲的教育水平不可能只通过孩子的教育水平影响收入, 因此这一变量不满足排除限制假设[5]. Card (1993)[20] 考虑了一个新的二值工具变量: 是否居住在大学附近. 相比于父亲的教育水平, 这个工具变量被认为是更可信的, 因为是否居住在大学附近更有可能只通过影响孩子的教育水平来影响收入, 且他与个人能力可以看作是独立的.

我们假设潜在可忽略性成立, 建立线性模型进行估计和推断, 并比较两阶段

最小二乘估计 $\hat{\beta}_{2SLS}$ 与普通最小二乘估计 $\hat{\beta}_{OLS}$ 的差异. 为了提高模型的准确程度, 两种回归均加入工作年限的平方项作调整, 估计结果如表 2.2 所示. 可以发现, 两阶段最小二乘法估计的教育年限的系数为 0.133, 这是对收入作了对数变换的结果. 换算为原始尺度上, 这意味着每多接受一年的教育, 薪资会增加 14.2%; 而普通最小二乘法估计的系数为 0.074, 即每多接受教育一年, 对数薪资会增加 0.074, 薪资会提高 7.65%. 两种方法都得到了显著的结论. 我们认为两阶段最小二乘法通过引入工具变量, 在一定程度上消除了内生性的干扰, 因此得到了更可信的因果参数估计. 但值得注意的是, 两阶段最小二乘估计的系数标准误比普通最小二乘估计的要大, 因此部分结果的证据可能变得较弱.

表 2.2　两阶段最小二乘法和普通最小二乘法的结果比较

变量名	两阶段最小二乘法			普通最小二乘法		
	点估计	标准误	p 值	点估计	标准误	p 值
教育年限	0.133	0.051	1e-3	0.074	0.004	<2e-16
年龄	9.142	0.564	< 2e-16	8.932	0.495	< 2e-16
工作年限	-0.938	1.580	0.552	-2.642	0.375	2e-12
是否住在 M 统计区	-0.103	0.077	0.182	-0.190	0.018	< 2e-16
种族	0.108	0.050	0.030	0.161	0.016	< 2e-16
是否住在大学附近	#	#	#	-0.125	0.015	< 2e-16

注: # 表示工具变量不出现在结果回归模型中

2.7.3　右心导管插入术对重症患者死亡率的影响

　　右心导管插入术 (Right Heart Catheterization, RHC) 是一种将心导管经外周静脉送入右心系统、测定肺血流动力学的导管技术, 自应用于临床以来已经成为测量肺动脉压力的 "金标准". 然而, 对于危重症患者来说, 右心导管插入术产生的创口可能会导致感染、出血等严重并发症, 进而导致患者的死亡率上升. Connors 等 (1996)[36] 研究了在重症监护病房中进行右心导管插入术对 30 天内生存时间的影响. R 语言包 "ATbounds" 提供了这个例子的具体数据, 总样本量 $n = 5735$. 在进入 ICU 最初 24 小时内, 有 2184 名患者接受了 RHC 处理, 另外的 3551 名患者没有接受 RHC 处理. 数据集还记录了他们在 30 天之内的生存情况, 结果变量为存活天数且在 30 天处截断 (如果 30 天内未死亡, 则取值为 30). Tchetgen Tchetgen 等 (2024)[182] 找到了四个候选的阴性对照变量, 其中两个阴性对照结果 W 分别是血浆 pH 值、血细胞比容, 两个阴性对照暴露 Z 分别是 PaO_2 和 FiO_2 的含量比、$PaCO_2$ 含量, 其他的协变量 X 包括年龄、性别和人种.

　　我们关心右心导管插入术即处理变量 T 对 30 天内生存时间的平均处理效应, 对混杂桥函数建立线性模型, 即 $h(w, t, x) = \beta_1^\top w + \beta_2 t + \beta_3^\top x$. 我们将展示阴性对照法的估计结果并与普通最小二乘方法作对比. 两种估计的结果汇总如表 2.3 所示. 阴性对照法得到的关于处理变量的回归系数为 -1.80, 对应的标准误为 0.43.

普通最小二乘的回归系数为 -1.25, 对应的标准误为 0.28. 也就是说, 两种方法都表明 RHC 对于危重症患者的 30 天内存活时长有负面的影响: 阴性对照法表示接受 RHC 处理的危重症患者平均生存时间会减少 1.8 天, 而普通最小二乘法表示平均生存时间会减少 1.25 天, 且二者的 95% 置信区间均未包含零点, 说明两种方法都得到了显著的结论. 相比而言, 如果考虑用阴性对照法消除未观测混杂, 得到的估计值可能会更小, 这也意味着 RHC 对患者的负面影响可能会更加严重.

表 2.3 阴性对照法和普通最小二乘法的结果比较

变量名	阴性对照法			普通最小二乘法		
	点估计	标准误	p 值	点估计	标准误	p 值
RHC 处理	-1.80	0.43	<0.001	-1.25	0.28	<0.001
年龄	0.05	0.04	0.25	-0.01	0.01	0.27
性别 (女性)	-1.10	1.13	0.33	0.49	0.25	0.05
人种 (黑色人种)	-0.89	1.05	0.40	0.39	0.34	0.25
血浆 pH 值	-16.92	8.80	0.05	3.11	1.41	0.03
血细胞比容	-1.01	0.69	0.14	-0.03	0.02	0.11
PaO_2 和 FiO_2 的含量比	#	#	#	0.00	0.00	0.03
$PaCO_2$ 含量	#	#	#	0.04	0.01	0.01

注: # 表示阴性对照暴露变量不出现在结果回归模型中

2.8 本章小结

在本章中, 我们介绍了在观察性研究中进行因果推断的基本方法, 我们主要关注平均处理效应的估计与推断. 在可忽略性假设成立的条件下, 首先可以通过匹配的方法平衡处理组和对照组之间的协变量差异, 新的处理组和对照组可以近似看作随机化试验产生的. 另外一些方法是在观测数据上建立模型, 其中逆概率加权法需要对倾向得分进行建模估计, 结果回归法需要对结果变量进行建模估计, 两种方法都依赖于各自模型的正确指定, 双稳健估计则综合了这两种方法, 提出了新的识别与估计式, 这种方法只需要两个模型中有一个指定正确, 就可以得到因果参数的相合估计, 因此也得到了广泛应用. 如果可忽略性假设不成立, 需要引入其他变量来解决因果参数的识别性问题. 工具变量法是解决未观测混杂最常用的方法, 我们在线性模型下和非参数可加模型下分别给出了平均处理效应的识别和估计方法; 并在处理变量和工具变量均为二值的情况下, 介绍了局部平均处理效应的概念. 阴性对照变量过去常被用来检测混杂偏倚, 我们介绍了阴性对照暴露和阴性对照结果的定义, 并在一些假设成立的情况下给出了因果效应的识别性和估计方法.

除此之外, 经济学中还有一些方法可以用来解决特定情形下未观测混杂的问题, 比如断点回归 (Regression Discontinuity) 法和双重差分 (Differences-in-Differences)

法. 断点回归法最早由 Thistlethwaite 和 Campbell (1960)[183] 在研究奖学金对学生未来成绩的影响时而提出, 可以分为精确断点回归和模糊断点回归两种. 在教育政策评估中, 某一奖学金可能仅授予那些考试分数高于某一阈值的学生, 通过比较这个阈值附近学生的成绩变化, 研究者可以利用奖学金评比中的成绩门槛形成的"断点"构造出一种自然实验, 进而识别奖学金对学业表现的因果效应. 近年来, 断点回归法理论, 重新得到了重视与发展, 特别是 Hahn 等 (2001)[64] 对断点回归的识别、估计与推断进行了理论上的证明, 扩大了断点回归法的应用范围.

　　双重差分法是一种在社会科学中广泛应用的方法, 常用于评估某项政策或事件对特定结果的因果效应[147]. 双重差分法要求平行趋势假设成立, 即在没有政策干预的情况下, 处理组和对照组的趋势应该是平行的. 例如, A 省某年初实行了一项政府经济政策的干预, 而 B 省没有实行, 我们就可以使用双重差分法估计该政策对经济增长的因果效应. 我们可以把 A 省视为处理组, B 省视为对照组, 先用 A、B 两地本年度的 GDP 减去上一年度的 GDP, 得到两地本年度的 GDP 增长值, 消除了时间的影响, 再用 A 地的增长值减去 B 地的增长值, 得出了政策对经济影响的因果效应估计. 双重差分法的简单性和有效性使得其广泛应用于面板数据的因果推断当中, 感兴趣的读者可以自行阅读相关文献.

第 3 章　基于多模型的稳健估计

3.1　基于多模型的估计方法简介

稳健性 (Robustness) 作为统计学的一个概念, 最早由 Huber 等[76] 正式提出. 他们发现在参数模型中, 哪怕数据中只存在一小部分不服从指定分布族的异常值, 得到的最大似然估计也可能是完全错误的. 因此他们希望提出一类新的方法, 这类方法在数据不完全符合假设分布的情况下, 仍然能够提供可靠的结果, 这种性质也被称为稳健性.

与上述稳健性有所不同, 我们在本章主要关心的是估计量关于模型的稳健性, 它一般是指在模型不完全正确指定的情况下, 估计量是否能够收敛到参数真值的性质. 我们在第 2 章介绍的双稳健估计就是这样一种稳健方法. 如果我们对倾向得分模型进行估计, 会得到因果效应的逆概率加权估计[74,142,145]; 如果对结果模型进行估计, 会得到因果效应的结果回归估计. 将逆概率加权估计与结果回归估计以某种方式结合在一起就构成了双稳健估计. 双稳健估计的优势在于, 即使其中一个模型指定错误, 只要另一个模型是正确的, 因果效应的估计仍然是相合的.

近年来, 具有双稳健性质的估计方法得到了进一步发展和改进. Robins 等 (1994, 1995)[142,143] 提出利用增广估计方程的方法构造双稳健估计量, Rotnitzky 和 Robins (1995)[149] 提出了基于权重的双稳健估计量, Scharfstein 等 (1999)[155] 提出了基于回归的双稳健估计量. 然而, 对于倾向得分模型和结果回归模型, 在没有其他先验知识的情况下, 保证二者其一正确仍然是一件困难的事情. 并且, 如果两个模型都被错误指定, 得到的估计可能会比逆概率加权估计和结果回归估计更糟糕. 因此, 假设倾向得分和结果回归都有若干个候选模型, 我们希望通过整合不同模型的优势, 提高模型的泛化能力, 从而得到更稳健的估计结果. 整合多个模型的方法大致可以分为模型平均 (Model Averaging)、模型混合 (Model Mixing) 与模型校准 (Model Calibration) 三类.

模型平均指对多个模型进行加权组合的方法, 因此可以看作是模型选择的一种推广. 模型平均主要分为贝叶斯模型平均和频率模型平均两类, Hoeting 等 (1999)[73] 与 Wang 等 (2009)[191] 分别介绍了涉及的具体方法. Hjort 和 Claeskens (2003)[72], Liu (2015)[111], Zhang 和 Liu (2019)[207] 则讨论了模型平均的推断问题. 模型平均方法在因果推断领域也得到了广泛应用, Kitagawa 和 Muris (2016)[90] 提出了一种半参数的模型平均方法用来估计处理组的平均因果效应, 可以做到在局部渐近框架下最小化均方误差; Shi 等 (2024)[159] 考虑异方差设定下用模型平均方法估计条件平均因果效应, 这种方法可以保证权重和估计量的相合性, 且估计效率是渐近最优的.

与模型平均不同, 模型混合主要指将多个模型的估计过程通过某种方式进行结合, 从而产生一种新的估计方法. Yang (2000, 2001)[201,202] 提出了基于模型混合的自适应回归方法, 这种回归方法能够控制混合后模型的平方风险, 且自动获得最优的收敛速度. Rolling 等 (2019)[144] 基于模型混合的自适应回归技术提出了一种用来估计条件平均因果效应的方法, 并给出了平方误差损失下的风险上界. 在缺失数据问题中, Li 等 (2020)[103] 提出了基于模型混合的方法用来估计结果变量数据随机缺失下的总体均值, 这种方法的优点在于: 如果候选模型中至少有一个正确, 就可以保证估计量的相合性. 如果倾向得分和结果回归的候选模型中都包含了正确的模型, 估计量的方差就可以达到半参数效率下界.

校准方法早期由 Deville 和 Särndal (1992)[46] 在抽样调查问题中提出, 他们利用辅助数据信息, 使完全数据与观测样本中的辅助变量的矩匹配, 进而对总体均值的逆概率加权估计进行校准, 提升了估计的稳健性. Han 和 Wang (2013)[68] 在随机缺失数据的设定下, 提出了一种基于模型校准的关于总体均值的加权估计量; Han (2014a, 2014b)[66,67] 通过凸优化问题重新定义了该估计量, 并进一步讨论了回归问题中的校准估计. Chan 和 Yam (2014)[23] 扩展了 Han 和 Wang (2013)[68] 提出的模型校准方法. 当缺失机制正确指定, 并且假定多个结果回归模型中有一个正确时, 校准方法具有 oracle 性质, 即可以达到与已知真实结果模型相同的半参数效率下界; 当缺失机制错误指定时, 如果存在某个结果回归模型被正确指定, 校准后的估计仍然是相合的. 在数据融合问题中, Li 等 (2024)[106] 基于经验似然方法, 提出了关于多个倾向得分与填补模型的校准估计, 进一步提升了参数估计的稳健性.

本章主要介绍基于多模型的稳健估计在因果推断和数据融合设定下的应用, 其中 3.2 节介绍整合多模型的因果效应估计方法, 3.3 节介绍在整合多模型的数据融合分析方法, 3.4 节展示了本章方法的应用实例, 3.5 节是本章小结.

3.2　整合多模型的因果效应估计

传统的双稳健估计量只包含一个倾向得分模型和一个结果回归模型. 本节将考虑倾向得分和结果回归都有若干个候选模型, 介绍一种使用模型混合[201,202] 来组合多个候选模型的方法, 我们称最终得到的估计量为基于模型混合的改进版双稳健估计量[103]. 这个估计量的构造想法是基于模型混合技术分别将倾向得分的候选模型和结果回归的候选模型整合成一个新的倾向得分模型和一个新的结果回归模型, 然后将构造的新模型代入传统的双稳健估计量即可得到改进版的双稳健估计. 与传统的双稳健估计量相比, 改进版的双稳健估计具有更优良的性质, 即如果倾向得分或结果回归中的任何一个候选模型被正确指定, 就可以保证估计的相合性. 以下我们将详细介绍该问题的数学表述以及感兴趣的参数, 然后介绍所提估计量的构造过程以及该估计量的相关性质, 最后通过数值模拟展示所介绍估计量的有限样本表现.

沿用之前的符号表达, 我们依然使用 T 表示处理变量, 使用 X 表示协变量, 使用 Y 表示结果变量, 感兴趣的参数是平均处理效应 $\tau = \mathbb{E}\{Y(1) - Y(0)\}$. 本节我们以 $\phi = \mathbb{E}\{Y(1)\}$ 为例介绍基于模型混合的改进版双稳健估计方法. 根据潜在结果框架可知, 当个体的处理 $T_i = 1$ 时, $Y_i(1)$ 为可观测数据; 当处理 $T_i = 0$ 时, $Y_i(1)$ 不可观测. 假设我们有 n 个样本 $Z_n = \{T_i, T_i Y_i(1), X_i\}$, 不失一般性, 假设前 m 个个体的处理 $T_i = 1$, 其余个体的处理为 $T_i = 0$, 即前 m 个个体的潜在结果 $Y_i(1)$ 可观测, 其余 $n - m$ 个个体的潜在结果 $Y_i(1)$ 不可观测, 将处理组的可观测数据记为 $Z_m = \{T_i = 1, Y_i, X_i\}_{i=1}^m$. 这里依然使用 $e(X)$ 表示倾向得分模型, $\mu(X) = E(Y \mid T = 1, X)$ 表示结果回归模型, 假设第 2 章介绍的可忽略性假设 2.1.1 成立.

3.2.1 倾向得分的模型混合估计

基于模型混合的改进版双稳健估计的实现流程为: 首先分别构造倾向得分的模型混合估计与结果回归的模型混合估计, 再将它们代入传统的双稳健估计量. 令 $e^j(x)$ 表示第 j 个候选倾向得分模型, $\mu^k(x)$ 表示第 k 个候选结果回归模型, 其中 $j \in \mathcal{J} = \{1, \cdots, J\}$ 且 $k \in \mathcal{K} = \{1, \cdots, K\}$. 令 $\hat{e}_i^j(x)$ 和 $\hat{\mu}_i^k(x)$ 分别表示通过使用前 i 个观测值 $Z_i = \{T_l, T_l Y_l(1), X_l\}_{l=1}^i$ 拟合得到的 $e^j(x)$ 和 $\mu^k(x)$ 的估计值. 这里对于候选模型的具体形式没有限制, 其可以是参数、半参数或非参数模型.

在倾向得分的模型混合过程中, 首先将数据随机分为两部分, 不失一般性可以表示为 $Z^{(1)} = \{T_i, T_i Y_i(1), X_i\}_{i=1}^{N_n}$ 和 $Z^{(2)} = \{T_i, T_i Y_i(1), X_i\}_{i=N_n+1}^n$, 其中 $N_n = \max(1, \lfloor cn \rfloor)$, $0 < c < 1$, 一般在实践中可以取 $N_n = \lfloor n/2 \rfloor$. 接下来, 我们使用训练集 $Z^{(1)}$ 拟合每个候选倾向得分模型, 得到倾向得分模型的估计 $\hat{e}_{N_n}^j(x)$; 并使用测试集 $Z^{(2)}$ 基于伯努利似然计算其预测风险. 然后通过表达式 $\hat{\Lambda}_j = (n - N_n)^{-1} \sum_{i=N_n+1}^n \hat{\Lambda}_{j,i}$ 计算候选模型的权重, 即累积 $Z^{(2)}$ 上的预测似然[201], 其中 $\hat{\Lambda}_{j,i}$ 的定义如下:

$$
\hat{\Lambda}_{j,i} = \begin{cases} \dfrac{1}{J}, & i = N_n + 1, \\[3mm] \dfrac{\prod_{l=N_n+1}^{i-1} \hat{e}_{N_n}^j(X_l)^{T_l}\{1 - \hat{e}_{N_n}^j(X_l)\}^{1-T_l}}{\sum_{j' \in \mathcal{J}} \prod_{l=N_n+1}^{i-1} \hat{e}_{N_n}^{j'}(X_l)^{T_l}\{1 - \hat{e}_{N_n}^{j'}(X_l)\}^{1-T_l}}, & N_n + 2 \leqslant i \leqslant n. \end{cases}
$$

由以上表达式可知, 权重满足 $\hat{\Lambda}_j \geqslant 0$ 并且 $\sum_{j \in J} \hat{\Lambda}_j = 1$. 最终, 倾向得分的模型混合估计量 $\hat{e}_{\text{mix}}$ 便是候选估计量的加权平均, 即

$$\hat{e}_{\text{mix}}(x) = \sum_{j \in J} \hat{\Lambda}_j \hat{e}_{N_n}^j(x).$$

3.2.2　结果回归的模型混合估计

类似于倾向得分的模型混合估计, 我们将处理组的数据随机分为两部分, 因为在处理组的数据中, 潜在结果 $Y(1)$ 可观测. 不失一般性, 可以将这两部分表示为 $Z^{(3)} = \{T_i, T_i Y_i(1), X_i\}_{i=1}^{N_m}$ 和 $Z^{(4)} = \{T_i, T_i Y_i(1), X_i\}_{i=N_m+1}^{m}$, 其中 $N_m = \max(1, \lfloor cm \rfloor)$, $0 < c < 1$, 一般在实践中可以取 $N_m = \lfloor m/2 \rfloor$. 接下来使用 $Z^{(3)}$ 拟合并得到每个候选模型的估计 $\hat{\mu}_{N_m}^k(x)$; 并使用测试集 $Z^{(4)}$ 基于均方误差计算其预测风险. 然后通过表达式 $\hat{\Omega}_k = (m - N_m)^{-1} \sum_{l=N_m+1}^{m} \hat{\Omega}_{k,i}$ 计算候选模型的权重[203], 其中

$$\hat{\Omega}_{k,i} = \begin{cases} \dfrac{1}{K}, & i = N_m + 1, \\[2mm] \dfrac{\exp\left[-\lambda \sum_{l=N_m+1}^{i-1} \{Y_l - \hat{\mu}_{N_m}^k(X_l)\}^2\right]}{\sum_{k' \in \mathcal{K}} \exp\left[-\lambda \sum_{l=N_m+1}^{i-1} \{Y_l - \hat{\mu}_{N_m}^{k'}(X_l)\}^2\right]}, & N_m + 2 \leqslant i \leqslant m, \end{cases}$$

这里权重的计算是基于候选模型下均方误差的累积预测风险的指数加权. 上述公式中的参数 λ 是一个适当选择的正常数, 控制候选模型的表现对权重的影响. 我们建议在实践中使用交叉验证来选择 λ. 最终结果回归的模型混合估计量是候选估计量的加权平均, 即

$$\hat{\mu}_{\text{mix}}(x) = \sum_{k \in \mathcal{K}} \hat{\Omega}_k \hat{\mu}_{N_m}^k(x).$$

3.2.3　基于模型混合的双稳健估计量

结合最终倾向得分的模型混合估计量 $\hat{e}_{\text{mix}}(x)$ 以及最终结果回归的模型混合估计量 $\hat{\mu}_{\text{mix}}(x)$, 我们得到如下改进版的双稳健估计量:

$$\hat{\phi}_{\text{mix}} = \frac{1}{n} \sum_{i=1}^{n} \left[\frac{T_i Y_i}{\hat{e}_{\text{mix}}(X_i)} + \left\{ 1 - \frac{T_i}{\hat{e}_{\text{mix}}(X_i)} \right\} \hat{\mu}_{\text{mix}}(X_i) \right].$$

对于接受处理的个体, Y_i 记录了它们在接受处理时的潜在结果并且按倾向得分 $\hat{e}_{\text{mix}}(X_i)$ 进行逆概率加权, 使其更能反映总体的期望结果. 该估计量还通过结果回归的模型混合估计 $\hat{\mu}_{\text{mix}}(X_i)$ 来对未接受处理个体的潜在结果进行预测, 并通过逆概率进行纠偏校正. 值得注意的是, 以上基于模型混合的双稳健估计量 $\hat{\phi}_{\text{mix}}$ 并不限于参数模型.

我们通过以下方式定义任意函数 $g(\cdot)$ 关于 X 的分布 ν 的 L_2 范数: $\|g\| = \left\{\int g^2(x)\nu(dx)\right\}^{1/2}$. 可以证明, 基于模型混合的倾向得分估计量 $\hat{e}_{\mathrm{mix}}(x)$ 和结果回归估计量 $\hat{\mu}_{\mathrm{mix}}(x)$ 具有如下优良的性质: 它们的 L_2 风险几乎与使用最佳候选估计量的风险一样小[103]. 这一适应性是通过加权方法实现的, 权重基于适当的累积度量 (如预测似然) 来评估每个阶段中所有候选模型的表现. 接下来我们将建立基于模型混合的双稳健估计量 $\hat{\phi}_{\mathrm{mix}}$ 的理论性质. 对于 $j \in \mathcal{J}$, 设 $\hat{e}_{N_n}^j(x)$ 收敛于非随机函数 $\bar{e}^j(x)$, 即 $\|\hat{e}_{N_n}^j(x) - \bar{e}^j(x)\| = o_p(1)$. 同理, 对于 $k \in \mathcal{K}$, 设 $\hat{\mu}_{N_m}^k(x)$ 收敛于非随机函数 $\bar{\mu}^k(x)$, 即 $\|\hat{\mu}_{N_m}^k(x) - \bar{\mu}^k(x)\| = o_p(1)$. 假设存在常数 $0 < c_0 < c_1 < 1$, 使得 $c_0 \leqslant m/n \leqslant c_1$ 对于任何 m 和 n 都成立. 我们首先有以下关于估计量 $\hat{\phi}_{\mathrm{mix}}$ 的相合性及收敛速率.

定理 3.2.1 存在 $j \in \mathcal{J}$ 有 $\bar{e}^j = e$ 或存在 $k \in \mathcal{K}$ 有 $\bar{\mu}^k = \mu$, 则在一定条件下, $\hat{\phi}_{\mathrm{mix}}$ 是 ϕ 的相合估计量, 并且具有下面的收敛速率:

$$|\hat{\phi}_{\mathrm{mix}} - \phi| = O_p(n^{-1/2} + \|\hat{e}_{\mathrm{mix}} - e\|\|\hat{\mu}_{\mathrm{mix}} - \mu\|).$$

定理 3.2.1 表明, 在一定条件下, 如果倾向得分候选模型或结果回归候选模型中的一个被正确指定且是相合估计, 那么基于模型混合的双稳健估计 $\hat{\phi}_{\mathrm{mix}}$ 对于真参数 ϕ 是相合的, 这说明基于模型混合的双稳健估计量具有多重稳健性. 定理 3.2.1 还描述了基于模型混合的双稳健估计量的收敛速率, 该速率主要取决于 $\hat{e}_{\mathrm{mix}}(x)$ 与 $\hat{\mu}_{\mathrm{mix}}(x)$ 收敛速率乘积的阶数. 除了具有相合性之外, 以下定理还表明, 当一个倾向得分模型和一个结果回归模型被正确指定时, 估计量 $\hat{\phi}_{\mathrm{mix}}$ 是渐近正态的, 并且达到了半参数效率下界.

定理 3.2.2 如果存在 $j \in \mathcal{J}$ 以及 $k \in \mathcal{K}$ 有 $\bar{e}^j = e$, $\bar{\mu}^k = \mu$, $\|\hat{e}_{N_n}^j - e\|\|\hat{\mu}_{N_m}^k - \mu\| = o_p(n^{-1/2})$ 均成立, 则有 $n^{1/2}(\hat{\phi}_{\mathrm{mix}} - \phi) \to N(0, \sigma^2)$, 其中

$$\sigma^2 = \mathbb{E}\left\{\frac{\mathrm{Var}(Y \mid X, T = 1)}{e(X)}\right\} + \mathrm{Var}\{\mathbb{E}(Y \mid X, T = 1)\}.$$

因此, $\hat{\phi}_{\mathrm{mix}}$ 达到了半参数效率下界.

定理 3.2.2 中关于渐近正态性的条件容易满足. 例如, 当 $e^j(x)$ 是一个参数模型且被正确指定时, 则在一些正则条件下就会有 $\|\hat{e}_{N_n}^j - e\| = O_p(n^{-1/2})$, 那么只要 $\hat{\mu}_{N_m}^k(x)$ 是 $\mu(x)$ 的相合估计, 即 $\|\hat{\mu}_{N_m}^k - \mu\| = o_p(1)$, 条件就会成立, 而不需要限制 $\mu(x)$ 为参数模型. 同理, 当 $\mu^k(x)$ 是被正确指定的参数模型时按照同样的方法分析也成立. 当 $e^j(x)$ 与 $\mu^k(x)$ 都是非参数模型时, 只要 $\hat{e}_{N_n}^j$ 与 $\hat{\mu}_{N_m}^k$ 的收敛速率快于 $n^{-1/4}$, 则条件也成立. 我们可以利用许多现有的包含变量选择和正则化等在内的机器学习技术, 如套索法 (Lasso)、自适应套索法 (Adaptive Lasso)、弹

性网 (Elastic Net) 等, 来处理大量候选预测变量或包含不同预测变量子集的候选模型. 这些方法能够保证估计的相合性, 并且在假设真实模型具有某些稀疏结构的情况下, 为倾向得分模型和结果回归模型提供合理的收敛速度. 例如, 假如估计量 $\hat{e}_{N_n}^j$ 和估计量 $\hat{\mu}_{N_m}^k$ 是通过 Lasso 获得的. 那么, 在一些正则条件下, 我们有 $\|\hat{e}_{N_n}^j - e\| = O_p\big(\sqrt{s_e \log d / n}\big)$ [186], $\|\hat{\mu}_{N_m}^k - \mu\| = O_p\big(\sqrt{s_\mu \log d / m}\big)$ [14], 其中 s_e 和 s_μ 分别表示真实倾向得分和结果回归模型的稀疏性水平, d 为协变量的维度. 因此, 只要 $s_e s_\mu (\log d)^2 / n = o(1)$, 定理 3.2.2 中的结果仍然成立.

3.2.4　数值模拟

在这一小节我们通过数值模拟评估所提估计量 $\hat{\phi}_{\mathrm{mix}}$ 在有限样本下的表现, 并与基于加权的多稳健估计量 $\hat{\phi}_{\mathrm{mr\text{-}ipw}}$ [68]、基于模型校准的多稳健估计量 $\hat{\phi}_{\mathrm{mr\text{-}cal}}$ [23]、基于回归的多稳健估计量 $\hat{\phi}_{\mathrm{mr\text{-}reg}}$ [22] 进行比较. 我们提出的估计量 $\hat{\phi}_{\mathrm{mix}}$ 允许候选模型通过正则化估计获得. 尽管现有的多稳健方法可以在候选模型估计中引入正则化过程后使用, 但其理论结果仍需进一步发展. 为了在模拟研究中进行公平比较, 我们在应用现有多稳健方法之前也实现了一个前置的变量选择步骤.

以下为模拟实验的具体设置 [87]: 首先从多元标准正态产生协变量 X, 即 $X = (X^{(1)}, X^{(2)}, X^{(3)}, X^{(4)}) \sim N(0, I_4)$, 其中 I_4 是一个 4×4 的单位矩阵; 然后按照下述方式产生处理变量 T 和潜在结果 $Y(1)$:

$$e(x) = \big[1 + \exp\{x^{(1)} - 0.5x^{(2)} + 0.25x^{(3)} + 0.1x^{(4)}\}\big]^{-1},$$

$$\mu(x) = 210 + 27.4x^{(1)} + 13.7x^{(2)} + 13.7x^{(3)} + 13.7x^{(4)},$$

$$T \mid X = x \sim \mathrm{Bernoulli}\{e(x)\}, \quad Y(1) \mid X = x \sim N\{\mu(x), 1\}.$$

当倾向得分 $e(x)$ 或结果回归 $\mu(x)$ 被正确指定时, 我们使用 X 作为协变量拟合模型, 而在错误指定的模型中, 使用 V 代替 X 作为协变量, 其中 $V = (V^{(1)}, V^{(2)}, V^{(3)}, V^{(4)})$, 定义如下:

$$V^{(1)} = \exp\{X^{(1)}/2\}, \qquad V^{(2)} = X^{(2)}/[1 + \exp\{X^{(1)}\}] + 10,$$

$$V^{(3)} = \{X^{(1)}X^{(3)}/25 + 0.6\}^3, \quad V^{(4)} = \{X^{(2)} + X^{(4)} + 20\}^2.$$

考虑四种不同的情形:

(i) 一个候选倾向得分模型和一个候选结果回归模型被正确指定;

(ii) 只有一个候选结果回归模型被正确指定;

(iii) 只有一个候选倾向得分模型被正确指定;

(iv) 倾向得分或结果回归的候选模型都没有正确指定.

我们以情形 (i) 为例说明模拟实施的具体步骤: 首先在上面介绍的模拟设置下, 生成 $n = 200$ 或 $n = 1000$ 的随机样本; 然后为结果回归模型选择恒等连接函数, 为候选倾向得分模型选择常用的 logit、probit 和 cloglog 连接函数, 使用弹性网络作为正则化方法, 在每个给定的连接函数下单独选择变量, 其中预测因子由协变量 X 的所有一阶和二阶交互项组成; 接下来将模型混合过程应用于具有不同连接函数的候选模型, 基于最终的倾向得分混合模型与最终的结果回归混合模型计算 $\hat{\phi}_{\text{mix}}$. 为了便于比较, 我们还将前述弹性网络选择的模型作为 $\hat{\phi}_{\text{mr-ipw}}$, $\hat{\phi}_{\text{mr-cal}}$ 和 $\hat{\phi}_{\text{mr-reg}}$ 的候选倾向得分模型和结果回归模型, 由于 $\hat{\phi}_{\text{mr-cal}}$ 只涉及一个倾向得分模型, 因此选择具有 logit 连接函数的模型作为候选模型. 根据选择的候选模型, 计算出 $\hat{\phi}_{\text{mr-ipw}}$, $\hat{\phi}_{\text{mr-cal}}$. 最后重复上述过程 200 次.

其他场景的模拟研究类似进行, 只是当模型错误指定时使用了协变量 V, 试验结果如图 3.1 所示. 几乎在所有情形中, 基于模型混合的双稳健估计量 $\hat{\phi}_{\text{mix}}$ 的偏差和方差均与现有多稳健估计量中表现最优的估计量相当. 我们还观察到, 在某

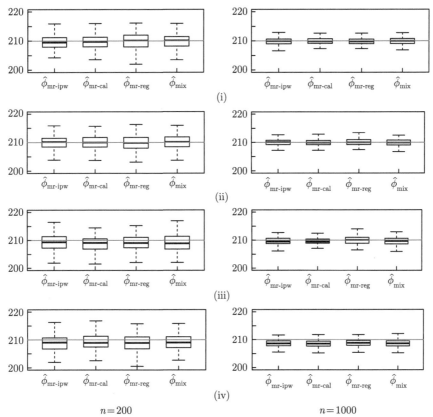

图 3.1　在前文模拟设置的条件下, $\hat{\phi}_{\text{mix}}$ 和 $\hat{\phi}_{\text{mr-ipw}}$, $\hat{\phi}_{\text{mr-cal}}$, $\hat{\phi}_{\text{mr-reg}}$ 的性能比较示意图. 左侧列表示 $n = 200$, 右侧列表示 $n = 1000$, 第一行到第四行分别对应情形 (i)—(iv). 在每个箱线图中, 横轴列出不同的估计量, 纵轴显示估计量的值, 横线表示每个情形下参数的真值

些场景中, $\hat{\phi}_{\text{mr-reg}}$ 的表现略逊于其他估计量. 随着样本量的增加, 在场景 (i)—(iii) 中所有估计量的偏差均变小, 但在场景 (iv) 中没有这样的趋势, 因为只有当倾向得分模型或结果回归模型的候选模型中至少有一个正确指定时, 这些估计量才是相合的.

现有的多稳健估计量 $\hat{\phi}_{\text{mr-ipw}}$, $\hat{\phi}_{\text{mr-cal}}$ 和 $\hat{\phi}_{\text{mr-reg}}$ 在加入前置正则化程序 (弹性网络) 后表现出令人满意的结果. 然而, 它们的理论需要进一步发展. 具体而言, 现有多稳健估计量的理论结果如渐近正态性, 仅在倾向得分模型和结果回归模型均为参数形式, 并且这些模型的参数通过最大似然法估计的特定情况下才能成立. 相比之下, 我们介绍的基于模型混合的双稳健估计量的理论结果没有依赖参数形式, 任何能够提供相合估计并保证候选倾向得分模型和结果回归模型收敛速率足够的估计方法都可以纳入我们的估计量中.

3.3　整合多模型的数据融合分析

在现实生活中, 我们经常面临无法从单一数据源收集到解决具体问题所需的所有相关数据的情况. 例如, 在研究住房项目参与对贫困家庭生活质量的影响时, 项目参与的数据可能在 "当前人口调查数据" 中获取, 而生活质量相关的数据则可能来自 "人口普查数据" [38,163]. 类似地, 研究家庭消费与储蓄行为之间的关系时, 消费信息可能来自 "收入动力学面板研究", 而储蓄信息则可能来自其他如 "健康与退休调查" 数据 [15,19]. 在这些情形中, 合并来自不同来源的数据集以解决感兴趣的研究问题显得尤为重要. 然而, 这种合并数据的分析往往充满挑战, 因为有些数据源中的变量在另一个数据源中是未被观察到的. 多信息来源的数据分析问题通常被称为数据融合问题 [51], 这在经济学和生物医学的研究中相当普遍.

在回归分析问题中, 如果所有变量来自同一数据源, 那么在一些正则条件下, 通过求解一组适当选择的估计方程, 就可以实现回归参数的相合性估计. 但当感兴趣的结果变量和一部分协变量来自不同的数据源时, 如果没有额外条件, 回归参数甚至无法从观察数据中被识别. 当模型的可识别性得以保证时, 已有文献 [55, 163] 提出了双稳健估计法. 这里的双稳健估计是指当数据来源过程的倾向得分模型或缺失协变量的填补模型之一被正确指定时, 该估计量就是相合的. 双稳健方法在一定程度上能够防范模型误设, 但由于只能允许一个倾向得分模型和一个填补模型, 这种方法可能无法提供足够的保护. 在实际中由于数据生成过程未知, 假设其中一个模型被正确指定可能是有限制的. 此外, 这些双稳健方法基于逆概率加权, 可能会因极端概率值而导致较大的方差问题. 相比之下, 假设多个候选模型构成多稳健估计似乎更为可取, 每个模型涉及不同的协变量子集和可能不同的连接函数.

尽管在缺失数据的相关文献中已有较多关于整合多个模型的研究[67,68,103], 但基于多模型的数据融合分析尚未充分探索. 例如, Han (2014)[67] 研究了一个含有随机缺失结果变量的回归分析问题, 并在经验似然框架下[129,136,137], 提出了一种允许为缺失机制和结果回归构建多个模型的估计方法. 所得估计量在任意一个模型正确时均是相合的, 并且对拟合缺失概率中的极端值具有稳健性. 然而, 由于在我们考虑的数据融合问题中, 部分协变量没有被完全观察到, 这一方法不能直接应用于当前的数据融合问题. 基于此, 本节介绍一种基于经验似然框架融合多个倾向得分与填补模型的校准加权方法. 在一定的正则条件下, 当倾向得分和填补模型中的任何一个被正确指定时, 所得估计量是相合的. 此外, 当存在两个模型都正确时, 估计量能达到半参数有效界. 由于经验似然方法规避了逆概率加权的应用, 因此此估计量对倾向得分极端值的稳健性也较好[106]. 以下我们将首先介绍该问题的数学表述以及感兴趣的参数, 然后介绍所提估计量的构造过程以及该估计量的相关性质, 最后通过数值模拟展示所提估计量的有限样本表现.

3.3.1 模型假设与识别性

在数据融合问题的背景下, 我们假设有内部数据集与外部数据集, 结果变量 Y 仅在内部数据集可观测, 一些协变量 W 仅在外部数据集可获得, 其他协变量 X 在两个数据集中都能观测到, 假设 n 个来自该融合数据的个体. 定义 R 为数据来源的指示变量, 其中 $R = 1$ 表示个体来自内部数据集; 反之, 若个体来自外部数据集, 则该个体对应的指示变量为 $R = 0$. 令 $m = \sum_{i=1}^{n} R_i$, 因此 m 为内部数据集的个体数, 不失一般性, 将这些个体编号为 $i = 1, \cdots, m$. 令 $f(\cdot)$ 为随机变量 (向量) 的概率密度或质量函数, 令 $\pi(x) = f(R = 1 \mid X = x)$ 为在给定 $X = x$ 条件下, 个体被内部数据集观测到的概率, 也可以被称为数据融合背景下的倾向性评分.

令 $X = (V^\top, Z^\top)^\top$, 其中协变量 V 是我们感兴趣的部分, 而 Z 是辅助变量集. 由于 Z 并非我们感兴趣的协变量, 我们的目标是估计 p 维参数 $\theta_0 = (\theta_{1,0}^\top, \theta_{2,0}^\top)^\top$, 该参数通过以下回归方程定义:

$$\mathbb{E}(Y \mid W, X) = \mu(\theta_{1,0}^\top W + \theta_{2,0}^\top V), \tag{3.1}$$

其中 $\mu(\cdot)$ 是已知的单调连续可微函数. 尽管协变量 Z 并未直接在回归模型中, 但它们可能有助于解释数据融合过程, 在许多应用中也会被收集. 我们注意到如果条件分布 $f(Y \mid W, V)$ 是可识别的, 则可以保证参数 θ_0 在式 (3.1) 中的可识别性. 以下介绍的假设条件是为了保证 $f(Y \mid W, V)$ 可识别.

假设 3.3.1 下面几个条件成立:
(i) $R \perp\!\!\!\perp (Y, W) \mid X$;

(ii) 存在 $\delta \in (0,1)$ 使得 $\delta < \pi(x) < 1 - \delta$ 对于所有的 x 均成立;

(iii) 辅助变量集 Z 满足 $Y \perp\!\!\!\perp Z \mid W, V$;

(iv) 对于任何平方可积的函数 $g(\cdot)$, 若 $\mathbb{E}\{g(W,V) \mid Z, V\} = 0$, 则有 $g(W,V) = 0$ 几乎处处成立.

假设 3.3.1 (i) 类似于缺失数据问题中的随机缺失, 它意味着给定两个数据集均可观测的变量 X 下, Y 或 W 的条件分布在两个数据集之间不会变化, 但允许 X 的边际分布在这两个数据集之间不同. 假设 3.3.1 (ii) 表明, 对于一个数据源中的每个个体, 在另一个数据源中观察到具有相似 X 值的匹配单元的概率为正. 这两个假设在数据融合问题中都是基本假设. 假设 3.3.1 (iii) 揭示了辅助协变量 Z 仅通过与 W 和 V 的关联来影响结果 Y. 假设 3.3.1 (iv) 引入完备性条件, 目的是得到一般的识别结果. 这一条件被广泛用于许多领域的识别性问题, 并且适用于许多常用的参数模型 [49,126].

在假设 3.3.1 下, 条件分布 $f(Y \mid W, X)$ 是可识别的. 这个可识别性意味着回归参数 θ_0 也是可识别的. 我们注意到, $f(Y \mid W, X)$ 的可识别性并不要求 $E(W \mid X)$ 具有特定的结构形式, 只要有一个有效的辅助变量集并且满足相应的完备性条件. 当去掉假设 3.3.1 (iii) 和 (iv) 时, 根据以下矩条件也可以得到 θ_0 的 (局部) 可识别性:

$$\mathbb{E}\left[\{Y - \mu(\theta_{1,0}^\top W + \theta_{2,0}^\top V)\}t(X;\theta_0)\right] = 0, \tag{3.2}$$

其中 $t(X;\theta_0)$ 是用户指定的 p 维向量函数. 定义 $s(W,X;\theta) = \mu(\theta_1^\top W + \theta_2^\top V) \cdot t(X;\theta)$, 令 Γ 是式 (3.2) 左面的导数矩阵, 即

$$\Gamma = \mathbb{E}\left\{\frac{\partial t(X;\theta_0)}{\partial \theta} - \frac{s(W,X;\theta_0)}{\partial \theta}\right\}.$$

如果 Γ 是满秩的, 则 θ_0 是 (局部) 可识别的 [8]. 在某些情况下, θ_0 的全局可识别性也可以保证. 例如, 当 $\mu(\cdot)$ 为恒等函数时, 如果 $\mathbb{E}(W \mid X)$ 中存在 X 的非线性项, 则 θ_0 是可识别的 [55,118].

3.3.2　基于模型校准的加权估计量

现已保证感兴趣参数的识别性, 因此在本节参数估计中, 我们可以假设 θ_0 已经被识别. 以下我们介绍一种基于模型校准的加权方法来估计 θ_0. 令 $\mathcal{C}_1 = \{\pi^j(\eta^j) : j = 1, \cdots, J\}$ 是 $\pi(X)$ 的 J 个候选倾向得分模型的集合, 令 $\mathcal{C}_2 = \{a^k(\gamma^k) : k = 1, \cdots, K\}$ 是 $f(W \mid X)$ 的 K 个候选填补模型的集合, 这里 η^j 与 γ^k 是模型参数. 令 $\hat{\eta}^j$ 与 $\hat{\gamma}^k$ 是它们的估计量, 其中 $\hat{\eta}^j$ 通过最大化似然函数 $\prod_{i=1}^n \{\pi_i^j(\eta^j)\}^{R_i} \{1 - \pi_i^j(\eta^j)\}^{1-R_i}$ 来实现; 在假设 3.3.1 (i) 下, $f(W \mid X) = f(W \mid$

$X, R = 0$), 因此 $\hat{\eta}^j$ 也通过最大似然估计在外部数据集中获得. 定义 $\hat{\theta}^k$ 为以下估计方程的解:

$$\frac{1}{n} \sum_{i=1}^{n} t(X_i; \theta) \Big[R_i \big\{ Y_i - \mathbb{E}(Y \mid X_i; \hat{\gamma}^k, \theta) \big\} + (1 - R_i)$$

$$\times \big\{ \mathbb{E}(Y \mid X_i; \hat{\gamma}^k, \theta) - \mu(\theta_1^\top W_i + \theta_2^\top V_i) \big\} \Big] = 0,$$

很容易证明如果第 k 个填补模型 $a^k(\gamma^k)$ 是正确的, 那么 $\hat{\theta}^k$ 是 θ_0 的相合估计量.

将 $\{W_i^d(\hat{\gamma}^k) : d = 1, \cdots, D\}$ 定义为从分布 $f(W \mid X_i; \hat{\gamma}^k)$ 中随机抽取的 D 个样本, 定义 $g_i(\hat{\gamma}^k, \hat{\theta}^k) = D^{-1} \sum_{d=1}^{D} s\big(W_i^d(\hat{\gamma}^k), X_i; \hat{\theta}^k\big)$, 其中 $i = 1, \cdots, n$, 函数 $s(\cdot)$ 如式 (3.2) 下面的定义, 即 $s(W, X; \theta_0) = \mathbb{E}(Y \mid W, X) t(X; \theta_0)$. 由于 $\mathbb{E}(Y \mid X) = \mathbb{E}\{\mathbb{E}(Y \mid W, X) \mid X\}$, 因此 $g_i(\hat{\gamma}^k, \hat{\theta}^k)$ 可以看作是基于从 $f(W \mid V_i; \hat{\gamma}^k)$ 中抽取的 D 次随机样本得到 $\mathbb{E}(Y \mid X_i; \hat{\gamma}^k, \hat{\theta}^k) t(X_i; \hat{\theta}^k)$ 的估计. 我们的估计程序总共分为三步: 首先估计内部数据集中个体的校准权重, 然后估计外部数据集中个体的校准权重, 最后基于两个数据集中个体的校准权重得到加权估计量.

第一步, 我们估计内部数据集中个体的校准权重. 对于内部数据集的个体 i ($i = 1, \cdots, m$), 我们通过以下条件对每个样本的校准权重作出估计:

$$w_{1i} \geqslant 0, \quad \sum_{i=1}^{m} w_{1i} = 1, \quad \sum_{i=1}^{m} w_{1i} \pi_i^j(\hat{\eta}^j) = \hat{\tau}^j \quad (j = 1, \cdots, J),$$

$$\sum_{i=1}^{m} w_{1i} g_i(\hat{\gamma}^k, \hat{\theta}^k) = \hat{\psi}^k \quad (k = 1, \cdots, K),$$

(3.3)

其中 $\hat{\tau}^j = n^{-1} \sum_{i=1}^{n} \pi_i^j(\hat{\eta}^j)$, $\hat{\psi}^k = n^{-1} \sum_{i=1}^{n} g_i(\hat{\gamma}^k, \hat{\theta}^k)$. 这些约束的基本原理可表述为: 对于任何期望有限的函数 $b(X)$, 都有

$$\mathbb{E}\big[w(X)\big\{b(X) - \mathbb{E}(b(X))\big\} \mid R = 1\big] = 0,$$

其中 $\omega(X) = \pi(X)^{-1}$. 然后选择 $b(X)$ 分别为 $\pi^j(\eta^j)$ 和 $\mathbb{E}(Y|X; \hat{\gamma}^k, \hat{\theta}^k) t(X; \hat{\theta}^k)$ 便可得到上述约束. 通过在式 (3.3) 的限制下最大化 $\prod_{i=1}^{m} w_{1i}$, 并使用拉格朗日乘子法可得内部数据集中个体校准权重的估计:

$$\hat{w}_{1i} = \frac{1}{m} \frac{1}{1 + \hat{\rho}^\top \hat{h}_i(\hat{\eta}, \hat{\gamma}, \hat{\theta})} \Bigg/ \left\{ \frac{1}{m} \sum_{i=1}^{m} \frac{1}{1 + \hat{\rho}^\top \hat{h}_i(\hat{\eta}, \hat{\gamma}, \hat{\theta})} \right\} \quad (i = 1, \cdots, m),$$

其中, $\hat{\rho} = (\hat{\rho}_1, \cdots, \hat{\rho}_{J+pK})^\top$ 是一个 $J + pK$ 维的向量满足

$$\sum_{i=1}^{m} \frac{\hat{h}_i(\hat{\eta}, \hat{\gamma}, \hat{\theta})}{1 + \hat{\rho}^\top \hat{h}_i(\hat{\eta}, \hat{\gamma}, \hat{\theta})} = 0 \quad \text{且} \quad 1 + \hat{\rho}^\top \hat{h}_i(\hat{\eta}, \hat{\gamma}, \hat{\theta}) > 0.$$

基于上面条件, 我们通过最小化凸函数 $F(\rho) = n^{-1} \sum_{i=1}^{n} R_i \log \left\{ 1 + \rho^\top h_i(\hat{\eta}, \hat{\gamma}, \hat{\theta}) \right\}$ 得到 $\hat{\rho}$. 上面所涉及的其他符号有如下含义:

$$\hat{\eta} = \left\{ (\hat{\eta}^1)^\top, \cdots, (\hat{\eta}^J)^\top \right\}^\top, \quad \hat{\gamma} = \left\{ (\hat{\gamma}^1)^\top, \cdots, (\hat{\gamma}^J)^\top \right\}^\top, \quad \hat{\theta} = \left\{ (\hat{\theta}^1)^\top, \cdots, (\hat{\theta}^J)^\top \right\}^\top,$$

$$\hat{h}_i(\cdot) = \left[\hat{\pi}_i^1(\hat{\eta}^1) - \hat{\tau}^1, \cdots, \hat{\pi}_i^J(\hat{\eta}^J) - \hat{\tau}^J, \left\{ g_i(\hat{\gamma}^1, \hat{\theta}^1) - \hat{\psi}^1 \right\}^\top, \cdots, \left\{ g_i(\hat{\gamma}^K, \hat{\theta}^K) - \hat{\psi}^K \right\}^\top \right]^\top.$$

第二步, 我们估计外部数据集中个体的校准权重. 对于外部数据集中的个体 i $(i = m+1, \cdots, n)$, 我们类似第一步, 通过以下条件对每个样本的校准权重作出估计:

$$w_{0i} \geqslant 0, \quad \sum_{i=m+1}^{n} w_{0i} = 1, \quad \sum_{i=m+1}^{n} w_{0i} \pi_i^j(\hat{\eta}^j) = \hat{\tau}^j \quad (j = 1, \cdots, J),$$

$$\sum_{i=m+1}^{n} w_{0i} g_i(\hat{\gamma}^k, \hat{\theta}^k) = \hat{\psi}^k \quad (k = 1, \cdots, K), \tag{3.4}$$

我们通过在式 (3.4) 的限制下最大化 $\prod_{i=m+1}^{n} w_{0i}$, 并使用拉格朗日乘子法可得外部数据集中个体校准权重的估计:

$$\hat{w}_{0i} = \frac{1}{n-m} \frac{1}{1 + \hat{\alpha}^\top \hat{h}_i(\hat{\eta}, \hat{\gamma}, \hat{\theta})} \bigg/ \left\{ \frac{1}{n-m} \sum_{i=m+1}^{n} \frac{1}{1 + \hat{\alpha}^\top \hat{h}_i(\hat{\eta}, \hat{\gamma}, \hat{\theta})} \right\} \quad (i = m+1, \cdots, n),$$

其中, $\hat{\alpha} = (\hat{\alpha}_1, \cdots, \hat{\alpha}_{J+pK})^\mathrm{T}$ 是一个 $J + pK$ 维的向量满足

$$\sum_{i=m+1}^{n} \frac{\hat{h}_i(\hat{\eta}, \hat{\gamma}, \hat{\theta})}{1 + \hat{\alpha}^\top \hat{h}_i(\hat{\eta}, \hat{\gamma}, \hat{\theta})} = 0 \quad \text{且} \quad 1 + \hat{\alpha}^\top \hat{h}_i(\hat{\eta}, \hat{\gamma}, \hat{\theta}) > 0.$$

第三步, 我们得到 θ_0 的基于校准权重的加权估计量, 将该估计量记为 $\hat{\theta}_{\mathrm{cal}}$, 它是以下方程的解:

$$\sum_{i=1}^{m} \hat{w}_{1i} Y_i t(X_i; \theta) - \sum_{i=m+1}^{n} \hat{w}_{0i} s(W_i, X_i; \theta) = 0.$$

现有的双稳健估计量使用 $\{n\hat{\pi}(X)\}^{-1}$ 来加权在内部数据集中的个体, 使用 $\left[n\{1 - \hat{\pi}(X)\} \right]^{-1}$ 来加权在外部数据集中的个体. 这些权重容易受到 $\hat{\pi}(X)$ 的极端值影响, 比如若 $\hat{\pi}(X)$ 接近 0 或 1, 则这些权重的值就会非常大, 这样会使得估计变得不稳定. 反之, 我们本节介绍的估计量 $\hat{\theta}_{\mathrm{cal}}$ 使用权重 $\hat{w}_{1i}$ 加权内部数据集中的个体, 使用 $\hat{w}_{0i}$ 来加权外部数据集中的个体; 权重估计是通过在式 (3.3) 与式 (3.4) 的约束条件下最大化 $\prod_{i=1}^{m} w_{1i}$ 与 $\prod_{i=1}^{m} w_{0i}$ 而得到的, 因为这些权重有非

负且和为 1 的限制, 所以如果权重越趋近于均匀分布, 则这两个目标函数值会越大. 这也意味着校准权重估计量不会受到倾向得分极端估计值的显著影响, 具有更稳定的性能, 这一特性继承自经验似然方法, 该方法已成功应用于解决缺失数据问题[137].

基于校准的加权估计量 $\hat{\theta}_{\text{cal}}$ 有许多优良性质, 主要包括相合性、渐近正态性和半参数有效性. 首先我们指出当候选模型中存在一个倾向得分模型或一个填补模型被正确指定时, 估计量 $\hat{\theta}_{\text{cal}}$ 都是相合的.

定理 3.3.1 如果 $\mathcal{C}_1$ 中存在一个倾向得分模型被正确指定, 或者 $\mathcal{C}_2$ 中存在一个填补模型被正确指定, 那么 $\hat{\theta}_{\text{cal}}$ 是 θ_0 的相合估计量.

与 $\hat{\theta}_{\text{cal}}$ 的相合性不同, 其渐近分布是非对称的. 换句话说, 渐近正态性依赖于 $J + K$ 个候选模型中哪个模型被正确指定, 而其渐近方差的形式则取决于是某个倾向得分模型正确还是某个插补模型正确. 以下定理 3.3.2 描述了在某个倾向得分模型被正确指定的情况下, 校准估计量的渐近正态性质.

定理 3.3.2 如果 $\mathcal{C}_1$ 包含一个正确指定的倾向得分模型, 则 $n^{1/2}(\hat{\theta}_{\text{cal}} - \theta_0)$ 渐近服从一个均值为 0 且方差为 $\text{Var}(L)$ 的正态分布, 其中 $L = \Gamma^{-1}[Q - \mathbb{E}(Q\Psi^\top)\{\mathbb{E}^{\otimes 2}\}^{-1}\Psi]$.

由于本定理中的矩阵 Q 与矩阵 Ψ 的形式过于烦琐, 我们此处没有列出, 感兴趣的读者可以查阅相关资料[106]. 显然, 定理中的 L 涉及 Q 在 Ψ 上的投影的残差, 因此 $\text{Var}(L) \leqslant \text{Var}(\Gamma^{-1}Q)$, 其中后者是当 $\pi(X)$ 已知时, 数据融合背景下逆概率加权估计量的方差. 这意味着即使 $\pi(X)$ 已知, 仍然可以通过建模 $\pi(X)$ 来提高 $\hat{\theta}_{\text{cal}}$ 的效率.

除此之外, 若假设 3.3.1 成立且对于一个固定的 $t(X;\theta_0)$, 则我们可以给出通过 (3.2) 定义的 θ_0 的有效影响函数:

$$\Phi_{\text{eff}}(O) = \Gamma^{-1}\Bigg[\frac{R}{\pi(X)}\Big\{Yt(X;\theta_0) - \mathbb{E}(Yt(X;\theta_0) \mid X)\Big\} - \frac{1-R}{1-\pi(X)}\Big\{s(W,X;\theta_0) - \mathbb{E}(s(W,X;\theta_0) \mid X)\Big\}\Bigg].$$

因此其半参数有效界为 $\text{Var}\{\Phi_{\text{eff}}(O)\}$. Chen 等 (2008)[30]、Shu 和 Tan (2020)[163] 在其他数据融合的问题中也提出了类似的效率界限, Evans 等 (2021)[55] 基于上述有效影响函数提出了一个双稳健估计量, 并提到当倾向得分模型和填补模型都正确指定时, 该估计量是最有效的, 他们还讨论了如何选择合适的函数 $t(X;\theta_0)$ 以进一步提高估计效率, 感兴趣的读者可参阅 Evans (2021)[55]. 接下来我们给出估计量具有半参数有效性的相关结论.

定理 3.3.3 如果 $\mathcal{C}_1$ 之中有一个被正确指定的倾向得分模型, 并且 $\mathcal{C}_2$ 之中包含一个被正确指定的填补模型, 则 $n^{1/2}(\hat{\theta}_{\mathrm{cal}} - \theta_0)$ 服从一个均值为 0 且方差为半参数效率下界的正态分布.

与 Evans 等 (2021)[55] 提出的双稳健估计量不同, 定理 3.3.3 中关于校准估计量 $\hat{\theta}_{\mathrm{cal}}$ 的半参数有效性无需明确知道多个模型中具体哪两个是正确指定的即可实现. 为了进行统计推断, 可以通过将渐近方差中的期望替换为相应的样本平均值, 以获得渐近方差的相合估计量.

3.3.3　数值模拟

本节我们通过数值模拟实验评估所提方法在有限样本下的表现. 以下为模拟实验的具体设置: 我们首先从多元标准正态分布中产生协变量 X, 即 $X = (X_1, X_2)^{\top} \sim N(0, I_2)$; 令 $\pi(X) = \{1 + \exp(-0.3 + 0.75X_1 - 0.75X_2)\}^{-1}$, 然后从下述方程中依次产生数据来源机制 R、协变量 W 和结果变量 Y:

$$R \mid X \sim \mathrm{Bernoulli}\{\pi(X)\}, \quad W \mid X \sim N(-0.5 + 1.5X_1 + X_2 + 3X_1X_2, 1),$$
$$Y \mid W, X \sim N(1 + 2W + 2X_1 - 1.5X_2, 0.4).$$

我们感兴趣的参数为结果回归模型的系数 θ, 其真值为 $\theta^{\top} = (\theta_1, \theta_2, \theta_3, \theta_4) = (1, 2, 2, -1.5)$. 由以上可知, 倾向得分 $\pi(X)$ 的正确模型为 $\mathrm{logit}\{\pi^1(\eta^1)\} = \eta_1^1 + \eta_2^1 X_1 + \eta_3^1 X_2$, 其错误模型指定为 $\mathrm{logit}\{\pi^2(\eta^2)\} = \eta_1^2 + \eta_2^2 X_1$; 填补模型 $\mathbb{E}(W \mid X)$ 的正确形式为 $a^1(\gamma^1) = \gamma_1^1 + \gamma_2^1 X_1 + \gamma_3^1 X_2 + \gamma_4^1 X_1 X_2$; 其错误模型指定为 $a^2(\gamma^2) = \gamma_1^2 + \gamma_2^2 X_1 + \gamma_3^2 X_1 X_2$.

我们将本节介绍的校准估计量与 Evans 等 (2021)[55] 提出的双稳健估计量进行了比较. 由于这两种方法的性能可能受不同模型组合的影响, 我们采用了四位数字的 0 和 1 字符串来表示所选工作模型的子集, 其中 "1" 表示使用, "0" 表示不使用. 具体而言, 前两位数字分别对应正确和错误的倾向得分模型, 后两位数字则对应正确和错误的填补模型. 例如, CAL-1010 表示使用了正确的倾向得分和填补模型的校准估计量, DR-1010 表示使用了正确的倾向得分和填补模型的现有双稳健估计量, 而 CAL-1111 则表示所提估计量使用了全部的候选模型. 对于每个估计量, 我们计算了偏差、均方根误差以及 95% 置信区间的覆盖率, 表 3.1 汇总了在样本量 $n = 500$ 和 $n = 2000$ 情况下进行 1000 次重复试验的结果.

由表 3.1 可知, 当仅使用一个倾向得分模型和一个填补模型时, 若其中任何一个模型被正确指定, 则双稳健估计量和校准估计量的偏差均可忽略不计 (参见表 3.1 中的 DR-1010、DR-0110、DR-1001、CAL-1010、CAL-0110、CAL-1001). 然而, 基于正确倾向得分和错误填补模型的 DR-1001 在均方根误差方面的表现却不尽如人意, 其值较大. 相比之下, 本节介绍的 CAL-1001 校准估计量展现出更高的效率和更小的均方根误差. 当两个模型均不正确时, 尽管这两种估计量均表现出明显的偏差, 但校准估计量的均方根误差更小. 这表明我们所提的校准估计量对于倾向得分的极端值具有较强的稳健性, 并在模型均错误指定的情况下, 仍能产生相对较好的估计. 此外, 基于两个以上模型的校准估计量几乎在所有情况下均显示出可忽略的偏差, 且其有效性显著优于现有的双稳健估计方法. 这表明通过校准策略, 本节所介绍的方法能够有效适应多种模型组合, 从而提供了更稳健的估计结果. 这对于实际数据分析中的应用尤为关键, 因为它使得研究人员在面对复杂的模型选择时, 能够获取更可靠的估计.

表 3.1 样本量为 $n = 500$ 与 $n = 2000$ 下的模拟结果, 其中数值为原始值乘以 100 的结果, 记录了偏差、标准误、均方根误差

点估计	θ_1			θ_2			θ_3			θ_4		
	偏差	标准误	均方根误差	偏差	标准误	均方根误差	偏差	标准误	均方根误差	偏差	标准误	均方根误差
$n = 500$												
DR-1010	−1	22	22	1	26	26	0	27	27	1	8	8
DR-0110	−1	22	22	2	27	27	3	23	23	0	8	8
DR-1001	1	26	26	5	41	41	−3	102	102	0	34	34
DR-0101	132	37	137	−42	55	69	1	45	45	0	16	16
CAL-1010	−2	24	24	0	28	28	0	30	30	1	9	9
CAL-0110	−2	25	26	0	29	29	2	28	28	0	8	8
CAL-1001	−1	25	25	8	31	32	2	35	35	−1	9	9
CAL-0101	54	26	60	29	30	42	−4	32	32	−8	9	12
CAL-1110	−2	24	24	0	29	29	1	30	30	1	9	9
CAL-1101	−1	24	24	6	29	30	1	34	34	−1	9	9
CAL-1011	−2	25	25	−1	31	31	1	31	31	1	10	10
CAL-0111	−2	25	25	−1	30	30	0	31	31	1	10	10
CAL-1111	−2	24	25	−1	31	31	1	31	31	1	10	10
$n = 2000$												
DR-1010	−1	10	10	−1	12	12	0	13	13	0	4	4
DR-0110	−1	10	10	−1	13	13	0	11	11	0	4	4
DR-1001	0	12	12	−1	19	19	1	46	46	−1	15	15
DR-0101	134	18	135	−47	29	55	1	25	25	0	9	9
CAL-1010	0	11	11	−1	13	13	0	14	14	0	5	5
CAL-0110	0	12	12	−1	15	15	1	15	15	0	5	5
CAL-1001	−1	11	11	1	14	14	0	16	16	0	5	5
CAL-0101	59	13	61	25	15	29	−3	17	17	−7	5	8
CAL-1110	0	11	11	−1	13	13	0	14	14	0	5	5
CAL-1101	−1	11	11	0	13	13	0	16	16	0	5	5
CAL-1011	−1	11	11	−1	13	13	0	14	14	0	5	5
CAL-0111	−1	11	11	−1	13	13	0	15	15	0	5	5
CAL-1111	−1	11	11	−1	13	13	0	14	14	0	5	5

3.4 应用实例

消费者支出调查 (Consumer Expenditure Survey, CEX) 是由美国劳工统计局进行的一项全国性年度调查, 旨在收集有关家庭支出和一些人口变量的详细信

息. 消费者金融调查 (Survey of Consumer Finance, SCF) 是由联邦储备委员会进行的三年期调查, 以获取有关美国家庭资产、负债、收入和其他人口特征的信息. 我们感兴趣的参数是家庭资产对家庭消费的影响, 但因为这两个变量来自上述两个不同的数据集, 仅使用其中一个数据集是不能实现的. 我们因此考虑将两个数据集合并, 采用 3.3 节介绍的基于校准权重的数据融合方法, 估计家庭资产对家庭消费的影响.

CEX 和 SCF 都开始于 20 世纪 80 年代早期, 我们在此仅关注 CEX 样本的 1997 年第四季度调查数据以及 SCF 样本的 1998 年调查数据, 并仅使用家庭户主年龄在 25 岁至 65 岁之间的样本. 此外, 由于 SCF 样本是相对富裕的家庭[17], 因此我们在 90% 分位数处截断 SCF 样本中的家庭总收入和净资产[55]. 最终得到的数据集由 5904 个家庭组成, 其中 3388 个来自 CEX 样本、2516 个来自 SCF 样本. 结果变量 Y 为家庭总支出的对数, 家庭净资产的对数 W 是我们关注的核心协变量, 其余协变量 V 包括户主的年龄、性别、婚姻状态、是否高中学历、是否大专学历、是否本科及以上学历, 以及户主的种族 (白色人种、黑色人种或非裔美洲人). 我们研究的核心问题是家庭总净资产对家庭总支出的影响. 为此, 我们将家庭总支出的对数作为因变量, 其他协变量作为解释变量进行线性回归分析.

由于家庭总支出和家庭净资产的数据是从两个不同的数据源收集的, 因此不能同时观测到这两个变量. 这种情况下, 估计家庭净资产对支出的影响是一项挑战, 但 3.3 节所介绍的方法可以很好地解决此类数据融合问题. 除了上述协变量外, 总税前收入在两个数据库中也均有观测, 可以在分析中用作辅助变量 Z, 该变量与前面的协变量 V 合在一起记为 X. 为估计回归参数, 需要指定倾向得分 $\pi(X)$ 和插补机制 $f(W \mid X)$ 的模型. 由于潜在的模型误设, 基于所提方法的估计和推断可能比现有的双稳健方法更为可靠, 这一点已在 3.3 节中的模拟研究得以验证. 我们对倾向得分使用逻辑回归模型, 对插补机制使用线性回归模型, 两种模型中均包含 X 的所有主效应, 并选择 $t(X) = X$ 进行估计, 结果如表 3.2 情形 (i) 所示. 我们发现在调整了基线协变量后, 家庭净资产较高的家庭总支出显著较高. 户主的性别、婚姻状态、学历、种族对家庭支出的影响不大, 而年龄显示出显著的负面影响, 即户主年龄越大, 总支出越低. 这些结果总体上与 Bostic 等 (2009)[17] 的先前研究一致.

为评估总税前收入作为辅助变量 Z 的合理性, 我们在回归模型中添加了对数总税前收入的线性项. 为确保该模型中回归参数的可识别性, 我们对插补机制指定一个线性回归模型, 包含所有主效应以及年龄和对数总税前收入的二次项, 并在倾向得分的 logit 变换中使用与插补模型相同的回归变量. 在这种情况下, 我们选择 $t(X;\theta)$ 由协变量 X 和对数总税前收入的二次项组成. 相应的估计结果如表 3.2 情形 (ii) 所示. 我们发现对数总税前收入的估计系数不显著, 同时, 家庭净资产对支出的估计效应与情形 (i) 中的分析结果相似.

前两种情况下的分析仅涉及倾向得分和插补模型的单一工作模型. 由于所提方法能够适应多个模型, 我们进一步考虑两种候选插补模型: 第一种与情形 (ii) 中的模型相同; 第二种为另一个线性回归模型, 包含所有主效应以及年龄和对数总税前收入的交互项. 同样, 我们考虑两种倾向得分模型, 其经 logit 变换后与回归模型一致. 随后, 我们使用所提方法重新估计回归系数, 结果如表 3.2 情形 (iii) 所示. 我们发现这些结果与前两种情况相似, 所有分析结果均表明, 在调整了基线协变量后, 家庭净资产与家庭支出之间存在显著的正相关关系.

表 3.2 家庭净资产对家庭支出的影响分析

	情形 (i)		情形 (ii)		情形 (iii)	
	点估计	标准误	点估计	标准误	点估计	标准误
截距项	−1.679*	0.232	−1.790*	0.201	−1.720*	0.294
对数家庭净资产	0.369*	0.068	0.343*	0.126	0.376*	0.096
户主年龄	−0.152*	0.060	−0.146	0.077	−0.156*	0.065
户主性别	0.066	0.088	0.060	0.070	0.034	0.105
户主婚姻状态	0.145	0.097	0.131	0.085	0.088	0.099
获得高中学历	0.104	0.127	0.100	0.088	0.077	0.126
获得大专学历	0.054	0.179	0.111	0.125	0.064	0.146
获得本科及以上学历	0.034	0.209	0.007	0.151	−0.038	0.157
白色人种	−0.191	0.132	−0.091	0.091	−0.063	0.113
黑色人种或非裔美洲人	0.078	0.135	−0.008	0.099	0.051	0.149
对数家庭总收入	#	#	0.068	0.115	0.043	0.098

注: * 表示 0.05 水平上的显著性; # 表示辅助变量不进入回归模型

3.5 本章小结

整合多个模型的信息是一种提升统计稳健性的重要方法, 已在因果推断和缺失数据等领域得到广泛研究与应用. 本章重点探讨了多模型整合在因果效应估计和数据融合分析中的应用. 在因果效应估计方面, 当倾向得分和结果回归均存在多个候选模型时, 我们采用模型混合技术对其进行加权整合, 最终得到改进版的双稳健估计. 只要倾向得分或结果回归的候选模型中至少包含一个正确模型, 该估计量就是相合的; 若两个候选集中均包含正确模型, 则估计量是渐近正态的, 且方差可以达到半参数效率下界. 在数据融合问题中, 我们介绍了一种基于经验似然的校准加权方法, 该方法同时整合多个倾向得分模型和填补模型, 显著增强了参数估计的稳健性, 所得到的估计量也具有类似的优良性质.

第 4 章　基于融合数据的因果推断

在许多实际问题研究中, 数据通常来源于多个异质性样本, 这些样本可能来自不同的研究设计或数据源, 例如随机对照试验与观察性研究. 单一数据集往往存在一定的局限性, 数据融合技术旨在整合多个数据来源的信息, 以提高因果效应估计的准确性和稳健性. 例如, 随机对照试验因设计严谨被视为因果推断的金标准, 但其样本规模通常较小且缺乏代表性, 通过结合具有代表性的观察性研究可以进行迁移推断; 又如, 当关心的内部数据集存在未观测混杂变量时, 可以利用外部数据集提供的额外变量信息进行校正, 从而消除偏倚. 通过融合数据, 不仅可以解决单一数据集的不足, 还能实现更精确的因果效应估计, 为决策制定提供科学依据. 近年来, 基于数据融合的因果推断方法受到了广泛关注[34]. 研究者针对数据融合背景下的复杂问题, 开发了包括逆概率加权和双稳健估计等方法, 用于应对未观测混杂、样本代表性不足等挑战.

本章将探讨三类不同的数据融合问题: 4.1 节介绍如何利用随机对照试验数据, 推断含未知混杂因素的观察性研究中的因果效应; 4.2 节介绍如何利用外部数据集提供的混杂因素信息, 辅助识别内部数据集的因果效应; 4.3 节介绍如何利用含工具变量的外部数据集, 识别和推断内部数据集的因果效应. 此外, 4.4 节介绍两个具体的应用实例, 4.5 节为本章小结.

4.1　融合随机化试验的因果迁移学习

随机对照试验的治疗分配是受控的, 可以确保处理组和对照组之间的均衡分布. 然而, 随机对照试验也存在一些显著的缺点. 从实施角度来看, 随机对照试验往往需要耗费大量时间和成本, 导致试验数据规模通常较小; 从伦理角度来说, 其严格的纳入和排除标准可能导致试验样本对目标人群代表性不足. 例如, Konrat 等 (2012)[92] 研究了关于慢性疾病老年患者常用的四种药物的随机对照试验报告中老年人的代表性问题. 结果显示, 在 155 个试验中, 仅 13.4% 的研究中 65 岁及以上患者的比例与临床实践一致, 而超过 60% 的研究中老年患者的比例不到实际临床治疗人群的一半. 这表明, 随机对照试验中老年人的代表性严重不足, 难以准确反映药物在实际老年患者使用中的效果.

相较之下, 观察性研究所收集的数据并非通过干预手段获取, 通常样本规模较大、易于获取且对目标总体具有较好的代表性. 然而, 这类数据也面临混杂因素的影响. 如果能够将随机化试验数据与观察性研究数据相结合, 不仅可以弥补随机化试验数据在代表性方面的不足, 还可以利用随机化试验提供的因果推断支持来增强观察性研究的可信度[34]. 以下我们将详细介绍该问题的数学表述以及感兴趣的因果参数, 并讨论其识别性与估计策略.

4.1.1 参数定义及识别性

沿用第 1 章的符号, T 表示二值处理变量, 其中 $T = 1$ 表示处理组, $T = 0$ 表示对照组, Y 表示结果变量, X 表示协变量, $\{Y(1), Y(0)\}$ 表示潜在结果. 假设样本来自两个不同的数据源, 即内部数据集和外部数据集. 我们用二值变量 R 表示数据来源, 内部数据集代表我们感兴趣的目标人群, 用 $R = 0$ 表示, 外部数据集用 $R = 1$ 表示. 我们在本节考虑将一个随机化试验的结果推广到某个观察性研究的目标人群, 此时 $R = 0$ 表示个体出现在观察性研究中, $R = 1$ 表示个体出现在试验研究中. 对于随机化试验的个体, 我们能观察到变量集 $(Y_i, T_i, X_i, R_i = 1)_{i=1}^{n_1}$; 对于观察性研究中的个体, 我们能观察到变量集 $(X_i, R_i = 0)_{i=n_1+1}^{n_1+n_0}$, 其中 n_1 是 $R = 1$ 下的样本量, n_0 是 $R = 0$ 下的样本量, 并且记 $n = n_1 + n_0$. 我们感兴趣的因果参数为

$$\tau_0 = \mathbb{E}\{Y(1) - Y(0) \mid R = 0\}.$$

这其实是数据融合的迁移性问题, 如何有效地将研究结果从一个总体迁移到另一个不完全重叠的总体中. 例如, 试验的参与者是通过纳排规则筛选的, 对总体的代表性不足; 真实的观察性研究虽然能较好地代表总体, 但由于观测样本存在未知混杂等问题无法直接识别因果参数, 因此我们希望能从随机化试验的结果迁移学习观察性研究中的因果效应. 我们接下来讨论参数 τ_0 的可识别性.

假设 4.1.1 对于 $t = 0, 1$, 我们假设下面几个条件成立:

(i) $Y(t) \perp\!\!\!\perp T \mid X, R = 1$;

(ii) $\mathrm{P}(T = t \mid X, R = 1) > 0$ 对于所有 X 都成立;

(iii) $Y(t) \perp\!\!\!\perp R \mid X$;

(iv) $0 < \mathrm{P}(R = r \mid X) < 1$ 对于所有 X 都成立, 其中 $r = 0, 1$.

假设 4.1.1 (i) 和 (ii) 是在外部数据集 $R = 1$ 上关于处理分配的可忽略性假设. 在这些假设下, 我们可以使用观察到的结果变量来表示未观察到的潜在结果的条件分布, 即

$$\mathbb{E}\{Y(t) \mid X, R = 1\} = \mathbb{E}(Y \mid T = t, X, R = 1).$$

因为我们的外部数据集来自随机化试验, 假设 4.1.1 (i) 和 (ii) 容易满足. 假设 4.1.1 (iii) 保证可以将外部样本的潜在结果的条件分布推广到目标人群, 即

$$\mathbb{E}\{Y(t) \mid X, R = 1\} = \mathbb{E}\{Y(t) \mid X, R = 0\}.$$

更弱的版本还有处理效应的样本可忽略性假设, 即 $Y(1) - Y(0) \perp\!\!\!\perp R \mid X$. 这意味着无论是在外部样本还是在目标人群中, 给定协变量 X, 处理组和对照组的潜在结果差异是一样的. 假设 4.1.1 (iv) 要求目标总体中每个个体都有非零的倾向性被包含在外部试验样本中.

我们在本节仅考虑 $\mu(t) = \mathbb{E}\{Y(t) \mid R = 0\}$ 的识别和估计, 之后只需令 t 分别等于 0 和 1 后作差便可得到 τ_0 的识别表达式和估计. 根据假设 4.1.1, 容易得到因果参数 $\mu(t)$ 的如下识别表达式:

$$\mu(t) = \mathbb{E}\{\mathbb{E}\{Y \mid T = t, X, R = 1\} \mid R = 0\}. \tag{4.1}$$

4.1.2 估计方法

本小节将介绍三种估计方法, 这些方法类似于第 2 章中基于单一数据集估计平均处理效应的方法, 分别包括结果回归法、逆概率加权法和双稳健估计法. 我们这里假设所使用的模型为参数模型, 为提升估计的灵活性, 研究者还可以考虑采用机器学习方法进行模型估计, 以适应更复杂的数据特征.

回归法通过在试验参与者中拟合一个结果回归模型, 然后基于观察性研究中个体的协变量分布对模型预测值取平均. 我们将识别表达式 (4.1) 变形为

$$\mu(t) = \mathbb{E}\left\{\frac{\mathbb{I}(R = 0)}{\mathrm{P}(R = 0)}\mathbb{E}(Y \mid T = t, X, R = 1)\right\}.$$

因此相应的回归估计量为

$$\hat{\mu}_{\mathrm{reg}}(t) = \frac{1}{n}\sum_{i=1}^{n}\frac{\mathbb{I}(R_i = 0)}{\hat{\mathrm{P}}(R = 0)}\widehat{\mathbb{E}}(Y \mid T = t, X, R = 1).$$

其中 $\hat{\mathrm{P}}(R=0) = n_0/n$, $\widehat{\mathbb{E}}(Y \mid T = t, X, R = 1)$ 为回归函数 $\mathbb{E}(Y \mid T = t, X, R = 1)$ 的估计, 可参见第 2 章的回归方法. 当回归模型被正确指定时, 估计量 $\hat{\mu}_{\mathrm{reg}}(t)$ 对 $\mu(t)$ 是相合估计的.

与回归方法类似, 逆概率加权法也是一种常用的估计方法. 由于试验组数据 $R = 1$ 满足可忽略性假设, 由 2.1 节可知, 试验组数据的平均潜在结果的逆概率加权识别表达式如下:

$$\mathbb{E}\{Y(t) \mid R = 1\} = \mathbb{E}\left\{\frac{\mathbb{I}(R = 1, T = t)Y}{\mathrm{P}(T = t \mid R = 1, X)}\right\}. \tag{4.2}$$

类似地, 我们将式 (4.1) 改写成如下逆概率加权识别式:

$$\mathbb{E}\{Y(t) \mid R=0\} = \mathbb{E}\left\{\frac{\mathbb{I}(R=1, T=t)\mathrm{P}(R=0 \mid X)Y}{\mathrm{P}(R=0)\mathrm{P}(T=t \mid X, R=1)\mathrm{P}(R=1 \mid X)}\right\}. \qquad (4.3)$$

可以发现, 上述逆概率加权识别式其实是在式 (4.2) 的基础上, 进一步对参与试验的每个个体按照试验参与概率 $\mathrm{P}(R=1 \mid X)$ 进行加权的, 并用 $\mathrm{P}(R=0 \mid X)/\mathrm{P}(R=0)$ 进行调整校正得到的. 根据识别表达式 (4.3), 我们可以给出如下逆概率加权估计量的形式:

$$\hat{\mu}_{\mathrm{ipw}}(t) = \frac{1}{n}\sum_{i=1}^{n}\frac{\mathbb{I}(R_i=1, T_i=t)\hat{\mathrm{P}}(R=0 \mid X_i)}{\hat{\mathrm{P}}(R=0)\hat{\mathrm{P}}(R=1 \mid X_i)\hat{\mathrm{P}}(T=t \mid X_i, R=1)}Y_i,$$

其中 $\hat{\mathrm{P}}(R=0)$ 的估计见结果回归法, $\hat{\mathrm{P}}(R=1 \mid X)$ 和 $\hat{\mathrm{P}}(T=t \mid X, R=1)$ 都可以通过逻辑回归等模型进行估计, 具体细节见 2.1 节. 逆概率加权得到的估计量也具有和结果回归法相似的相合性, 即当模型 $\mathrm{P}(R=1 \mid X)$ 和 $\mathrm{P}(T=t \mid X, R=1)$ 均被正确指定时, $\hat{\mu}_{\mathrm{ipw}}(t)$ 是 $\mu(t)$ 的相合估计量.

由以上分析可知, 结果回归法和逆概率加权法的条件相对苛刻, 只有当它们的模型指定正确时才能保证是相合的. 在实际应用中, 先验知识通常不足以确保所用模型是正确指定的, 而这些模型的误设会导致估计量的不相合性. 双稳健估计法是一种结合了结果回归法和逆概率加权估计量的一种方法, 它只需要结果回归模型或逆概率加权法中的模型之一被正确指定, 就可以保证相合性, 其表达式如下:

$$\begin{aligned}\hat{\mu}_{\mathrm{dr}}(t) = \frac{1}{n}\sum_{i=1}^{n}&\left[\frac{\mathbb{I}(R_i=1, T_i=t)\hat{\mathrm{P}}(R=0 \mid X_i)}{\hat{\mathrm{P}}(R=1 \mid X_i)\hat{\mathrm{P}}(T=t \mid X_i, R=1)}\{Y_i - \widehat{\mathbb{E}}(Y \mid T=t, X_i, R=1)\}\right.\\ &\left.+ \mathbb{I}(R_i=0)\widehat{\mathbb{E}}(Y \mid T=t, X_i, R=1)\right] \times \frac{1}{\hat{\mathrm{P}}(R=0)}.\end{aligned}$$

对于应用研究而言, 双稳健估计量比逆概率加权估计量更精确, 双稳健估计量同时为研究人员提供了两个有效推断的机会. 然而, 在某些情况下, 当结果模型被错误指定且逆概率权重具有很高变异性时, 双稳健估计量的表现可能比使用相同错误指定的结果回归模型的估计量更差[87].

4.2　数据融合中的混杂变量调整

在 4.1 节中, 我们重点探讨了如何将随机化试验中可识别的因果效应迁移至观察性研究, 以解决观察性研究因存在未知混杂因素而无法识别和估计因果参数的问题. 本节继续讨论两个数据集融合的问题, 仍然关注内部数据集中的个体缺少重要混杂因素的情形. 若能够从外部数据集获取与内部数据集相同个体的额外信息, 则通过将内部数据集与外部数据集链接, 可以丰富混杂因素的信息, 从而提升推断的准确性与效率. 例如, 在医疗研究中, 将健康计划的理赔数据库与交付系统的电子健康记录数据库相链接, 可形成更为全面的患者数据. 这样的链接队列包含同时存在于两个数据源中的患者, 从而为通过调整关键混杂因素以增强因果效应的识别和估计提供了机会.

在利用数据融合思想调整混杂变量方面, Yang 和 Ding (2020)[200] 提出了一种通用框架, 通过结合包含未观测混杂因素的内部数据集和提供额外混杂信息的小规模外部数据集来估计因果效应. 针对两类数据源之间存在异质性的情况, Sun 等 (2022)[174] 提出了一种双重加权的估计方法. 在该方法中, 逆概率处理权重用于调整混杂偏倚, 逆概率选择权重用于校正链接队列中的选择偏倚. 然而, Yang 和 Ding (2020)[200] 和 Sun 等 (2022)[174] 的估计方法在数据集间存在异质性的情况下可能并非最优, 尤其在效率方面存在一定局限性. 接下来, 我们将具体描述所研究问题的数学定义, 提出三种非参数识别公式, 并开发三种对应的半参数估计方法[115]. 我们还将推导因果参数的有效影响函数, 并提出一种具有三稳健性质的有效估计量.

4.2.1　关心的因果参数和识别性

沿用前面内容的记号, 我们在内部数据集能观测到处理变量 T、结果变量 Y 和一组协变量 X, 同时一个外部数据集提供了额外的协变量, 记为 V. 令 R 为一个二值变量, 其中 $R = 1$ 表示个体同时出现在两个数据集中, $R = 0$ 表示个体仅出现在内部数据集中. 同时存在于两个数据集中的个体 (通常是内部数据集的一个子集) 共同构成了我们称之为链接数据集的集合. 在这个链接数据集中, 我们可以获取所有相关变量的信息, 包括 (T, Y, X, V). 综上所述, 指标 R 与 4.1 节的定义有所差异, 它在这里并非用于区分个体来自内部数据集还是外部数据集, $R = 0$ 和 $R = 1$ 都表示个体属于内部数据集. 我们感兴趣的参数是内部数据集的平均处理效应, 即 $\tau = \mathbb{E}\{Y(1) - Y(0)\}$. 内部数据集包含至少具有变量 (T, Y, X) 的个体, 而外部数据集仅包含变量 V, 可能与内部数据集中的个体存在重叠, 链接数据集由同时存在于内部数据集和外部数据集中的个体组成, 如图 4.1 所示. 我们假设合并后的数据集 $\{O_i = (T_i, Y_i, X_i, R_i, R_i V_i), i = 1, \cdots, n\}$ 是独立同分布的.

令 $\pi(X, V) = \mathrm{P}(T = 1 \mid X, V)$ 表示倾向性评分, $\rho(X) = \mathrm{P}(R = 1 \mid X)$ 表示在给定协变量 X 时, 个体同时出现在两个数据集中的条件概率, 我们称之为选择概率. 考虑到两个数据源之间可能存在的异质性, 我们引入以下假设识别因果参数 τ.

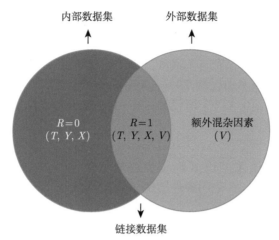

图 4.1 内部数据集、外部数据集和链接数据集之间的关系图

假设 4.2.1 下面几个条件成立:

(i) $R \perp\!\!\!\perp (T, Y, V) \mid X$;

(ii) $T \perp\!\!\!\perp \{Y(0), Y(1)\} \mid (X, V)$;

(iii) $0 < \pi(X, V) < 1$ 对于所有的 X 和 V 均成立;

(iv) $\rho(X) > 0$ 对于所有的 X 均成立.

假设 4.2.1 (i) 表示进入链接数据集的概率仅取决于完全观测的协变量. 此假设在 Sun 等 (2022)[174] 的研究中被用于处理链接队列数据中的潜在选择偏倚. 假设 4.2.1 (i) 的一个更弱版本称为随机缺失假设, 表示为 $R \perp\!\!\!\perp V \mid (T, Y, X)$, 该假设意味着选择机制依赖于所有观测数据. 虽然假设 4.2.1 (i) 比随机缺失假设略微严格, 但当随机缺失假设成立时, 可以验证假设 4.2.1 (i) 的合理性. 假设 4.2.1 (ii) 是观察性研究中常见的可忽略性假定, 即在给定协变量 (X, V) 的条件下, 潜在结果和处理分配独立. 假设 4.2.1 (iii) 和 (iv) 都是常规的正值概率假设.

在假设 4.2.1 下, 我们将给出因果参数 τ 的三种不同的识别表达式. 这三种识别方法分别基于选择概率和倾向性评分、选择概率和结果回归、插补模型和结果回归模型. 第一种方法是基于选择概率和倾向性评分的识别表达式为

$$\tau = \mathbb{E}\left\{\frac{R}{\rho(X)}\frac{T}{\pi(X,V)}Y\right\} - \mathbb{E}\left\{\frac{R}{\rho(X)}\frac{1-T}{1-\pi(X,V)}Y\right\}. \tag{4.4}$$

在式 (4.4) 中, τ 表达为不同处理分配下结果的加权平均差值. 这个识别表达式涉及两组权重: 一组是 $R/\rho(X)$, 用于解决选择偏倚; 另一组是 $T/\pi(X,V)$ 和 $(1-T)/\{1-\pi(X,V)\}$, 用于解决混杂偏倚. 因此该识别表达式可以理解为经典逆概率加权方法的类比, 通过使用另一种逆选择概率加权来校正选择偏倚, 从而识别 τ. 第二种方法是基于选择概率和结果回归模型, 其识别表达式为

$$\tau = \mathbb{E}\left[\frac{R}{\rho(X)}\{\mu(1,X,V) - \mu(0,X,V)\}\right], \tag{4.5}$$

其中 $\mu(t,X,V) = \mathbb{E}(Y \mid T = t, X, V, R = 1)$, $t = 0,1$. 与第一种方法相比, 式 (4.5) 其实就是将逆概率加权量 $TY/\pi(X,V)$ 和 $(1-T)Y/\{1-\pi(X,V)\}$ 用结果均值 $\mu(1,X,V)$ 和 $\mu(0,X,V)$ 所代替. 第三种方法是基于插补模型和结果回归的方法, 其识别表达式为

$$\tau = \mathbb{E}\{\delta(1,X) - \delta(0,X)\}, \tag{4.6}$$

其中 $\delta(t,X) = \mathbb{E}\{\mu(t,X,V) \mid X\}$. 该识别表达式 (4.6) 以结果回归和插补模型的形式表示, 通过对分布 X 上的条件期望 $\delta(1,X) - \delta(0,X)$ 进行边际化操作, 从而可以识别 τ.

4.2.2　三稳健估计量

在本小节中, 我们介绍几种方法来估计因果参数 τ. 首先我们引入参数工作模型 $\rho(X;\alpha)$, $\pi(X,V;\beta)$, $\mu(T,X,V;\gamma)$ 和 $f(V \mid X;\theta)$ 分别表示选择概率 $\rho(X)$、倾向性评分 $\pi(X,V)$、结果回归 $\mu(T,X,V)$ 和插补模型 $f(V \mid X)$. 一般我们可以通过最大似然法得到相合估计量 $\hat{\alpha}$, $\hat{\beta}$, $\hat{\gamma}$ 和 $\hat{\theta}$, 并令 α^*, β^*, γ^* 和 θ^* 分别表示它们的概率极限. 为了说明我们提出的三稳健估计量, 引入三类半参数模型. 这些模型对观察数据似然的不同部分施加了参数约束, 同时允许其余模型不受限制. 这三类半参数模型分别是

$\mathcal{M}_1$: 选择概率 $\rho(X;\alpha)$ 和倾向评分 $\pi(X,V;\beta)$ 被正确指定, 即 $\rho(X;\alpha^*) = \rho(X)$ 且 $\pi(X,V;\beta^*) = \pi(X,V)$;

$\mathcal{M}_2$: 选择概率 $\rho(X;\alpha)$ 和结果均值 $\mu(T,X,V;\gamma)$ 被正确指定, 即 $\rho(X;\alpha^*) = \rho(X)$ 且 $\mu(T,X,V;\gamma^*) = \mu(T,X,V)$;

$\mathcal{M}_3$: 结果均值 $\mu(T,X,V;\gamma)$ 和插补模型 $f(V \mid X;\theta)$ 被正确指定, 即 $\mu(T,X,V;\gamma^*) = \mu(T,X,V)$ 且 $f(V \mid X;\theta^*) = f(V \mid X)$.

为简化起见, 我们使用 $\mathbb{P}_n$ 来表示经验均值算子, 即对于随机变量 W, $\mathbb{P}_n(W) = n^{-1}\sum_{i=1}^n W_i$. 首先我们给出 4.2.1 小节中三个识别表达式所对应的估计量, 令 $\hat{\tau}_a$, $\hat{\tau}_b$ 和 $\hat{\tau}_c$ 分别表示基于选择概率和倾向性评分、基于选择概率和结果回归模型以及基于插补模型和结果回归的估计量. 由式 (4.4) 可知, $\hat{\tau}_a$ 的表达式如下:

$$\hat{\tau}_a = \mathbb{P}_n\left\{\frac{R}{\rho(X;\hat{\alpha})}\frac{TY}{\pi(X,V;\hat{\beta})}\right\} - \mathbb{P}_n\left\{\frac{R}{\rho(X;\hat{\alpha})}\frac{(1-T)Y}{1-\pi(X,V;\hat{\beta})}\right\}. \tag{4.7}$$

式 (4.7) 中的 $\hat{\tau}_a$ 是逆概率加权估计量, 如果估计的倾向得分 $\pi(X,V;\hat{\beta})$ 接近 0 或 1, 那么基于权重的估计量在实践中可能会不稳定. 为了解决这个问题, 我们可以类似 2.1 节, 将 $\hat{\tau}_a$ 转换为 Hájek 类型的估计量, 用 $\hat{\tau}_a'$ 表示如下:

$$\hat{\tau}_a' = \mathbb{P}_n \left\{ \frac{R}{\rho(X;\hat{\alpha})} \frac{TY}{\pi(X,V;\hat{\beta})} \right\} \bigg/ \mathbb{P}_n \left\{ \frac{R}{\rho(X;\hat{\alpha})} \frac{T}{\pi(X,V;\hat{\beta})} \right\}$$

$$- \mathbb{P}_n \left\{ \frac{R}{\rho(X;\hat{\alpha})} \frac{(1-T)Y}{1-\pi(X,V;\hat{\beta})} \right\} \bigg/ \mathbb{P}_n \left\{ \frac{R}{\rho(X;\hat{\alpha})} \frac{1-T}{1-\pi(X,V;\hat{\beta})} \right\}.$$

在一些正则条件下, 加权估计量 $\hat{\tau}_a$ 和 $\hat{\tau}_a'$ 在模型 $\mathcal{M}_1$ 中是相合且渐近正态的.

由式 (4.5), 我们可以得到基于选择概率和结果回归模型的估计量 $\hat{\tau}_b$, 并且类似 $\hat{\tau}_a'$, 可以得到 Hájek 类型的估计量 $\hat{\tau}_b'$. 它们的估计量形式如下:

$$\hat{\tau}_b = \mathbb{P}_n \left[\frac{R\{\mu(1,X,V;\hat{\gamma}) - \mu(0,X,V;\hat{\gamma})\}}{\rho(X;\hat{\alpha})} \right],$$

$$\hat{\tau}_b' = \mathbb{P}_n \left[\frac{R\{\mu(1,X,V;\hat{\gamma}) - \mu(0,X,V;\hat{\gamma})\}}{\rho(X;\hat{\alpha})} \right] \bigg/ \mathbb{P}_n \left\{ \frac{R}{\rho(X;\hat{\alpha})} \right\}.$$

同样地, 在一些正则条件下, 两个估计量 $\hat{\tau}_b$ 和 $\hat{\tau}_b'$ 在模型 $\mathcal{M}_2$ 中是相合且渐近正态的. 基于插补模型和结果回归的估计量记为 $\hat{\tau}_c$, 其表达式如下:

$$\hat{\tau}_c = \mathbb{P}_n \{\delta(1,X;\hat{\gamma},\hat{\theta}) - \delta(0,X;\hat{\gamma},\hat{\theta})\},$$

其中 $\delta(t,X;\hat{\gamma},\hat{\theta}) = D^{-1} \sum_{d=1}^{D} \mu(t,X,\tilde{V}_d;\hat{\gamma})$, 这里 $\{\tilde{V}_d : d = 1, \cdots, D\}$ 是从插补模型 $f(V \mid X;\hat{\theta})$ 中独立抽取的 D 个观测值. 估计量 $\hat{\tau}_c$ 的主要思想是在内部数据集中插补缺失协变量 V, 并将其整合到结果回归模型中以估计 τ. 与之前相同, 在一些正则条件下, 估计量 $\hat{\tau}_c$ 在模型 $\mathcal{M}_3$ 中是相合且渐近正态的.

接下来我们要介绍能够处理潜在模型误设的稳健估计量. 令 $\mathcal{M}_{\text{union}} = \bigcup_{j=1}^{3} \mathcal{M}_j$ 表示联合模型, 这意味着至少一个模型 $\mathcal{M}_1, \mathcal{M}_2$ 或 $\mathcal{M}_3$ 成立. 我们的目标是在联合模型 $\mathcal{M}_{\text{union}}$ 下构建一个相合且渐近正态的估计量. 为此, 我们首先在观察数据分布的非参数模型下推导出有效影响函数, 这是多稳健估计量的基础.

定理 4.2.1 在假设 4.2.1 下, τ 的有效影响函数为

$$\psi_{\text{eff}}^{\tau}(O) = \varphi_1(O) - \varphi_0(O) - \tau,$$

其中对于 $t = 0, 1$, $\varphi_t(O)$ 的定义如下:

$$\varphi_t(O) = \frac{R}{\rho(X)} \left[\frac{\mathbb{I}(T=t)\{Y - \mu(t,X,V)\}}{\{\pi(X,V)\}^t \{1-\pi(X,V)\}^{1-t}} + \mu(t,X,V) - \delta(t,X) \right] + \delta(t,X).$$

由定理 4.2.1 可知, τ 的半参数效率下界为 $\mathbb{E}\{\psi_{\text{eff}}^{\tau}(O)\}^2$. 基于上述定理中的有效影响函数, 我们可以构造估计量 $\hat{\tau}_{\text{tr}} = \mathbb{P}_n\{\hat{\varphi}_1(O) - \hat{\varphi}_0(O)\}$, 其中 $\hat{\varphi}_t(O)$ 的定义如下:

$$\hat{\varphi}_t(O) = \frac{R}{\rho(X;\hat{\alpha})} \left[\frac{\mathbb{I}(T=t)\{Y-\mu(t,X,V;\hat{\gamma})\}}{\{\pi(X,V;\hat{\beta})\}^t\{1-\pi(X,V;\hat{\beta})\}^{1-t}} + \mu(t,X,V;\hat{\gamma}) - \delta(t,X;\hat{\gamma},\hat{\theta}) \right]$$
$$+ \delta(t,X;\hat{\gamma},\hat{\theta}).$$

估计量 $\hat{\tau}_{\mathrm{tr}}$ 涉及倾向评分、选择概率、结果回归和插补模型, 以下定理给出了 $\hat{\tau}_{\mathrm{tr}}$ 的三稳健性质.

定理 4.2.2　在假设 4.2.1 和一些正则性条件下, $\hat{\tau}_{\mathrm{tr}}$ 在联合模型 $\mathcal{M}_{\mathrm{union}}$ 下是相合的并且具有渐近正态性. 如果模型 $\mathcal{M}_1, \mathcal{M}_2$ 和 $\mathcal{M}_3$ 中的所有模型均被正确指定, 那么 $\hat{\tau}_{\mathrm{tr}}$ 能达到半参数效率下界.

在处理缺失协变量的问题中, 目前尚无文献提出多稳健估计的相关方法. 定理 4.2.2 说明了我们提出的估计量 $\hat{\tau}_{\mathrm{tr}}$ 具有多稳健性. 理论上我们可以使用标准的 M-估计理论[125] 推导出估计量 $\hat{\tau}_{\mathrm{tr}}$ 的渐近方差公式. 在实际应用中, 也可以采用非参数自助法进行方差估计. 值得注意的是, 我们在实践中也可以采用非参数筛法、样条函数、随机森林或神经网络等更灵活的方法估计干扰模型, 减少因参数模型误设的潜在风险. 在一定条件下, 这些基于机器学习方法的多稳健估计量 $\hat{\tau}_{\mathrm{tr}}$ 仍具有定理 4.2.2 中的性质.

4.2.3　数值模拟

本节通过数值模拟检验所提估计量在有限样本下的表现. 考虑如下数据生成机制: 首先从标准正态分布中产生全部可观测协变量 X, 即 $X \sim N(0,1)$, 然后令 $\mathrm{expit}(u) = \{1 + \exp(-u)\}^{-1}$, 并按照下述方式依次产生示性变量 R、部分可观测协变量 V、处理变量 T 和结果变量 Y:

$$\mathrm{P}(R=1 \mid X) = \mathrm{expit}(0.75 + 0.5X), \quad V \mid X \sim N(0.5 + 0.5X, 1),$$

$$\mathrm{P}(T=1 \mid X,V) = \mathrm{expit}(0.5 + 0.5X + 0.6V),$$

$$Y \mid T,X,V \sim N(0.5 + 0.5X + 0.5V + 2T + 2TX + TV, 1),$$

其中 V 仅在 $R=1$ 时可观测. 我们关注的是平均处理效应 τ 的估计, 其真实值为 2.5. 考虑四种半参数估计量 $\hat{\tau}_a$, $\hat{\tau}_b$, $\hat{\tau}_c$ 和三稳健估计量 $\hat{\tau}_{\mathrm{tr}}$ 在样本量为 1000、5000 和 10000 下的表现. 为了评估这些估计量在模型误设情境下的表现, 我们采用了类似于 Kang 和 Schafer(2007)[87] 的方法, 引入变换变量 $X^{\dagger} = |X|^{1/2}$ 和 $V^{\dagger} = |V|^{1/2}$. 当模型正确时, 我们用协变量 X 和 V 的原始值; 当模型错误时, 我们用 $X^{\dagger}$ 和 $V^{\dagger}$ 代替 X 和 V, 考虑以下五种情形:

(1) 所有模型均正确;

(2) 仅 $\mathcal{M}_1$ 中的模型 $\rho(X;\alpha)$ 和 $\pi(X,V;\beta)$ 正确;

(3) 仅 $\mathcal{M}_2$ 中的模型 $\rho(X;\alpha)$ 和 $\mu(T,X,V;\gamma)$ 正确;

(4) 仅 $\mathcal{M}_3$ 中的模型 $\mu(T,X,V;\gamma)$ 和 $f(V\mid X;\theta)$ 正确;

(5) 所有模型均不正确.

表 4.1 总结了四种估计量在上述五种情形下的表现, 模拟结果基于 200 次重复试验, 包括偏差、标准误和 95% 覆盖率. 在所有样本量下, 这四种估计量在情形 (1) 中均表现良好. 三稳健估计量 $\hat{\tau}_{\mathrm{tr}}$ 在前四种情形中展现出较小的偏差. 相比之下, 当模型设定不正确时, 其他三个估计量 $\hat{\tau}_a, \hat{\tau}_b, \hat{\tau}_c$ 表现出明显偏差. 例如, 基于加权的估计量 $\hat{\tau}_a$ 仅在情形 (1) 和 (2) 中保持相合性, 而在加权模型设定错误的情形 (3) 和 (4) 中出现明显偏差. 对于三个半参数估计量 $\hat{\tau}_a, \hat{\tau}_b, \hat{\tau}_c$, 当其基础模型正确设定时, 其 95% 覆盖率与理论水平接近, 而三稳健估计量 $\hat{\tau}_{\mathrm{tr}}$ 的 95% 覆盖率在所有四种情形中均接近设定水平. 这些结果显示了所提出三稳健估计量的优势.

表 4.1 不同样本量下四种估计量的偏差、标准误和 95% 覆盖率表现, 以下数值均是乘以 100 后的结果

模型			$\hat{\tau}_a$			$\hat{\tau}_b$			$\hat{\tau}_c$			$\hat{\tau}_{\mathrm{tr}}$		
$\mathcal{M}_1$	$\mathcal{M}_2$	$\mathcal{M}_3$	1000	5000	10000	1000	5000	10000	1000	5000	10000	1000	5000	10000
	偏差													
✓	✓	✓	−1	1	0	0	1	0	0	1	0	0	1	0
✓	×	×	−1	1	0	157	158	158	162	164	163	−2	2	0
×	✓	×	117	119	118	0	1	0	42	43	43	0	1	0
×	×	✓	163	164	163	40	41	40	0	1	0	0	1	0
×	×	×	163	164	163	162	164	163	162	164	163	163	165	164
	标准误													
✓	✓	✓	18	7	5	12	6	4	12	6	4	12	6	4
✓	×	×	18	7	5	19	8	6	19	8	6	31	12	8
×	✓	×	19	7	5	12	6	4	14	9	7	12	6	4
×	×	✓	19	8	6	13	6	4	12	6	4	12	6	4
×	×	×	19	8	6	19	8	6	19	8	6	19	8	6
	95%覆盖率													
✓	✓	✓	95	95	96	97	95	95	97	95	94	97	96	94
✓	×	×	95	95	96	0	0	0	0	0	0	93	93	94
×	✓	×	0	0	0	97	95	95	17	5	0	97	97	96
×	×	✓	0	0	0	19	0	0	97	95	94	96	96	95
×	×	×	0	0	0	0	0	0	0	0	0	0	0	0

4.3 数据融合中的工具变量法

在观察性研究中, 由于未观测混杂因素的存在, 评估某种处理对结果的因果效应具有很大的挑战. 应对未观测混杂的一种常用策略是使用工具变量. 然而, 在目标研究人群或内部数据集中, 工具变量可能并不存在. 在这种情况下, 可以利用

具有完整工具变量信息的外部数据集来评估内部数据集人群中的因果效应. 例如, 假设我们关注某发展中国家特定行业中教育对收入的影响, 但在该研究中找不到合适的工具变量. 然而, 发达国家的类似研究已经使用了义务教育法的变更作为工具变量来研究同样的因果问题[128]. 通过适当地利用这些来自发达国家的研究数据, 即使没有工具变量, 我们仍然可以推断发展中国家中教育对收入的因果效应. 即使在内部数据集人群中存在工具变量, 其强度也可能在不同的亚组间有所差异. 对于某些亚组, 工具变量可能较强, 而对于其他亚组则可能非常弱. 当估计弱工具变量的亚组因果效应时, 如果依赖该弱工具变量, 结果可能不可靠. 为了解决这一问题, 可以利用具有强工具变量信息的亚组, 来帮助识别和估计弱工具变量亚组中的因果效应. 例如, 在我们的实例分析中, 我们旨在研究吸烟对高收入人群中身体功能的因果效应. Leigh 和 Schembri (2004)[97] 使用了香烟价格作为工具变量. 然而, 在高收入人群中, 香烟价格与吸烟行为之间的关系较弱, 是一个弱工具变量; 而在低收入人群中, 香烟价格是一个强工具变量. 因此, 我们可以利用低收入人群中强工具变量的信息, 帮助识别和估计高收入人群中吸烟对身体功能的因果效应.

现有文献中已有一些研究探讨了在内部数据缺少分析所需的重要变量时, 利用包含工具变量的外部数据来实现因果效应的识别与估计[104,164,173,211]. 例如, 在经典的双样本工具变量框架中, 内部样本包含结果、工具变量和协变量的信息, 但缺少处理变量的信息; 而外部样本则提供处理、工具变量和协变量的信息, 但缺少结果变量的信息. Sun 和 Miao (2022)[173] 在该框架下开发了关于平均处理效应的半参数估计方法. 然而, 这一框架要求工具变量在内部数据和外部数据中均有测量, 这与我们研究的问题设定存在本质差异. 在我们的设定中, 仅外部样本包含工具变量. 接下来, 我们将详细介绍所研究问题的数学定义、感兴趣的因果参数及其识别性和估计方法.

4.3.1 因果参数的定义和识别

沿用前文的记号, 仍然用 T 表示二值处理变量, Y 表示结果变量, X 表示处理前的基线协变量. 假设有 n 个个体来自两个不同的数据源, 令 R 表示来源指标变量, 其中 $R = 0$ 表示来自代表目标总体的内部数据集, $R = 1$ 表示来自外部数据集. 在内部数据集中, 我们能观测到处理变量 T、结果变量 Y 和协变量 X; 在外部数据集中, 除了以上变量外, 我们还可以观测到一个二分类的工具变量 Z. 令 U 表示两个数据集中无法观测到的混杂因素. 与 4.1 节相同, 我们感兴趣的因果参数仍是内部数据集的平均处理效应: $\tau_0 = \mathbb{E}\{Y(1) - Y(0) \mid R = 0\}$. 接下来我们讨论识别 τ_0 的识别性.

假设 4.3.1 下面几个条件成立:

(i) 对于 $t = 0, 1, Y(t) \perp\!\!\!\perp X \mid X, U, R$;

(ii) 外部数据集中工具变量 Z 满足 $Z \perp\!\!\!\perp U \mid X, R = 1$; $Z \perp\!\!\!\perp Y \mid T, X, U, R = 1$; $Z \not\!\perp\!\!\!\perp T \mid X, R = 1$.

假设 4.3.1 (i) 表示, 在内部和外部数据集中, 给定观测协变量 X 和未观测变量 U, 处理变量 T 是潜在可忽略的, 这与 2.5 节介绍的假设 2.5.1 类似. 假设 4.3.1 (ii) 描述了外部数据集中有效工具变量 Z 的标准条件. 它要求工具变量 Z 在给定 X 后与未观测混杂变量 U 独立; 工具变量 Z 对结果 Y 没有直接作用, 以及即使在给定观测协变量 X 下, 工具变量 Z 仍与处理变量 T 相关联. 尽管在没有进一步条件的情况下, 这些假设通常无法检验, 但在观察性研究中, 可以通过一些自然试验或准试验找到潜在的工具变量.

假设 4.3.1 是因果推断文献中常见的假设. 然而, 这些假设条件不足以确保在内部人群中识别因果参数 τ_0, 因为在内部人群中没有合适的工具变量, 而外部人群中尽管存在工具变量, 但外部人群可能与内部人群存在异质性. 为了解决这一问题, 我们进一步引入一个半参数结构方程模型, 用于建立内部人群和外部人群之间的联系. 令 $\varepsilon(X, U) = E(T \mid X, U, R = 1) - E(T \mid X, U, R = 0)$ 表示在两个人群中给定所有混杂变量 (X, U) 时, 处理倾向得分之间的差异.

假设 4.3.2 假设 $U \perp\!\!\!\perp R \mid X$, 并考虑如下的结构方程模型:

$$\mathbb{E}(Y \mid T, X, U, R) = \zeta_0(X, U) + \zeta(X)R + \beta(X, R)T, \tag{4.8}$$

其中 $\text{Cov}\{\zeta_0(X, U), \varepsilon(X, U) \mid X, R\} = 0$, 这里 $\{\zeta_0(\cdot), \zeta(\cdot), \beta(\cdot)\}$ 是未知函数.

假设 4.3.2 中的第一部分 $U \perp\!\!\!\perp R \mid X$, 一般会比常见的选择交换性假设 $Y(t) \perp\!\!\!\perp R \mid X$ 更弱; 后者是指在给定可观测协变量 X 后, 内部样本和外部样本的潜在结果分布是相同的. 在假设 4.3.1 (i) 下, 后者不仅包含前者, 还意味着两个数据集的条件平均处理效应是相同的. 在假设 4.3.2 中的第二部分, 结果模型 (4.8) 允许 $\beta(X, R)$ 依赖于 R, 这表明在观测到的协变量 X 下, 处理变量 T 对结果变量 Y 的条件平均处理效应在内部数据集和外部数据集可以不同; 该模型要求不存在 $U - R, U - X$ 交互效应. 假设 4.3.2 中第三部分要求协方差等于零, 它成立的一个充分条件是 $\varepsilon(X, U) = \varepsilon(X)$, 这表示两个人群之间的倾向性评分的差异只依赖于观测协变量 X, 即倾向性评分模型中不允许存在 $U - R$ 的交互效应.

为简单起见, 令 $\beta_r(X) = \beta(X, r)$, 其中 $r = 0, 1$. 在假设 4.3.1 (i) 和假设 4.3.2 下, 我们有

$$\beta_r(x) = \mathbb{E}\{Y(1) - Y(0) \mid X = x, R = r\}. \tag{4.9}$$

式 (4.9) 表示在 $R = r$ 的群体中, X 不同水平上的条件平均处理效应, 因此我们感兴趣的参数可以写为 $\tau_0 = \mathbb{E}\{\beta_0(X) \mid R = 0\}$. 在假设 4.3.1 (ii) 和假设 4.3.2 下, $\beta_1(X)$ 可以根据工具变量 Z 来识别, 其识别表达式为

$$\beta_1(X) = \frac{\mathbb{E}(Y \mid T = 1, X, R = 1) - \mathbb{E}(Y \mid Z = 0, X, R = 1)}{\mathbb{E}(T \mid Z = 1, X, R = 1) - \mathbb{E}(T \mid Z = 0, X, R = 1)} \triangleq \frac{\delta^Y(X)}{\delta^T(X)}. \quad (4.10)$$

假设 4.3.1 (ii) 是常规的关于标准工具变量的假设, 是专门为了在外部样本中识别条件平均处理效应 $\beta_1(X)$ 而提出的, 它也可以被任何其他能够保证 $\beta_1(X)$ 可识别的假设所替代. 例如, 在外部样本中 U 是完全可观测的情况下, 如 4.2 节所讨论的情形, 那么在假设 4.3.1 (i) 下, 我们可以识别 $\beta_1(X)$, 此时无需假设 4.3.1 (ii).

接下来我们在假设 4.3.1 和假设 4.3.2 下建立对 τ_0 的识别. 令 $\omega(X) = f(R = 1 \mid X)$, $\mu(X, R) = \mathbb{E}(T \mid X, R)$, $\eta = T - \mu(X, R)$, 以及 $\sigma^2(X, R) = \mu(X, R)\{1 - \mu(X, R)\}$, 分别表示选择机制、处理倾向得分、处理回归残差和处理的条件方差. 为简化记号, 我们用 $\mu_r(x)$ 和 $\sigma_r^2(x)$ 分别表示 $\mu(x, r)$ 和 $\sigma^2(x, r)$, 其中 $r = 0, 1$. 在假设 4.3.1 和假设 4.3.2 下, 我们没有对观测数据分布施加任何限制, 因此我们所考虑的模型本质上是非参数的, 并用 $\mathcal{M}$ 来表示对应的非参数模型. 令 $q = f(R = 0)$, 可以得到以下定理中关于 τ_0 的识别表达式.

定理 4.3.1   在假设 4.3.1 和假设 4.3.2 下, $\beta_0(X)$ 可以通过以下公式识别:

$$\beta_0(X) = \mathbb{E}\left\{ \frac{\beta_1(X)\sigma_1^2(X)}{\sigma_0^2(X)} - \frac{(2R - 1)\eta Y}{f(R \mid X)\sigma_0^2(X)} \middle| X \right\},$$

其中 $\beta_1(X)$ 由公式 (4.10) 给定. 因此 τ_0 的识别表达式可以写为

$$\tau_0 = \mathbb{E}\left[\frac{(1 - R)\beta_1(X)\sigma_1^2(X)}{q\sigma_0^2(X)} - \left\{ \frac{R}{f(R \mid X)} - 1 \right\} \frac{\eta Y}{q\sigma_0^2(X)} \right].$$

现有方法为了得到 $\beta_0(V)$ 的非参数识别性, 通常假设 $\beta_0(V) = \beta_1(V)$, 但如定理 4.3.1 所示, 这两个函数一般情况下可能并不相等. 定理 4.3.1 仅提供了关于 τ_0 的一种识别公式, 但基于观测数据似然的不同组成部分, 还存在其他替代的识别公式, 由于篇幅限制, 这些公式未在此列出.

4.3.2 多稳健估计

4.3.1 小节我们已经建立了因果参数 τ_0 的非参识别性. 定理 4.3.1 中的干扰函数原则上可以通过核平滑或筛分法等非参数方法进行估计; 然而, 在实际应用中, 观测协变量 X 的维度通常较高, 非参数估计可能由于维度灾难而表现不佳. 因此本小节聚焦于如何利用半参数估计理论来对 τ_0 进行估计.

我们首先推导有效影响函数, 令 $\pi(X) = f(Z = 1 \mid X, R = 1)$, $\mu_0^Y(X) = \mathbb{E}(Y \mid Z = 0, X, R = 1)$ 以及 $\mu_0^T(X) = \mathbb{E}(T \mid Z = 0, X, R = 1)$ 分别表示在外部数

据集中, $Z=1$ 下的条件概率以及给定 $(Z=0,X)$ 时, X 和 Y 的条件期望. 进一步定义函数 $\phi(X,R) = \mathbb{E}\{Y - \beta(X,R)T \mid X, R\}$ 和 $\rho(X) = \mathbb{E}\{\eta(Y - \beta(X,R)T) \mid X, R=0\}$. 类似于 4.2 节中的简化记号, 我们令 $\phi_r(x) = \phi(x,r)$, 其中 $r=0,1$. 由上述定义可知, $\phi_r(x)$ 表示在 $R=r$ 群体中, 给定 $X=x$ 时残差 $Y - \beta(X,R)T$ 的条件期望, 而 $\rho(X)$ 是给定 X 时的条件未观测混杂偏倚.

令 $\Delta = (\pi, \mu_0^T, \mu_0^Y, \delta^T, \beta_1, \omega, \mu_0, \beta_0, \phi_0, \rho)$ 为所有干扰参数函数的集合, 利用 Δ 中的干扰参数, 可以将 $\mu_1(x)$ 和 $\phi_1(x)$ 表示为

$$\mu_1(x) = \delta^T(x)\pi(x) + \mu_0^T(x), \quad \phi_1(x) = \mu_0^Y(x) - \beta_1(x)\mu_0^T(x). \tag{4.11}$$

令 $\gamma(x) = \{1 - \omega(x)\}/\omega(x)$. 下面的定理刻画了因果效应参数 τ_0 的有效影响函数, 为我们提出多稳健估计量奠定了基础.

定理 4.3.2　在假设 4.3.1 和假设 4.3.2 下, τ_0 在 $\mathcal{M}$ 中的有效影响函数为

$$\varphi_{\text{eff}}(O; \Delta, q, \tau_0) = \frac{1-R}{q}\{\beta_0(X) - \tau_0\} - \left\{\frac{R}{f(R \mid X)} - 1\right\}$$
$$\times \frac{\eta\{Y - \beta(X,R)T - \phi(X,R)\} - \rho(X)}{q\sigma_0^2(X)} + \frac{\gamma(X)\sigma_1^2(X)}{q\sigma_0^2(X)}\varphi_1(O; \Delta),$$

其中

$$\varphi_1(O; \Delta) = \frac{R(2Z-1)}{f(Z \mid X, R=1)}\frac{1}{\delta^T(X)}\{Y - \mu_0^Y(X) - T\beta_1(X) + \mu_0^T(X)\beta_1(X)\},$$

因此, 用于估计 τ_0 的半参数有效界为 $\mathbb{E}\{\varphi_{\text{eff}}(O; \Delta, q, \tau_0)^2\}$.

定理 4.3.2 表明当估计了 Δ 中的干扰函数时, 且 $\hat{q} = n^{-1}\sum_{i=1}^n(1 - R_i)$, 我们可以通过求解 $\mathbb{P}_n\{\varphi_{\text{eff}}(O; \hat{\Delta}, \hat{q}, \tau_0)\} = 0$ 来构造 τ_0 的估计量. 基于影响函数的估计方程来构造估计量的策略已在许多因果推断文献中被广泛应用. 为了构建多稳健估计量, 我们定义了以下与外部数据集相关的两组干扰模型: $\Delta_{\text{aux},1} = (\pi, \mu_0^T, \delta^T)$ 和 $\Delta_{\text{aux},2} = (\mu_0^T, \mu_0^Y, \beta_1)$, 以及与内部数据集相关的以下三组干扰模型: $\Delta_{\text{pri},1} = (\omega, \mu_0)$, $\Delta_{\text{pri},2} = (\omega, \beta_0, \phi_0)$ 和 $\Delta_{\text{pri},3} = (\mu_0, \beta_0, \rho)$. 然后考虑以下对观测数据分布施加某些限制的半参数模型:

$\mathcal{M}_1$: 模型 $\Delta_{\text{aux},1}$ 和 $\Delta_{\text{pri},1}$ 正确;　　$\mathcal{M}_2$: 模型 $\Delta_{\text{aux},2}$ 和 $\Delta_{\text{pri},1}$ 正确;

$\mathcal{M}_3$: 模型 $\Delta_{\text{aux},1}$ 和 $\Delta_{\text{pri},2}$ 正确;　　$\mathcal{M}_4$: 模型 $\Delta_{\text{aux},2}$ 和 $\Delta_{\text{pri},2}$ 正确;

$\mathcal{M}_5$: 模型 $\Delta_{\text{aux},1}$ 和 $\Delta_{\text{pri},3}$ 正确;　　$\mathcal{M}_6$: 模型 $\Delta_{\text{aux},2}$ 和 $\Delta_{\text{pri},3}$ 正确.

这六个半参数模型本质上是内部数据集的任一组干扰模型和外部数据集中的任一组干扰模型都指定正确的情况. 定义 $\mathcal{M}_{\text{union}} = \bigcup_{k=1}^6 \mathcal{M}_k$ 表示当 $\{\mathcal{M}_1, \cdots, \mathcal{M}_6\}$ 中任一模型成立时的半参数模型.

我们考虑参数工作模型 $\Delta(\Theta)$, 其中 $\Theta = (\theta_1^\mathsf{T}, \cdots, \theta_{10}^\mathsf{T})^\mathsf{T}$, θ_j 是与第 j 个干扰模型相关的有限维参数向量, $j = 1, \cdots, 10$, 即

$$\Delta(\Theta) = \{\pi(x; \theta_1), \mu_0^T(x; \theta_2), \mu_0^Y(x; \theta_3), \delta^T(x; \theta_4), \beta_1(x; \theta_5), \omega(x; \theta_6), \mu_0(x; \theta_7),$$
$$\beta_0(x; \theta_8), \phi_0(x; \theta_9), \rho(x; \theta_{10})\}.$$

接下来我们设计一个三步过程来估计这些参数. 在第一步中, 我们使用最大似然估计来获得 $\pi, \mu_0^T, \mu_0^Y, \omega, \mu_0$ 中参数的估计量 $\hat{\theta}_1, \hat{\theta}_2, \hat{\theta}_3, \hat{\theta}_6, \hat{\theta}_7$, 因为这些干扰项都是二值变量的模型或简单的条件均值形式. 在第二步中, 我们通过以下估计方程求解, 得到与模型 δ^T 和 β_1 相关参数的估计量 $\hat{\theta}_4$ 和 $\hat{\theta}_5$:

$$\mathbb{P}_n\left[D_4(X)R\{T - \delta^T(X; \theta_4)Z - \mu_0^T(X; \hat{\theta}_2)\}\right] = 0, \tag{4.12}$$

$$\mathbb{P}_n\left[D_5(X)R\{Y - \beta_1(X; \theta_5)T - \mu_0^Y(X; \hat{\theta}_3) + \mu_0^T(X; \hat{\theta}_2)\beta_1(X; \theta_5)\}\right] = 0, \tag{4.13}$$

其中 $D_j(X)$ 是用户指定的一个向量函数, 与 θ_j 的维数相同, 这里 $j = 4, 5$. 可以很容易地验证, 如果 $\Delta_{\mathrm{aux},1}$ 中的模型正确, 则估计量 $\hat{\theta}_4$ 是相合的; 如果 $\Delta_{\mathrm{aux},2}$ 中的模型正确, 则估计量 $\hat{\theta}_5$ 是相合的.

　　基于第一步和第二步的估计过程, 我们可以看到, 若 $\Delta_{\mathrm{aux},1}$, $\Delta_{\mathrm{aux},2}$ 或 $\Delta_{\mathrm{pri},1}$ 中的相应模型指定正确, 则与这些干扰模型相关的参数估计量是相合的. 为简化记号, 我们用 $\hat{\pi}(x)$ 表示 $\pi(x; \hat{\theta}_1)$, 其他干扰模型的估计也类似地表示. 至此, 我们便得到了 Δ 中前七个干扰函数的估计量, 将它们代入式 (4.11) 中, 可得到 (μ_1, ϕ_1) 的估计量 $(\hat{\mu}_1, \hat{\phi}_1)$. 类似地, 通过代入干扰函数得估计量, 我们可以获得 $(\hat{\eta}, \hat{\sigma}_1^2, \hat{\gamma})$ 的如下估计: $\hat{\eta} = T - R\hat{\mu}_1(X) - (1 - R)\hat{\mu}_0(X)$, $\hat{\sigma}_1^2(X) = \hat{\mu}_1(X)\{1 - \hat{\mu}_1(X)\}$ 和 $\hat{\gamma}(X) = \{1 - \hat{\omega}(X)\}/\hat{\omega}(X)$. 此外, 我们还可以类似获得定理 4.3.2 中定义的 $\varphi_1(O; \Delta)$ 的插件估计量, 并记为 $\hat{\varphi}_1$.

　　在第三步中, 我们旨在基于以上干扰函数的估计来得到剩余干扰模型 (β_0, ϕ_0, ρ) 的估计. 首先定义如下两个函数: $\hat{\beta}(\theta_8) = R\hat{\beta}_1(X) + (1 - R)\beta_0(X; \theta_8)$ 和 $\hat{\phi}(\theta_9) = R\hat{\phi}_1(X) + (1 - R)\phi_0(X; \theta_9)$, 然后通过求解以下方程获得三个干扰函数 (β_0, ϕ_0, ρ) 中参数的估计量 $(\hat{\theta}_8, \hat{\theta}_9, \hat{\theta}_{10})$:

$$\mathbb{P}_n\left[D_8(X)\left\{\left(\frac{R}{\hat{f}(R \mid X)} - 1\right)\left(\hat{\eta}(Y - \hat{\beta}(\theta_8)T - \hat{\phi}(\theta_9)) - \rho(X; \theta_{10})\right) - \hat{A}(X)\right\}\right] = 0,$$

$$\mathbb{P}_n\left[D_9(X)(1 - R)\{Y - \beta_0(X; \theta_8)T - \phi_0(X; \theta_9)\}\right] = 0,$$

$$\mathbb{P}_n\left[D_{10}(X)(1 - R)\{(T - \hat{\mu}_0(X))(Y - \beta_0(X; \theta_8)T) - \rho(X; \theta_{10})\}\right] = 0,$$

其中 $\hat{A}(X) = \hat{\gamma}(X)\hat{\sigma}_1^2(X)\hat{\varphi}_1$, $\hat{f}(R \mid X) = R\hat{\omega}(X) + (1 - R)\{1 - \hat{\omega}(X)\}$, $D_j(X)$ 是与 θ_j 维数相同的由用户指定的向量函数, 这里 $j = 8, 9, 10$. 在一定条件下估计量

$(\hat{\theta}_8, \hat{\theta}_9, \hat{\theta}_{10})$ 具有相合性; 具体来说, 当模型 $\mathcal{M}_3 \cup \mathcal{M}_4$ 成立时, 估计量 $\hat{\theta}_8$ 和 $\hat{\theta}_9$ 是相合的; 当模型 $\mathcal{M}_5 \cup \mathcal{M}_6$ 成立时, 估计量 $\hat{\theta}_8$ 和 $\hat{\theta}_{10}$ 是相合的.

综上所述, 当模型 $\mathcal{M}_j$ 成立时, 上述三步程序能够确保与 $\mathcal{M}_j$ 中每个干扰模型相关的参数估计具有相合性. 令 $\hat{\Theta} = (\hat{\theta}_1^\top, \cdots, \hat{\theta}_{10}^\top)^\top$ 和 $\hat{\Delta} = \Delta(\hat{\Theta})$, 然后, 通过求解基于有效影响函数的估计方程来获得一个多稳健估计量 $\hat{\tau}_{\mathrm{mr}}$: $\mathbb{P}_n\{\varphi_{\mathrm{eff}}(O; \hat{\Delta}, \hat{q}, \tau)\} = 0$.

4.3.3 其他半参数估计量

在特定的干扰模型下, 估计量 $\hat{\tau}_{\mathrm{mr}}$ 可以简化为其他不同的半参数估计量. 我们引入了六种此类估计量, 分别依赖于模型 $\mathcal{M}_1, \cdots, \mathcal{M}_6$ 的具体模型, 这些估计量基于我们之前引入的参数工作模型 $\Delta(\Theta)$.

在模型 $\mathcal{M}_1$ 下, 估计量 $\hat{\tau}_1$ 定义为

$$\hat{\tau}_1 = \mathbb{P}_n\left[\frac{R(2Z-1)\hat{\gamma}(X)\hat{\sigma}_1^2(X)}{\hat{f}(Z \mid X, R=1)\hat{\sigma}_0^2(X)} \frac{Y}{\delta^T(X)} - \left(\frac{R}{\hat{f}(R \mid X)} - 1\right) \frac{\hat{\eta}Y}{\hat{\sigma}_0^2(X)} \right],$$

其中 $\hat{f}(Z \mid X, R=1) = Z\hat{\pi}(X) + (1-Z)\{1 - \hat{\pi}(X)\}$. 估计量 $\hat{\tau}_1$ 只依赖于模型 $\mathcal{M}_1$, 并且如果模型 $\mathcal{M}_1$ 被指定正确, 那么 $\hat{\tau}_1$ 是相合且渐近正态的. 我们可以通过最大似然估计及求解估计方程 (4.12) 来获得 $\mathcal{M}_1$ 中干扰模型的估计. 这个估计量不涉及结果变量的数据, 将设计阶段与分析阶段分离开来, 因为 $\mathcal{M}_1$ 中的模型是在未观察到任何结果数据之前指定的, 这有助于避免选择倾向于 "可发表" 结果的模型; 然而, 估计量 $\hat{\tau}_1$ 既不具备多重稳健性也不是局部有效的. 接下来我们在模型 $\mathcal{M}_2$ 下引入估计量 $\hat{\tau}_2$, 其定义如下:

$$\hat{\tau}_2 = \mathbb{P}_n\left[-\left\{\frac{R}{\hat{f}(R \mid X)} - 1\right\} \frac{\{T - (1-R)\hat{\mu}_0(X)\}\{Y - R\hat{\beta}_1(X)T - R\hat{\phi}_1(X)\}}{\hat{q}\hat{\sigma}_0^2(X)} \right].$$

估计量 $\hat{\tau}_2$ 仅依赖于模型 $\mathcal{M}_2$ 中的干扰模型, 并且可以通过最大似然估计同时结合求解估计方程 (4.13) 来获得干扰模型的估计.

在模型 $\mathcal{M}_3, \cdots, \mathcal{M}_6$ 的设置中, 我们要求 $\beta_0(X)$ 始终是正确的, 因此下面介绍的估计量在这些模型中具有相同的表达式, 唯一的区别是 $\beta_0(X; \theta_8)$ 中的参数 θ_8 是通过求解不同的估计方程来得到的. 具体来说, 模型 $\mathcal{M}_j$ 的估计量 $\hat{\tau}_j$ 定义如下:

$$\hat{\tau}_j = \mathbb{P}_n\left\{ \left(1 - \frac{R}{\hat{q}}\right) \beta_0(X; \hat{\theta}_{8,\mathcal{M}_j}) \right\} \quad (j = 3, \cdots, 6),$$

其中 $\hat{\theta}_{8,\mathcal{M}_j}$ 是通过求解相应的估计方程得到的, 其形式较为复杂, 感兴趣的读者可参阅相关文献 [104]. 类似 $\hat{\tau}_1$ 和 $\hat{\tau}_2$, 估计量 $\hat{\tau}_j$ 仅依赖于 $\mathcal{M}_j$ 中的干扰模型, 并且这些干扰模型的估计可以通过最大似然法同时结合求解若干估计方程获得, 其中

$j=3,\cdots,6$. 在假设 4.3.1、假设 4.3.2 和一些正则条件下, 当模型 $\mathcal{M}_j$ 成立时, 估计量 $\hat{\tau}_j$ 是相合且渐近正态的, 其中 $j=1,\cdots,6$.

4.4　应 用 实 例

4.4.1　身体活动对医疗保健支出的影响

大量的科学研究和实证数据表明身体活动不足或完全缺乏会引发一系列慢性退行性疾病, 例如心血管疾病、糖尿病和某些癌症, 并显著增加过早死亡的风险[21,33]. 身体不活动也可能导致心理健康问题, 如焦虑和抑郁, 并进一步降低生活质量. 正因如此, 倡导规律的身体活动或积极的生活方式已成为公共卫生领域的重要目标之一, 这不仅是为了改善个体健康状况, 也旨在减少社会医疗资源的负担. 为此, 国内外制定了明确的体育活动指南, 建议成年人每周至少进行 150 分钟中等强度的有氧运动, 或者至少 75 分钟的高强度有氧运动. 中高强度的有氧运动还可以根据个人需求和实际情况灵活组合, 例如跑步、游泳、骑自行车等. 然而, 尽管人们普遍认识到体育活动对健康的诸多益处, 但事实上仍有近三分之一的成年人完全不参与任何形式的体育锻炼, 甚至连最低的运动量都未达到. 更糟糕的是, 不活动的生活方式已成为现代社会的常见现象, 这不仅影响个人健康, 也对社会整体健康和经济产生了不利影响.

为深入研究身体活动对成年人医疗支出的潜在影响, 本研究利用了 2018 年 "医疗支出面板调查" 提供的数据. 内部数据集来源于该调查的全年综合文件, 涵盖了丰富的人口学特征、健康状况以及健康保险相关信息. 此外, 我们还使用了同样来源于该调查的外部数据集, 即取自 2018 年的工作文件, 旨在收集与工作状况相关的信息. 这些外部数据与内部数据集融合后, 为进一步探讨体育活动与医疗支出的因果关系提供了全面的视角. 本研究定义了关键变量并构建了相关数据集, 其中处理变量 $T=1$ 表示个体每周至少进行五次、每次至少半小时的中等至高强度的体力活动, $T=0$ 则反之; 结果变量 Y 表示医疗支出; 基线协变量 X 包括年龄、性别、种族、婚姻状况、体重指数、教育水平、家庭贫困水平、吸烟情况、癌症诊断和医疗保险覆盖情况等因素. 内部数据集包含 18774 名个体, 其中 9174 名个体 $T=1$, 9600 名个体 $T=0$; 外部数据集包含 6118 名个体, 链接后的数据集包含 5226 名个体. 该链接数据集加入了额外的重要混杂变量, 包括工作时长和收入, 记作 V.

我们使用 4.2 节介绍的方法估计身体活动对成年人医疗支出的影响. 为了在真实数据分析中应用所提出的估计量, 需要评估 4.2 节中列出的假设的合理性. 我们首先对假设 4.2.1 (i) 在随机缺失机制下进行实证检验. 具体而言, 我们将 $P(R=1\mid T,Y,X)$ 指定为逻辑回归模型, 并基于完全观测的变量 (R,T,Y,X) 估计相应的系数. 结果显示, Y 的估计系数虽然具有统计显著性, 但非常小, 约为 10^{-5}, 而 T 的估计系数不显著. 这些结果表明, 当满足随机缺失假设时, 没有显著证据表明假设 4.2.1 (i) 被违反. 此外, 在这一背景下, 假设 4.2.1 (ii) 也比较合理. 链接数据集包含了额外的混杂变量, 例如工作时间和收入, 以及基线协变量, 这些变量共同影响处理变量和结果变量. 完全观测的协变量 X 捕获了关键的人口统计学和基线特征, 例如年龄、性别和健康状况, 为调整混杂效应提供了基础. 而部分观测的协变量 V 则包含了内部数据集中缺失的关键混杂因素信息, 对于解决剩余混杂至关重要. 通过联合利用 X 和 V, 可以更好地控制混杂因素, 从而增强可忽略性假设的合理性. 此外, 假设 4.2.1 (iii) 和 (iv) 是两个标准的正值条件, 这些条件在这个真实数据集也都满足.

为实现所提估计量, 我们对结果回归使用线性模型, 对插补模型使用正态分布模型, 对选择机制和倾向评分使用逻辑回归模型, 渐近方差通过非参数自助法估计. 表 4.2 展示了四种估计量 $\hat{\tau}_a$, $\hat{\tau}_b$, $\hat{\tau}_c$ 和三稳健估计量 $\hat{\tau}_{tr}$ 的点估计、标准误和 95% 置信区间. 四种估计量的结果均为负值, 且在统计学上显著. 这些结果表明, 参与定期体育活动的个体其平均医疗支出减少约 1000 美元至 1350 美元. 这一发现与此前的研究[16,91] 一致, 进一步支持了体育活动作为降低医疗支出的潜在干预手段的理论. 从政策角度来看, 这意味着促进体育活动的公共健康政策不仅有助于改善个体的身体健康状况, 还可能通过降低医疗成本为社会节省大量资源.

表 4.2　体育活动对总医疗支出因果效应的估计 (以 1000 美元为单位)

估计量	点估计值	标准误	95%置信区间
$\hat{\tau}_a$	-1.00	0.51	$(-1.99, \ -0.01)$
$\hat{\tau}_b$	-1.06	0.48	$(-2.00, \ -0.11)$
$\hat{\tau}_c$	-1.20	0.55	$(-2.28, \ -0.12)$
$\hat{\tau}_{tr}$	-1.35	0.56	$(-2.45, \ -0.24)$

4.4.2　吸烟对身体功能状态的影响

吸烟是许多疾病的危险因素, 包括肺癌、慢性阻塞性肺疾病、心脏病、中风和糖尿病等. 这些疾病会影响身体功能, 导致身体残疾. 为了减轻潜在的未知混杂偏倚, Leigh 和 Schembri (2004)[97] 使用香烟价格作为工具变量, 评估了吸烟对身体功能状态的影响. 香烟价格作为这个问题下的工具变量具有较高的合理性, 因为它与吸烟行为显著相关, 一般来说, 较高的价格会减少吸烟人数. 同时, 香烟价格在逻辑上不会直接影响个人健康, 而是通过影响吸烟行为间接影响健康. 然而, 香烟价格作为强工具变量的假设在不同亚组中可能并不成立. 我们发现, 对于低收入群体, 香烟价格是一个强工具变量, 而在高收入群体中则表现为弱工具变量. 这里将高收入群体定义为收入排名前 20% 的人群, 其余人群归为低收入群体. 在本小节中, 我们利用 4.3 节介绍的方法, 基于低收入群体中强工具变量的数据, 评估吸烟对高收入群体身体功能状态的因果影响. 所用数据来自 1996—1997 年 "社区追踪研究" 家庭调查部分的数据, 该研究旨在提供美国医疗系统变革及其对人们的影响[89]. 处理变量 $T = 1$ 表示受试者每天或在某些天吸烟, $T = 0$ 表示受试者完全不吸烟. 结果变量 Y 是身体功能状态, 通过 SF-12 的身体健康总分测量[195]. 基线协变量 X 包括性别、年龄、心理功能状态、教育水平、健康状况和种族. 然而, 吸烟与身体功能状态之间的关系可能仍然存在未观测混杂变量, 如遗传因素、心理压力等. 工具变量 $Z = 1$ 表示香烟价格高于中位数, $Z = 0$ 表示香烟价格低于或等于中位数.

我们的目标是估计高收入子群体中的因果效应, 因此将高收入人群的数据作为内部数据集, 该数据集包含 4198 名受试者, 其中 1123 人接受处理, 3075 人未接受处理. 外部数据集包括 18603 名低收入受试者, 其中 7834 人接受处理, 10769 人未接受处理. 在高收入子群体中, 尽管工具变量 (即香烟价格) 可用, 但它与处理变量之间的相关性较弱, 这可能是因为高收入个体的吸烟决策不明显受香烟价格影响. 实际上, 对内部数据集中的处理变量进行逻辑回归并调整观测协变量后, 我们发现香烟价格的系数在统计上并不显著. 当仅使用内部数据集并应用经典工具变量法估计吸烟对身体功能状态的因果效应时, 点估计为 -0.37, 标准误为 6.75, 置信区间为 $(-13.6, 12.86)$, 区间非常宽. 这可能是所选工具变量较弱, 导致结果不可靠. 然而, 在外部数据集中, 工具变量 (即香烟价格) 与处理变量的相关性较强. 因此, 我们可以利用该信息, 采用 4.3 节提出的半参数估计量 $\hat{\tau}_1, \hat{\tau}_2, \hat{\tau}_3, \hat{\tau}_4, \hat{\tau}_5, \hat{\tau}_6, \hat{\tau}_{mr}$ 来估计高收入子群体的因果效应. 同时, 我们还使用基于机器学习的多稳健估计量 $\hat{\tau}_{mr,lasso}$ 和 $\hat{\tau}_{mr,sl}$, 分别通过机器学习方法中的套索法 (Lasso) 和超级学习器 (Super Learner) 对涉及的干扰模型进行估计.

表 4.3 展示了这些估计量的点估计值、标准误和 95% 置信区间. 多稳健机器学习估计量 $\hat{\tau}_{mr,lasso}$ 和 $\hat{\tau}_{mr,sl}$ 非常接近. 与经典工具变量法得到的结果不同, 这两

表 4.3　吸烟对高收入人群身体功能状态的因果效应估计

估计量	点估计值	标准误	95% 置信区间
$\hat{\tau}_1$	-2.04	0.60	$(-3.22, -0.39)$
$\hat{\tau}_2$	-0.15	1.48	$(-3.05, 2.75)$
$\hat{\tau}_3$	-2.13	0.53	$(-3.17, -1.09)$
$\hat{\tau}_4$	-0.31	0.84	$(-1.96, 1.34)$
$\hat{\tau}_5$	-0.27	0.11	$(-0.49, -0.05)$
$\hat{\tau}_6$	-0.39	0.93	$(-2.21, 1.43)$
$\hat{\tau}_{mr}$	-0.25	0.17	$(-0.58, 0.08)$
$\hat{\tau}_{mr,lasso}$	-0.22	0.11	$(-0.44, -0.01)$
$\hat{\tau}_{mr,sl}$	-0.24	0.11	$(-0.46, -0.02)$

种利用外部低收入组中的强工具变量的多稳健机器学习估计量均为负值且在统计学上显著, 这表明吸烟显著降低了高收入人群的身体功能. 基于参数模型的多稳健估计量 $\hat{\tau}_{mr}$ 表现类似, 但其标准误略大. 估计量 $\hat{\tau}_5$ 在点估计和标准误上与多稳健估计量较为接近. 对于其余估计量, $\hat{\tau}_1$ 和 $\hat{\tau}_3$ 的点估计明显小于多稳健估计量, 而 $\hat{\tau}_2$, $\hat{\tau}_4$ 和 $\hat{\tau}_6$ 的点估计与多稳健估计量较为接近, 但标准误显著较大. 这可能是由这些估计量中使用的一个或多个模型误设所导致的.

4.5 本章小结

研究者基于单一数据集进行因果推断可能面临一些挑战. 例如, 所使用的数据集可能并不能很好地代表目标总体; 或者在观察性研究中, 由于缺乏合适的工具变量, 难以有效解决未知混杂问题. 这些问题可能限制因果推断的准确性和广泛适用性. 然而, 如果能够借助外部数据集作为辅助, 则为感兴趣因果参数的识别和推断提供了新的可能性和解决路径. 外部数据集可以通过多种方式补充单一数据集的不足. 在本章中, 我们系统性地讨论了基于多源数据集融合的因果推断策略, 先后介绍了如何将试验数据的推断结果迁移到观察性研究中, 以解决试验样本的代表性不足问题; 如何利用链接数据来增强对目标总体的识别和推断能力, 以及在观察性研究中无法获得有效工具变量的情况下, 如何利用辅助数据集中的工具变量实现因果推断. 每种策略都提供了具体的方法和理论框架, 并通过实际案例展示了其在不同应用场景下的潜在价值.

第 5 章　含死亡截断数据的因果推断

在 2.5.4 小节, 我们已经初步介绍了不依从性问题, 而不依从性 (Non-Compliance) 问题是因果主分层中的一个特例. 主分层 (Principal Stratification) 框架最早在 2002 年由 Frangakis 和 Rubin[57] 提出, 是一种对处理后的中间变量进行调整后, 估计因果效应的方法, 在医学等领域具有十分重要的意义. 主分层在某些场景下, 可被视为描述个体潜在特征的一个集合, 通过调整这些特征, 可以更准确地估计感兴趣的因果参数. 本章首先从主分层相关的经典问题出发, 包括不依从性问题和死亡截断 (Truncation-by-Death) 问题, 引出主分层的概念及相关因果参数. 在此基础上, 我们将进一步探讨主分层方法在多臂试验以及存在未知混杂因素的情形下, 如何有效地解决死亡截断问题.

5.1　因果主分层简介

无论是在医学领域还是社会研究领域, 随机化试验经常出现不依从性问题. 在医学中, 依从性指患者遵循治疗计划的程度, 即是否按照医嘱接受治疗. 在许多日常治疗过程和研究中, 由于遗忘、不信任医生或难以长期坚持等原因, 不少患者的实际治疗方式与医嘱存在显著偏离. 这种不依从性问题为评估某种治疗方式的有效性带来了不小的挑战. 如果仅分析遵从医嘱的患者, 可能因选择偏倚而导致样本失去对总体的代表性; 而若将医嘱直接等同于实际治疗方式, 又可能使估计产生偏差, 甚至丧失因果推断的科学意义. 因此, 不依从性问题是研究工作中的一大难题, 对其有效解决是确保因果推断结果可靠性的关键所在.

在一些药物试验中, 研究者通常关注某种治疗方式是否能够改善患者的生活质量. 这类试验的患者往往患有严重疾病如癌症. 由于癌症的难治愈性及化疗等治疗方式的副作用等因素, 研究者更关注通过优化治疗手段以改善患者生活质量. 然而, 这类研究通常隐含一个重要的前提, 即患者需要在治疗过程中存活. 如果患者已在治疗过程中死亡, 讨论其生活质量显然失去了意义. 在因果推断中, 这一问题被称为死亡截断问题. 值得注意的是, 死亡截断问题不仅存在于与死亡相关的医学研究中, 在社会研究中也同样广泛存在. 例如, 研究者可能关注某个学习项目是否能够提升参与者在特定工作中的效率. 然而, 由于家庭情况、个人兴趣或收入等因素, 部分参与者可能已经改行、不再工作或失业. 在这种情况下, 研究这些已不再从事该项工作的人群对研究目标并无意义, 因为研究者的关注点在于该项目对特定工作的效率提升.

为了解决这一问题, 研究者引入了多种方法, 其中之一是由 Frangakis 和 Rubin (2002)[57] 提出的因果主分层框架. 这一框架是因果推断中的重要工具, 用于定义和量化主分层因果效应. 通过结合潜在结果和主分层的概念, 该方法能够描述个体在不同处理条件下对结果变量的因果效应. 在主分层框架中, 除了处理变量 T_i 和结果变量 Y_i 外, 还引入了一个处理后变量 S_i, 通常被称为中间变量. 在不依从性问题中, T_i 表示随机处理分配, S_i 表示个体实际接受的处理, 这里与 2.5.4 小节讨论不依从性问题时用的记号有所不同; 而在死亡截断问题中, S_i 表示生存状态, 一般用 $S_i = 1$ 表示生存, $S_i = 0$ 表示死亡. 由于 S_i 受处理变量 T_i 的影响, 每个个体 i 在两种处理状态下会具有与结果变量 Y_i 类似的两个潜在结果 $S_i(1)$ 和 $S_i(0)$. 这些潜在结果分别代表个体在接受处理和未接受处理时的中间变量值. 与结果变量的潜在结果类似, 中间变量的实际观测值 S_i 与处理状态 T_i 有关, 并满足一致性假设: $S_i = T_i S_i(1) + (1-T_i)S_i(0)$, 这意味着在给定的处理状态下, 仅能观测到 $S_i(1)$ 或 $S_i(0)$ 中的一个. 在本节中, 我们主要关注处理变量 T_i 和中间变量 S_i 均为二值的情况. 然而, 主分层框架的适用范围不仅限于二值情况, 还可以扩展到多值处理变量[113,184]、连续处理变量以及连续中间变量[6]等情形.

为简化记号, 我们将省略下标中的个体属性 i. 通过潜在结果 $S(1)$ 和 $S(0)$, 我们可以进一步定义主分层的具体概念, 以便更清晰地量化和研究个体的因果效应. 具体来说, 主分层常被定义为 $G = (S(1), S(0))$, 这使得在每一个分层 G 中, 所有个体具有同样的潜在结果取值. 由于 T, S 均为二值变量, 与 2.5.4 小节类似, 主分层 G 对应有四个取值, 即 $G \in \{(1,1),(1,0),(0,1),(0,0)\}$. 在不依从性问题中, 主分层 $G = (1,0)$ 称为依从组; 主分层 $G = (0,1)$ 称为抵抗组; 主分层 $G = (1,1)$, 称为永远接受组; 主分层 $G = (0,0)$, 称为永远拒绝组. 与 2.5.4 小节类似, 为了简便, 我们用每个组的英文首字母来代表对应的主分层组, 即 $G = a, c, d, n$ 分别代表永远接受组、依从组、抵抗组以及永远拒绝组. 表 5.1 给出了各个主分层所对应的潜在结果 $S(1), S(0)$ 的具体情况.

表 5.1 不依从性问题中主分层各组情况

	$S(1) = 1$	$S(1) = 0$
$S(0) = 1$	永远接受组	抵抗组
$S(0) = 0$	依从组	永远拒绝组

与平均处理效应一致, 由于个体因果效应通常无法直接估计, 我们更关注总体层面的主分层平均处理效应, 其通常被定义为

$$\tau_g = \mathbb{E}\{Y(1) - Y(0) \mid G = g\}.$$

在不同的问题背景下, 研究者所关注的因果参数可能有所不同. 在不依从性问题中, 研究的重点通常是依从组中的平均处理效应. 例如, 在医嘱的研究案例中, 研究者更关心治疗方式对依从医嘱患者的疾病治愈效果, 而不依从医嘱的患者则不应纳入考量范围. 因此在不依从性问题中, 感兴趣的因果参数为: $\tau_c = \mathbb{E}\{Y(1) - Y(0) \mid G = c\}$, 其中 $G = c$ 表示依从组. 在死亡截断问题中, 研究者通常关注的是存活组中的平均处理效应, 因为研究的重点一般是在存活情况下的结果变量. 例如, 在一项考察某种治疗方式对肺癌患者一段时间后生活质量改善的研究中, 由于部分肺癌患者可能在这段时间内死亡, 考虑这部分已死亡患者的生活质量是不合理的, 因为他们的生活质量是未定义的. 此时研究者关注的因果参数是无论是否接受治疗都能存活患者的平均处理效应, 定义为

$$\tau_a = \mathbb{E}\{Y(1) - Y(0) \mid G = a\}, \tag{5.1}$$

其中 $G = a$ 表示总是存活组.

　　与平均处理效应不同, 仅有随机化试验并不足以保证主分层平均处理效应的识别性. 在随机化试验中, 由于处理是随机分配的, 这意味着下述可忽略性假设成立:

$$\{Y(1), Y(0), S(1), S(0)\} \perp\!\!\!\perp T \mid X, \tag{5.2}$$

其中 X 是处理前协变量, 因为随机化试验可以消除混杂因素的影响. 然而, 即便在这样的假设下, 主分层平均处理效应仍然无法识别. 我们注意到

$$\begin{aligned}
\tau_g &= \mathbb{E}\big[\mathbb{E}\{Y(1) - Y(0) \mid G = g, X\} \mid G = g\big] \\
&= \mathbb{E}\left[\frac{\mathrm{P}(G = g \mid X)}{\mathrm{P}(G = g)}\{\mathbb{E}(Y \mid T = 1, X, G = g) - \mathbb{E}(Y \mid T = 0, X, G = g)\}\right].
\end{aligned}$$

在未施加额外条件的情况下, 我们无法识别以下关键成分: 分组比例 $\mathrm{P}(G = g \mid X)$ 以及各分组的平均观测结果 $\mathbb{E}(Y \mid T = t, X, G = g)$. 这意味着我们无法像估计平均处理效应那样, 通过处理组和对照组的观测结果来估计主分层平均处理效应. 尽管随机化试验能够识别单个潜在结果的边际分布, 如 $S(1)$ 和 $S(0)$ 的边际分布, 主分层平均处理效应涉及的是两个潜在结果的联合分布 $(S(1), S(0))$. 因此, 即便在随机化试验下, 感兴趣的主分层因果参数仍然无法直接识别.

　　接下来我们考虑施加额外假设以识别各主分层在人群中的比例 $\mathrm{P}(G = g \mid X)$. 对于观测数据 $(T = t, S = s)$ 的个体, 其可能来自两个不同的主分层, 这为识别问题带来了困难. 注意到, 在随机化假设成立的情况下, 我们有

$$\mathrm{P}(S = 1 \mid T = 1, X) = \mathrm{P}(G = a \mid X) + \mathrm{P}(G = c \mid X),$$

$$P(S = 1 \mid T = 0, X) = P(G = a \mid X) + P(G = d \mid X).$$

在这些式子中, 我们需要识别的未知参数 (即各主分层的比例) 共有四个, 但约束条件仅有三个 (主分层的比例之和为 1). 显然, 单凭这些条件无法识别各主分层的比例. 为了解决这一问题, 文献中通常采用单调性假设[4,82,83], 这是识别主分层比例最常用的假设之一. 单调性假设要求 $S(1) \geqslant S(0)$, 即认为某些主分层 (如抵抗组) 的个体在数据中不存在, 从而减少未知参数的个数. 在 2.5.4 小节中, 我们已对单调性假设进行了详细介绍, 此处不再赘述.

然后, 我们讨论如何识别结果在主分层中的条件期望 $\mathbb{E}(Y \mid T = t, X, G = g)$. 针对这一问题, 研究者提出了多种方法, 其中常见的是主分层可忽略性假设[83,184] 和辅助变量法[47,48,82,113,114]. 主分层可忽略性假设要求, 对于潜在结果 $Y(1)$, 永远接受组和依从组的条件期望相同; 对于潜在结果 $Y(0)$, 永远拒绝组和依从组的条件期望相同. 这一假设可以用来识别结果在主分层中的期望, 并已在诸多研究中得到广泛应用[83,84,169]. 在随机化试验、单调性以及主分层可忽略性假设的条件下, Jiang 等 (2022)[83] 提出了三种关于主分层平均处理效应的识别表达式, 并基于此开发了一种三稳健估计量. 该估计量在所有干扰模型均被正确指定时, 可以达到半参数有效界. 辅助变量法由 Ding 等 (2011)[47] 提出, 并在多个后续研究中得到了进一步发展[82,193]. 该方法要求在协变量 X 中存在一个辅助变量 A, 要求该变量不得直接影响结果变量 Y, 类似于传统的工具变量假设[4]. 在满足一定的满秩条件以及能够识别主分层比例的情况下, 辅助变量法能够实现对主分层平均处理效应的识别.

5.2 多臂试验中含死亡截断结果的因果推断

在前面的小节中, 我们已经讨论了在主分层框架下, 当处理变量 T 为二值时的一些识别方法. 然而, 在实际的随机化试验中, 处理变量往往呈现多值的情况, 这被称为多臂试验. 例如, 在国家毒理学项目开展的一项毒性研究中[52,135], 研究者将小鼠幼崽随机分配至暴露于四种不同浓度毒素的组别中, 旨在评估不同毒素浓度对两年后小鼠幼崽体重的影响, 这是一个典型的多臂试验问题. 然而, 由于小鼠幼崽的个体抵抗力差异及其他环境因素, 部分幼崽在试验中可能死亡, 这使得研究者无法观测这些个体两年后的身体状况, 从而导致了死亡截断问题. 正如前文所述, 直接比较在高浓度毒素水平下存活的小鼠与在低浓度毒素水平下存活的小鼠, 可能会引入选择偏倚, 并导致估计缺乏因果意义. 因此, 我们需要考虑使用主分层方法来解决这一问题. 目前, 大多数研究集中在二值处理的场景, 而针对多值有序处理下的死亡截断问题的研究相对较少. 然而, 从实践的角度来看, 开发适用于多值处理情形的方法是十分必要的, 因为多臂试验在临床研究中相当普遍. Elliott 等 (2006)[52] 提出了一种分层贝叶斯方法, 用于估计主分层因果效应. Wang 等 (2017)[192] 开发了一种假设检验方法, 用于检测二值结局下是否存在非零的主分层因果效应. 在本节中, 我们将深入探讨多值有序处理情形下的死亡截断问题[113], 分析感兴趣的因果参数的识别性, 并提出相应的估计方法.

5.2.1　感兴趣的因果参数及识别性

我们仍然用 T, X, S, Y 分别表示个体的处理变量、协变量、中间变量和结果变量. 需要注意的是, 在多臂试验中, 处理变量 T 是一个多值变量, 即 $T \in \{1, \cdots, m\}$, 其中 m 表示类别数. 因此, 我们定义中间变量的潜在结果为 $S(1), \cdots, S(m)$, 以及结果变量的潜在结果为 $Y(1), \cdots, Y(m)$. 与二值处理变量下的主分层定义类似, 我们定义主分层为 $G = \{S(1), \cdots, S(m)\}$. 为简化表示, 用 L 表示 $S(z) = 1$, 即个体在接受处理 $Z = z$ 后存活 (Live); 用 D 表示 $S(z) = 0$, 即个体在接受处理 $Z = z$ 后死亡 (Death). 因此, 主分层可以通过 L 和 D 的字符串组合表示. 例如, 当处理变量 T 是一个四值变量时, 主分层 $G = \{0, 0, 0, 1\}$ 可以表示为 $DDDL$. 与二值情形的死亡截断问题类似, 我们在多臂试验中关注的是不同处理 $1 \leqslant t_2 \leqslant t_1$ 下存活个体的平均处理效应:

$$\tau_g(t_1, t_2) = \mathbb{E}\{Y(t_1) \mid G = g\} - \mathbb{E}\{Y(t_2) \mid G = g\} \triangleq \mu_g(t_1) - \mu_g(t_2),$$

其中 $g \in \{g : S(t_1) = S(t_2) = 1\}$. 上述感兴趣的因果参数 $\tau_g(t_1, t_2)$ 衡量了在处理 t_1 和 t_2 下均存活个体的潜在结果 $Y(t_1)$ 和 $Y(t_2)$ 之间的差异. 这一目标参数是处理变量 T 为二值情况下存活组平均处理效应的自然推广. 我们给出下面的可忽略性假设.

假设 5.2.1　$\{S(1), \cdots, S(m), Y(1), \cdots, Y(m)\} \perp\!\!\!\perp T \mid X.$

上述假设是在处理变量 T 为二值情况下可忽略性假设的自然推广, 说明处理变量 T 与中间变量 S、结果变量 Y 之间不存在未知混杂. 该假设在随机化试验中是自然满足的, 因此我们在研究一些随机化试验数据时, 可以认为上述假设是成立的. 接下来, 我们讨论如何在多臂试验中识别存活组的平均处理效应. 显然, 要识别 $\tau_g(t_1, t_2)$, 我们需要识别 $\mu_g(t)$. 在假设 5.2.1 下, 利用重期望公式, 容易得到

$$\mu_g(t) = \mathbb{E}\left[\frac{\mathrm{P}(G = g \mid X)}{\mathrm{P}(G = g)}\mathbb{E}\{Y(t) \mid X, G = g\}\right] \triangleq \mathbb{E}\left\{\frac{\pi_g(X)}{\pi_g}\mu_g(t, X)\right\}, \quad (5.3)$$

其中 $\pi_g(X) = \mathrm{P}(G = g \mid X)$, $\pi_g = \mathbb{E}\{\pi_g(X)\}$, 且 $\mu_g(t, X) = \mathbb{E}(Y \mid T = t, G = g, X)$. 因此, 为了识别 $\mu_g(t)$, 我们需要分别识别主分层在人群中的比例 $\pi_g(X)$ 和各主分层中潜在结果的条件期望 $\mu_g(t, X)$.

首先, 我们考虑识别主分层在人群中所占比例 $\pi_g(X)$. 在多臂试验的情况下, 观测数据对应的主分层情况与处理变量二值情况下相比更为复杂. 具体来说, 对

于观测数据为 $(S = 1, T = t)$ 的个体, 我们可以很容易地发现, 它可能属于不同的 2^{m-1} 个主分层之一. 在假设 5.2.1 下, 我们有

$$P(S = 1 \mid T = t, X) = \sum_{g \in G(t)} P(G = g \mid X), \qquad (5.4)$$

其中 $G(t) = \{g : S(t) = 1\}$ 表示在处理 $T = t$ 下存活的主分层集合. 通过观测数据, 我们可以获得类似式(5.4)的 m 个等式. 然而, 我们需要识别的未知主分层比例数量为 2^{m-1}. 因此, 在不施加额外假设条件的情况下, 识别各个主分层在人群中的比例是不可能的. 与二值情况类似, 我们也相应地有单调性假设.

假设 5.2.2 对于任意的两个处理 $t \geqslant t'$, 我们有 $S(t) \leqslant S(t')$.

多臂试验的单调性假设 5.2.2 推广了二值情况的单调性假设. 该假设认为, 中间变量的潜在结果 $S(t)$ 对于处理变量 T 具有单调性, 在一定场景下是很容易满足的. 例如, 在小鼠毒素试验中, 若处理水平 t 代表较高浓度的毒素水平, 处理水平 t' 代表较低浓度的毒素水平, 即 $t \geqslant t'$. 由于毒素对小鼠的身体具有一定的危害性, 我们可以合理地推断, 高浓度水平的毒素对于小鼠身体的影响不会小于低浓度水平的毒素对于小鼠身体的影响; 也就是说, 如果高浓度水平的毒素不会造成小鼠死亡, 那么低浓度水平的毒素也不会造成小鼠死亡.

在单调性假设下, 我们可以减少需要识别的主分层个数, 从而为识别主分层的比例提供可能. 具体来说, 在没有单调性时, 主分层 G 有 2^m 个取值. 而在单调性下, G 一共有 $m + 1$ 个取值, 即 $G = \{\mathrm{LL \cdots LL}, \mathrm{LL \cdots LD}, \cdots, \mathrm{LD \cdots DD}, \mathrm{DD \cdots DD}\}$. 因此, 在单调性假设下, G 具有形式: $\mathrm{L}^k \mathrm{D}^{m-k}$, 简记为 $G = k$, 其中 $k = 0, 1, \cdots, m$. 同样地, 前面的符号可以简记为 $\mu_k(t, X) = \mathbb{E}(Y \mid T = t, G = k, X)$, $\pi_k(X) = P(G = k \mid X)$. 在这种情况下, 我们通过观测数据可以得到 m 个类似(5.4)的等式, 而需要识别的分层 $\pi_k(X)$ 有 $m + 1$ 个, 但因它们的和为 1, 本质上有 m 个未知参数个数, 这意味着我们可以唯一地识别各个主分层的比例. 事实上, 根据式 (5.4) 以及前面的讨论, 容易得到

$$P(S = 1 \mid T = t, X) = \sum_{k=t}^{m} P(G = k \mid X).$$

根据上式, 我们可以识别各个主分层所占比例, 即

$$\pi_k(X) = p_k(X) - p_{k+1}(X) \quad (0 \leqslant k \leqslant m),$$

其中 $p_k(X) = P(S = 1 \mid T = k, X)$, $p_0(X) = 1$ 以及 $p_{m+1}(X) = 0$. 至此, 我们完成了对各个主分层所占比例 $\pi_k(X)$ 的识别, 进而可以识别 $\pi_k = \mathbb{E}\{\pi_k(X)\}$.

接下来, 我们讨论如何利用辅助变量识别结果变量在主分层中的期望函数 $\mu_k(t, X)$. 在多臂试验的死亡截断问题中, 与二值情况相同, 并不是所有的 $\mu_k(t, X)$

均有定义. 对于某一个处理 $T = t$, 我们考虑其潜在结果 $Y(t)$, 可以发现, 若潜在结果 $Y(t)$ 有定义, 则该个体需要在处理 $T = t$ 下可以存活. 在单调性假设 5.2.2 下, 该个体一定来自分层 $G \in \{t, t+1, \cdots, m\}$; 换个角度来看, 若该个体来自分层 $G = k$, 则该个体的潜在结果 $Y(1), \cdots, Y(k)$ 有定义, 即当 $t \leqslant k$ 时, 参数 $\mu_k(t, X)$ 是有定义的. 我们因此考虑 $\mu_k(t, X)$ $(k \geqslant t)$ 的识别性. 假设协变量 X 包含一个特殊的变量 A 满足下面的条件, 其中 $X = (A, V^\top)^\top$.

假设 5.2.3　$Y \perp\!\!\!\perp A \mid T, G, V$.

假设 5.2.3 是二值情况下辅助变量假设在多臂试验中的一个推广. 该假设要求辅助变量 A 不能直接影响结果 Y. 在辅助变量假设 5.2.3 下, 我们可以得到

$$\mathbb{E}(Y \mid S = 1, T = t, X)$$
$$= \sum_{k=t}^{m} E(Y \mid T = t, G = k, V) \mathrm{P}(G = k \mid S = 1, T = t, X)$$
$$= \sum_{k=t}^{m} \mu_k(t, V) \pi_k(X) / p_t(X). \tag{5.5}$$

由前述讨论可知, 式 (5.5) 中的 $\mathbb{E}(Y \mid S = 1, T = t, X), \pi_k(X), p_t(X)$ 均可通过观测数据进行识别. 给定 $V = v$, 式 (5.5) 是一个关于 $\mu_k(t, v)$ 的线性方程. 我们可以在式 (5.5) 中通过变换辅助变量 A 的 $L = m - t + 1$ 个取值 $a_1, \cdots, a_L$, 从而得到一个含有 L 个方程的线性方程组. 根据线性代数的有关知识, 只需要系数矩阵满秩, 便可唯一地识别出 $\mu_k(t, V)$, 进而识别出 $\mu_k(t)$.

定理 5.2.1　若假设 5.2.1—假设 5.2.3 成立, 对于任意的 $V = v$, 随机变量 A 存在 $L = m - t + 1$ 个不同取值 $a_1, \cdots, a_L$, 使得矩阵 $M = \{\pi_k(x_l)\}_{kl}$ $(k = t, \cdots, m; l = 1, \cdots, L)$ 满秩, 其中 $x_l = (a_l, v^\top)^\top$, 则 $\mu_k(t)$ $(k \geqslant t)$ 可识别.

上述定理中的矩阵满秩条件要求辅助变量 A 与主分层 G 之间存在依赖关系, 这类似于工具变量中的相关性条件. 因为我们已经识别了 $\pi_k(X)$, 该条件是可以通过观测性数据进行检验的. 值得注意的是, 假设 5.2.3 在特定模型下不是必要的. 具体来说, 当结果变量 Y 满足下述半参数线性模型时, 识别 $\mu_k(t, X)$ 并不需要假设 5.2.3,

$$\mathbb{E}(Y \mid T = t, G = k, X = x; \beta_{tk}) = \beta_{tk,0} + \beta_{tk,1} a + \beta_{tk,2}^\top v \quad (k = t, \cdots, m), \tag{5.6}$$

其中 $x = (a, v^\top)^\top$ 且 $\beta_{tk} = (\beta_{tk,0}, \beta_{tk,1}, \beta_{tk,2}^\top)^\top$ 是未知参数. 在模型 (5.6) 下, 假设 5.2.3 要求 $\beta_{tk,1} = 0$ 成立; 也就是说, 当 $\beta_{tk,1} \neq 0$ 时, 假设 5.2.3 并不成立. 根据观测数据, 我们可以同式 (5.5) 一样得到

$$\mathbb{E}(Y \mid S = 1, T = t, X) = \sum_{k=t}^{m} \{\beta_{tk,0} + \tilde{\beta}_{tk,1}^\top x\} \omega_k(t, X),$$

其中 $\omega_k(t,X) = \mathrm{P}(G=k \mid S=1, T=t, X) = \pi_k(X)/p_t(X)$, $\tilde{\beta}_{tk,1} = (\beta_{tk,1}, \beta_{tk,2}^\top)$. 因此, 若假设 5.2.1 和假设 5.2.2 成立, 且 $\{\pi_k(x), \pi_k(x)x^\top\}_{k=t}^m$ 是 x 的线性无关函数, 则我们便可识别 $\mu_k(t)$ $(k \geqslant t)$. 上述结果表明, 即使不存在一个有效的辅助变量, 在模型 (5.6) 成立的情况下, 仍然可以识别 $\mu_k(t)$ $(k \geqslant t)$.

在实际应用中, 辅助变量假设 5.2.3 可能不成立. 在这种情况下, 如果没有线性模型假设, $\mu_k(t,X)$ 通常是无法被识别的. 然而, 在假设 5.2.1 和假设 5.2.2 下, 我们可以为 $\mu_k(t)$ 提供上下界, 相关结果可参考文献 [113]. 这些上下界不仅适用于满足可忽略处理分配假设的观察性研究, 还可作为 Wang 等 (2017)[193] 在多臂随机试验中推导的界的有益补充, 为研究提供更全面的识别信息.

5.2.2 估计方法

对于存活组因果效应的估计问题, 我们考虑使用参数模型的方法. 先给定各个分层所占比例的参数模型 $\pi_k(x) = \pi_k(x;\theta)$, 其中 $k = 0, \cdots, m$, θ 为未知参数, 以及各分层结果变量期望的参数模型 $\mu_k(t,x) = \mu_k(t,x;\beta_{tk})$, 其中 $k = t, \cdots, m$, β_{tk} 为未知参数. 对于多值变量 G, 我们可以指定 $\pi_k(x;\theta)$ 为多元逻辑回归模型; 对于连续变量 Y, 我们可以指定 $\mu_k(t,x)$ 为线性回归模型. 定义 $\beta_t = (\beta_{tt}^\top, \cdots, \beta_{tm}^\top)^\top$, 并设 θ° 和 β_t° 为上述两个模型的真参数. 我们首先通过最大似然估计对 θ 进行估计. 具体来说, 观测数据 (T, S, X) 的对数似然函数为

$$l(\theta; T, S, X) = \sum_{i=1}^n \sum_{t=1}^m \left[\mathbb{I}(T_i = t, S_i = 1)\log\left\{ \sum_{k=t}^m \pi_k(X_i;\theta) \right\} \right.$$
$$\left. + \mathbb{I}(T_i = t, S_i = 0)\log\left\{ \sum_{k=0}^{t-1} \pi_k(X_i;\theta) \right\} \right],$$

其中 $\mathbb{I}(\cdot)$ 为示性函数. 我们便可以通过最大似然估计及 EM 算法得到最大似然估计量 $\hat{\theta}$. 然后我们基于 $\hat{\theta}$, 通过构造估计方程来估计 β_t°. 由式 (5.5) 可得

$$\mathbb{E}(Y \mid T = t, S = 1, X = x) = \sum_{k=t}^m \mu_k(t,x)\omega_k(t,x),$$

其中 $\omega_k(t,x) = \mathrm{P}(G=k \mid S=1, T=t, X) = \pi_k(x)/\{\sum_{k=t}^m \pi_k(x)\}$. 根据上式, 我们可以得到如下矩条件: $\mathbb{E}\{H(T,S,X,Y;\theta^\circ, \beta_t^\circ)\} = 0$, 其中

$$H(\cdot) = \mathbb{I}(T=t, S=1)\left\{ Y - \sum_{k=t}^m \mu_k(t,X;\beta_{tk}^\circ)\omega_k(t,X;\theta^\circ) \right\}.$$

因此, 我们可以通过下述估计方程对 β_t° 进行求解:

$$\mathbb{P}_n\{B_t(X;\hat{\theta})H(T,S,X,Y;\hat{\theta}, \beta_t)\} = 0,$$

其中 $B_t(X; \hat{\theta})$ 为任意一个关于 X 的函数向量, 且向量的维数不小于 β_t 的维数. 上述估计方程可以通过广义矩估计法[69] 进行求解. 通过最大似然估计以及广义矩估计分别得到估计量 $\hat{\theta}$ 和 $\hat{\beta}_t$ 之后, 我们便可以得到 $\mu_k(t)$ 的估计量:

$$\hat{\mu}_k(t) = \frac{\mathbb{P}_n\{\pi_k(X; \hat{\theta})\mu_k(t, X; \hat{\beta}_{tk})\}}{\mathbb{P}_n\{\pi_k(X; \hat{\theta})\}}. \tag{5.7}$$

上述估计量在一些正则条件下, 具有 $\sqrt{n}$-相合性和渐近正态性, 其渐近方差可以通过 bootstrap 方法求得[113].

5.2.3　数值模拟

在本节中, 我们进行模拟研究, 以评估所提出估计量的有限样本表现. 我们按照以下步骤分别生成样本量为 $n = 500, 2000, 5000$ 的样本:

(1) 根据下述模型分别生成 T 和 $X = (1, A, V)^\top$:

$$\mathrm{P}(T = t) = 1/m, \ t = 1, \cdots, m; \quad (A, V) \sim N_2\left((1, 1), \begin{bmatrix} 1 & 0.5 \\ 0.5 & 1 \end{bmatrix}\right).$$

(2) 在假设 5.2.2 下, 用多元 Logistic 模型生成 G, 即

$$\pi_k(x; \theta) = \frac{\exp(\theta_k^\top x)}{\sum_{k=1}^m \exp(\theta_k^\top x)}.$$

(3) 通过 G 和 T 生成 S, 当 $G \geqslant T$ 时, 令 $S = 1$; 否则, $S = 0$.

(4) 根据线性模型生成 Y^*, 并当 $S = 1$ 时, 令 $Y = Y^*$:

$$Y^* \mid T = t, G = k, X = x \sim N\left(\beta_{tk}^\top x, 0.5^2\right), \quad t = 1, \cdots, m, \ k \geqslant t.$$

在上述样本生成过程中, 我们考虑 $m = 4$. 对于参数 θ, 我们考虑参数值: $\theta_0 = (0, 0, 0)^\top, \theta_1 = (2, 1, 2)^\top, \theta_2 = (2, 1.2, 1.5)^\top, \theta_3 = (2, 1.4, 2)^\top$ 以及 $\theta_4 = (2, 1.6, 2.5)^\top$. 同时, 对于 β_{tk}, 我们考虑两组参数值. 情形 (I): $\beta_{tk} = (-t+k, 0, 1)^\top$ 使得辅助变量假设 5.2.3 成立; 情形 (II): $\beta_{tk} = (-t+k, 1, 1)^\top$. 在每一组参数值下, 我们重复试验 200 次, 分别使用估计量 (5.7) 对 $\tau_k(1, t_2)$ $(k = 2, 3, 4)$ 进行估计, 通过 200 次重抽样的 bootstrap 方法进行标准误计算. 表 5.2 分别展示了估计量在样本量 $500, 2000, 5000$ 时的偏差、标准误以及 95% 覆盖率.

首先, 我们观察到, 对于每个固定的治疗水平 t_2 和样本量, 关于 $\tau_4(1, t_2)$ 的估计量的表现优于其他参数. 这是因为主分层 $G = 4$ 的占比最大, 从而可以更准确地估计该主分层的比例. 将这一较为精确的估计作为式 (5.7) 中的分母, 可以提升 $\mu_4(t_2)$ 以及 $\tau_4(1, t_2)$ 的估计精度, 从而表现出更小的偏差和方差. 其次, 我们注意到, 对于每个固定的主分层 k 和样本量, 随着治疗水平 t_2 的增加, 估计量 $\hat{\tau}_k(1, t_2)$

的表现有所提升. 最后, 随着样本量的增加, 所有估计量的偏差和标准误均逐渐减小, 同时覆盖率逐渐接近理论值 95%. 这些结果验证了估计量的相合性及其渐近性质.

表 5.2 两种模拟场景中估计量进行 **200** 次重复试验后的偏差、标准误以及 **95%** 覆盖率在不同样本量下的表现, 其中 **NA** 表示参数无定义

	t_1	t_2	样本量	偏差	标准误	95%覆盖率	偏差	标准误	95%覆盖率	偏差	标准误	95%覆盖率
				$k=2$			$k=3$			$k=4$		
			500	−0.41	2.86	0.79	−0.29	2.73	0.76	0.15	1.14	0.87
	1	2	2000	−0.15	1.5	0.88	−0.01	2.23	0.88	0.11	0.86	0.89
			5000	−0.03	1.07	0.94	0.01	1.13	0.95	0.01	0.35	0.94
			500				−0.4	2.52	0.79	0.12	1.04	0.89
情形 (I)	1	3	2000		NA		−0.01	2.02	0.85	0.13	0.83	0.9
			5000				0.01	0.97	0.94	0	0.3	0.93
			500							−0.06	0.95	0.91
	1	4	2000		NA			NA		0.1	0.77	0.91
			5000							0	0.22	0.93
			500	−0.14	2.13	0.8	0.03	2.49	0.8	−0.07	1.06	0.86
	1	2	2000	−0.03	1.45	0.81	0.15	1.31	0.9	−0.05	0.73	0.93
			5000	0.01	0.97	0.91	0.09	0.82	0.91	0	0.27	0.93
			500				−0.08	2.48	0.81	−0.15	0.96	0.91
情形 (II)	1	3	2000		NA		0.08	1.16	0.91	−0.06	0.7	0.93
			5000				−0.04	0.67	0.92	−0.01	0.23	0.93
			500							−0.18	0.88	0.88
	1	4	2000		NA			NA		−0.04	0.68	0.93
			5000							−0.03	0.18	0.95

5.3 观察性研究中含死亡截断结果的因果推断

识别主分层因果效应通常依赖于处理分配的可忽略性假设, 即在给定观测协变量 X 的情况下, 中间变量和结果变量的潜在结果 $Y(1), Y(0), S(1), S(0)$ 与处理变量 T 相互独立. 该假设实质上要求观测协变量能够充分控制处理变量与处理后变量之间所有可能的混杂因素. 然而, 在许多观察性研究中, 可能无法全面收集预处理协变量. 例如, 考虑一个研究不同类型白血病移植治疗方法的情形, 其中处理变量 T 表示治疗方法类型, 中间变量 S 表示患者的生存状态, 结果变量 Y 为复发天数. 这类数据仅在幸存者中可得, 因而属于典型的死亡截断问题. 尽管研究者可能收集了较多的协变量 X, 仍可能存在未被观测但影响患者移植决策及生存状态的因素, 例如基线健康状况和生活方式等. 这些未观测混杂因素的存在可能导致可忽略性假设失效, 从而使主分层分析中的传统方法产生估计偏倚.

当可忽略性假设失效时, 关于主分层因果效应已有一些讨论[48,157,178]. 一些研究者关注在控制观测协变量 X 后, 中间变量的潜在结果 $S(1), S(0)$ 仍与处理变

量 T 相关的情形. 换句话说, 此时处理变量和中间变量均可能受到未观测混杂因素的影响. Schwartz 等 (2012)[157] 提出了基于模型的方法, 用于评估不依从性问题中依从者平均处理效应估计的敏感性. Kédagni (2023)[88] 探讨了类似的问题, 并在不依从性情境下利用代理变量提供了可识别性结果. 在死亡截断问题的背景下, Bartalotti 等 (2023)[11] 指出, 存活组的平均处理效应可以部分识别, 并基于一些假设推导出该参数的严格界限. Deng 等 (2021)[45] 通过引入辅助变量, 在给定观测协变量时识别了存活组的条件平均处理效应. 当未观测混杂因素存在时, 各主分层在人群中的比例在没有额外假设的情况下通常不可识别, 这对进一步识别主分层因果效应提出了挑战. 本节将利用阴性对照变量克服这些限制[114], 首先在混杂因素 U 为二值变量的情况下, 建立主分层因果效应的可识别性, 随后提出一种基于桥函数的方法, 以扩展至更一般的识别性结果.

5.3.1　阴性对照变量与排除性假设

在本小节, 我们假设处理变量 T 是二值的, 感兴趣的因果参数为式 (5.1) 中存活组的平均处理效应 τ_a, 在本节假设单调性 $S(1) \geqslant S(0)$ 成立. 由于存在未观测混杂因素 U, 式 (5.2) 中的可忽略性假设并不成立. 假设下述潜在可忽略性条件成立.

假设 5.3.1　(i) $T \perp\!\!\!\perp G \mid (U, X)$; (ii) $T \perp\!\!\!\perp (Y(1), Y(0)) \mid (G, X)$.

假设 5.3.1 (i) 表明, 我们允许处理变量 T 与中间变量 S 之间, 存在未观测混杂因素, 在文献中也被称作 G-混杂[157]. 假设 5.3.1 (ii) 表明, 中间变量 S 和结果变量 Y 之间的混杂因素可以通过主分层 G 和协变量 X 进行控制, 这也被称作 Y-可忽略性假设. 类似式 (5.3), 当处理变量 T 和中间变量 S 之间存在未知混杂 U 时, 我们有

$$\mu_g(t) = \mathbb{E}\{Y(t) \mid G = g\} = \mathbb{E}\{\mu_{tg}(X)\pi_g(T, X)\}/\mathbb{E}\{\pi_g(T, X)\}, \quad (5.8)$$

其中 $\pi_g(t, X) = \mathrm{P}(G = g \mid T = t, X)$ 表示主分层所占比例, $\mu_{tg}(X) = \mathbb{E}(Y \mid T = t, G = g, X)$ 表示结果在主分层中的条件期望. 为了识别 $\mu_g(t)$, 我们仍然需要识别这两个量. 为此, 我们引入阴性对照变量的思想方法. 假设在可观测的协变量中 X, 存在两个特殊的变量 Z, W, 即 $X = (Z, W, V^\top)^\top$, 满足下面的条件:

假设 5.3.2　$(T, Z) \perp\!\!\!\perp (G, W) \mid (U, V)$.

假设 5.3.2 表明, 在给定主分层 G 和可观测协变量 X 的条件下, 随机变量 Z 是一个阴性对照处理变量, 而 W 是一个阴性对照结果变量. 该假设要求研究者将观测协变量分为以下三类: (i) 处理变量 T 和分层变量 S 的共同原因 V; (ii) 与处理变量 T 相关的混杂代理变量 Z; (iii) 与中间变量 S 相关的混杂代理变量 W. 类型 (ii) 的代理变量 Z 是处理变量 T 的潜在原因, 其与中间变量 S 的关联仅通过未观测混杂因素 U 实现; 而类型 (iii) 的代理变量 W 是中间变量 S 的潜在原因,

其与处理变量 T 的关联同样仅通过未观测混杂因素 U 实现. 在观察性研究中, 代理变量 Z 和 W 十分常见. 例如, 有效的工具变量可以作为代理变量 Z; 事实上, 即使工具变量的独立性假设不完全成立, 它们仍可以作为有效的代理变量. 同样地, 中间变量 S 的额外辅助测量也可以用作代理变量 W. 注意到假设 5.3.2 是假设 5.3.1 (i) 的一个加强版本. 两者均说明随机化试验假设 5.2.1 不成立, 即处理变量 T 与中间变量 S 之间存在未观测混杂因素 U. 在之后的讨论中, 我们采用假设 5.3.2. 然而, 仅靠这个假设仍不足以非参数地识别 $\mu_{tg}(X)$. 为此, 我们施加以下条件独立性条件, 即在给定主分层变量 G 和观测协变量 V 的情况下, 阴性对照变量与潜在结果之间条件独立.

假设 5.3.3 $(T, Z, W) \perp\!\!\!\perp (Y(1), Y(0)) \mid (G, V)$.

在假设 5.3.3 下, 随机变量 Z 和 W 也可以视为主分层 G 的两个代理变量, 类似于传统的工具变量, 它们不会直接影响结果变量 Y. 在单调性假设下, 我们可以通过观测数据检验条件独立性 $(Z, W) \perp\!\!\!\perp Y \mid (T = 0, S = 1, V)$ 是否成立, 以此对假设 5.3.3 进行证伪. 以下通过例子进一步解释假设 5.3.2 和假设 5.3.3. 假如我们正在评估一种新型化疗药物 T 对肺癌患者长期生活质量 Y 的影响. 在实际研究中, 由于部分肺癌患者可能在研究期间死亡, 研究者只能收集幸存者 $(S = 1)$ 的结局数据. 在这种情况下, 主分层 $G = (S(0), S(1))$ 表示患者的潜在生存状态, 其中 $G = (1, 1)$ 表示无论是否接受治疗都能存活的患者, 通常代表身体状况较好; 而 $G = (0, 0)$ 表示无论是否接受治疗都无法存活的患者, 通常代表身体状况较差. 在这项临床研究中, 研究者可能记录了一些生理指标, 如血清白蛋白水平. 这些指标反映了不同化疗方案下的生物标志物效应, 它们不应直接影响死亡. 因此, 血清白蛋白水平可以被视为阴性对照处理变量 Z. 此外, 研究者可能还记录了其他生理指标, 如基因变异或病理标志物 (例如肿瘤标记物或炎症标记物), 这些指标可能直接影响患者的身体状况 G, 但不应直接影响化疗药物 T 的选择. 因此, 这些指标可以作为阴性对照结果变量 W. 在该研究背景下, 患者的死亡完全由接受的化疗方案 T 和身体状况 G 决定. 由于血清白蛋白水平 Z 和基因变异 W 主要反映患者的生存状态信息, 它们不应直接影响主观生活质量 Y, 而是通过治疗变量 T 和主分层 G 间接影响生活质量, 从而支持假设 5.3.3.

5.3.2 存活组因果效应的识别 (二值情况)

在本小节中, 我们先考虑随机变量 Z, W, U 均为二值的情况, 5.3.3 小节将考虑一般情况. 由于协变量 V 并不影响识别结果, 为了简便, 我们在本小节的推导将省略协变量 V.

我们先考虑识别各个主分层在人群所占比例. 为简化记号, 对于任意的二值随机变量 $A \in \{a_1, a_2\}, B \in \{b_1, b_2\}$, 我们令 $\mathrm{P}(B \mid a) = \{\mathrm{P}(b_1 \mid a), \mathrm{P}(b_2 \mid a)\}^{\top}$

表示列向量, 令 $P(B = b \mid A) = \{P(b \mid a_1), P(b \mid a_2)\}$ 表示行向量, 令 $P(B \mid A) = \{P(B \mid a_1), P(B \mid a_2)\}$ 表示矩阵. 根据假设 5.3.2 和假设 5.3.3, 我们有 $(T, Z) \perp\!\!\!\perp (S(1), S(0)) \mid U$ 和 $W \perp\!\!\!\perp (T, Z) \mid U$. 因此, 对于二值变量 $Z \in \{z_0, z_1\}$, $W \in \{w_0, w_1\}$, $U \in \{u_0, u_1\}$ 以及 $t \in \{0, 1\}$, 我们有

$$P(S = s \mid Z, t) = P(S(t) = t \mid U)P(U \mid Z, t), \tag{5.9}$$

$$P(W \mid Z, t) = P(W \mid U)P(U \mid Z, t). \tag{5.10}$$

假设下述矩阵满秩条件成立: 对于 $t \in \{0, 1\}$, 矩阵 $P(W \mid Z, t)$ 可逆. 由于满秩条件仅与 (W, Z, T) 有关, 故可以通过观测数据进行检验. 本质上, 该假设要求在 T 的每个水平上, Z 与 W 具有相关性, 同时确保了等式 (5.10) 右侧矩阵 $P(W \mid U)$ 和 $P(U \mid Z, t)$ 的可逆性. 在满秩条件成立下, 根据式 (5.9) 和式 (5.10), 我们可以得到

$$P(S(t) = s \mid U) = P(S = s \mid Z, t)P(W \mid Z, t)^{-1}P(W \mid U). \tag{5.11}$$

对于任意的 $Z = z^*, T = t^*$, 同时在等式 (5.11) 两侧乘上 $P(U \mid z^*, t^*)$ 可得

$$P(S(t) = t \mid z^*, t^*) = \frac{\{P(w_0 \mid z^*, t^*) - P(w_0 \mid z_1, t)\}P(S = s \mid z_0, t)}{P(w_0 \mid z_0, t) - P(w_0 \mid z_1, t)}$$
$$+ \frac{\{P(w_0 \mid z_0, t) - P(w_0 \mid z^*, t^*)\}P(S = s \mid z_1, t)}{P(w_0 \mid z_0, t) - P(w_0 \mid z_1, t)}.$$

在单调性假设成立的情况下, 我们可以得到

$$P(G = a \mid z^*, t^*) = P(S(0) = 1 \mid z^*, t^*),$$
$$P(G = n \mid z^*, t^*) = P(S(1) = 0 \mid z^*, t^*), \tag{5.12}$$
$$P(G = c \mid z^*, t^*) = P(S(1) = 1 \mid z^*, t^*) - P(S(0) = 1 \mid z^*, t^*).$$

由于 $P(S(t) = 1 \mid z^*, t^*)$ 对于任意的 z^*, t^* 可识别, 则主分层所占比例可识别.

　　接下来, 我们考虑结果在主分层中的期望这部分的识别性. 从假设 5.3.3 可以得到 $Z \perp\!\!\!\perp Y \mid (G, W, T)$. 这意味着随机变量 Z 其实就是我们 5.1 节所介绍的辅助变量. 因此

$$\mathbb{E}(Y \mid T = S = 1, Z = z_0) = \sum_{g=a,c} \mathbb{E}(Y \mid T = 1, G = g)\eta_{1g}(z_0),$$

$$\mathbb{E}(Y \mid T = S = 1, Z = z_1) = \sum_{g=a,c} \mathbb{E}(Y \mid T = 1, G = g)\eta_{1g}(z_1),$$

其中, $\eta_{tg}(z) = \mathrm{P}(G = g \mid T = t, Z = z)$ $(t = 0,1)$ 已被证明可识别. 因此, 我们只需要下述条件成立:

$$\eta_{1c}(z_0)\eta_{1a}(z_1) \neq \eta_{1a}(z_0)\eta_{1c}(z_1), \tag{5.13}$$

即可识别 $\mathbb{E}(Y \mid T = 1, G = c)$ 和 $\mathbb{E}(Y \mid T = 1, G = a)$. 同理, 可以识别 $\mathbb{E}(Y \mid T = 0, G = a)$. 结合以上信息可得存活组平均处理效应 τ_a 的识别性.

5.3.3 存活组因果效应的识别 (一般情况)

在 5.3.2 小节中, 我们讨论了未知混杂为二值的情况, 推理过程在其他离散情况仍旧成立. 但是在一般的研究中, 未知混杂因素可能是连续的, 在本小节我们将方法拓展到更一般的情况.

假设 5.3.4 (i) 对于任意的 (t,v) 以及平方可积函数 $q(\cdot)$, $\mathbb{E}\{q(U) \mid Z, t, v\}$ 成立当且仅当 $q(U) = 0$ 几乎处处成立.

(ii) 对于任意的 (t,v) 以及平方可积函数 $q(\cdot)$, $\mathbb{E}\{q(Z) \mid W, z, v\} = 0$ 当且仅当 $q(Z) = 0$ 几乎处处成立.

上述假设是完备性条件, 其中假设 5.3.4 (i) 要求 Z 的类别数量至少与 U 的类别数量相同, 即作为代理的 Z 所含信息必须多于未知混杂 U 的信息. 假设 5.3.4 (ii) 要求类似, 且保证了下述方程解的存在性, 即对于任意 (t,v), 存在桥函数 $h(t,w,v)$ 是下述方程的解:

$$\mathrm{P}(S = 1 \mid t, Z, v) = \mathbb{E}\{h(t, W, v) \mid t, Z, v\}. \tag{5.14}$$

式 (5.14) 引入了一个桥函数, 将阴性对照结果变量 W 与中间变量 S 连接起来. 在该桥函数的帮助下, 我们可以得到以下识别结果.

定理 5.3.1 若单调性假设 $S(1) \geqslant S(0)$、假设 5.3.2 和假设 5.3.4 均成立, 对于任意的 (t,z,v), 可以得到

$$\mathrm{P}(G = a \mid t, z, v) = \mathbb{E}\{h(0, W, v) \mid t, z, v\},$$
$$\mathrm{P}(G = n \mid t, z, v) = 1 - \mathbb{E}\{h(1, W, v) \mid t, z, v\}, \tag{5.15}$$
$$\mathrm{P}(G = c \mid t, z, v) = \mathbb{E}\{h(1, W, v) \mid t, z, v\} - \mathbb{E}\{h(0, W, v) \mid t, z, v\}.$$

进一步, 在假设 5.3.3 成立下, 若

$$\{\eta_{0c}(Z,v), \eta_{0n}(Z,v)\}^\top \text{线性独立},$$
$$\{\eta_{1c}(Z,v), \eta_{1a}(Z,v)\}^\top \text{线性独立}, \tag{5.16}$$

那么存活组平均处理效应 τ_a 可识别.

定理 5.3.1 中的识别式 (5.15) 建立了混杂桥函数与给定观测变量 (T, Z, V) 的主分层比例之间的联系. 式 (5.15) 和式 (5.16) 将式 (5.12) 和式 (5.13) 推广到一般情况. 条件 (5.16) 本质上要求阴性对照处理变量 Z 与主分层 G 之间存在关联. 根据式 (5.15) 识别的主分层比例 $\pi_g(t, Z, v)$, (5.16) 中的线性独立性条件可以基于观测数据进行检验.

5.3.4　估计方法

在本节中, 我们将基于前面所述的识别方法, 通过参数模型的方法估计存活组平均处理效应. 分别用模型 $h(T, W, V; \alpha)$, $f(W \mid T, Z, V; \beta)$, $\mu_{tg}(V; \theta_{tg})$ 作为桥函数、阴性对照结果以及结果回归的工作模型. 在上述参数模型下, 我们按照以下几步进行估计:

(1) 通过下述估计方程来得到估计量 $\hat{\alpha}$:

$$\mathbb{P}_n\left[\{S - h(T, W, V; \hat{\alpha})\}B_1(T, Z, V)\right] = 0,$$

其中 $B_1(T, Z, V)$ 为用户指定的维数不小于 α 的向量函数.

(2) 通过最大似然估计得到 $\hat{\beta}$. 对于任意的 (t, z, v), 我们可以得到各个主分层所占比例为

$$\pi_a(t, z, v; \hat{\alpha}, \hat{\beta}) = D^{-1}\sum_{d=1}^{D} h(t, \tilde{W}_d, v; \hat{\alpha}),$$

$$\pi_n(t, z, v; \hat{\alpha}, \hat{\beta}) = 1 - D^{-1}\sum_{d=1}^{D} h(t, \tilde{W}_d, v; \hat{\alpha}),$$

$$\pi_c(t, z, v; \hat{\alpha}, \hat{\beta}) = 1 - \pi_a(t, z, v; \hat{\alpha}, \hat{\beta}) - \pi_n(t, z, v; \hat{\alpha}, \hat{\beta}),$$

其中 $\{\tilde{W}_d : d = 1, \cdots, D\}$ 为 D 个从阴性对照结果模型 $f(W \mid t, z, v; \hat{\beta})$ 中独立抽出的观测值. 进一步, 我们可以得到

$$\eta_{1g}(z, v; \hat{\alpha}, \hat{\beta}) = \frac{\pi_g(t, z, v; \hat{\alpha}, \hat{\beta})}{\pi_a(t, z, v; \hat{\alpha}, \hat{\beta}) + \pi_c(t, z, v; \hat{\alpha}, \hat{\beta})}, \quad \text{其中} \quad g \in \{a, c\},$$

$$\eta_{0g}(z, v; \hat{\alpha}, \hat{\beta}) = \frac{\pi_g(t, z, v; \hat{\alpha}, \hat{\beta})}{\pi_n(t, z, v; \hat{\alpha}, \hat{\beta}) + \pi_c(t, z, v; \hat{\alpha}, \hat{\beta})}, \quad \text{其中} \quad g \in \{n, c\}.$$

(3) 通过下述估计方程得到估计量 $(\hat{\theta}_{1c}^\top, \hat{\theta}_{1a}^\top)^\top$:

$$\mathbb{P}_n\left[B_2(Z, V)\mathbb{I}(T = 1, S = 1)\left\{Y - \sum_{g=a,c} \eta_{1g}(Z, V; \hat{\alpha}, \hat{\beta})\mu_{1g}(V; \hat{\theta}_{1g})\right\}\right] = 0,$$

其中 $B_2(Z,V)$ 分别为维数不小于参数 $(\theta_{1c}^\top, \theta_{1a}^\top)^\top$ 的任意函数向量. 同样地, 我们可以通过下述估计方程得到估计量 $\hat{\theta}_{0a}$:

$$\mathbb{P}_n\big[\mathbb{I}(T=0,S=1)B_3(Z,V)\{Y-\mu_{0a}(V;\hat{\theta}_{0a})\}\big]=0,$$

其中 $B_3(Z,V)$ 为维数不小于参数 θ_{0a} 的任意函数向量. 最后, 根据识别表达式 (5.8), 得到存活组平均处理效应的估计量:

$$\hat{\tau}_a = \frac{\mathbb{P}_n\{\mu_{1a}(V;\hat{\theta}_{1a})\pi_g(T,Z,V;\hat{\alpha},\hat{\beta})\}}{\mathbb{P}_n\{\pi_a(T,Z,V;\hat{\alpha},\hat{\beta})\}} - \frac{\mathbb{P}_n\{\mu_{0a}(V;\hat{\theta}_{0a})\pi_a(T,Z,V;\hat{\alpha},\hat{\beta})\}}{\mathbb{P}_n\{\pi_a(T,Z,V;\hat{\alpha},\hat{\beta})\}}.$$

在一些正则条件下, 由 M-估计理论可知, $\hat{\tau}_a$ 具有相合性以及渐近正态性, 这里不做赘述.

5.4 应 用 实 例

5.4.1 幼鼠发育毒理学试验

在本小节中, 我们将 5.2 节提出的方法应用于美国国家毒理学项目开展的三氧化二锑发育毒理学试验的真实数据集. 在此试验中, 研究人员使用三氧化二锑研究其对幼鼠的毒性影响, 幼鼠被暴露于不同剂量的三氧化二锑, 通常通过吸入方式进行, 以观察其对生长和发育指标 (如出生体重、体重增长、生殖能力和存活率) 的影响. 试验的目标是确定不同剂量下三氧化二锑的致畸性或生殖毒性, 以及对存活和发育的长期影响. 在该试验中, 幼鼠被随机分配接受四种不同剂量水平的三氧化二锑气溶胶全身吸入暴露, 剂量分别为 0 mg/m³, 3 mg/m³, 10 mg/m³ 和 30 mg/m³. 每只幼鼠的数据包括性别 (公/母)、物种 (大鼠/小鼠)、每周的体重 (为期 2 年) 以及生存状态. 假设第一周的体重不受暴露剂量的影响, 因此将第一周的体重视为基线体重.

在我们的分析中, 毒素剂量水平被视为不同的处理组 T, 其取值为 $1,2,3,4$, 分别对应从低到高的剂量水平, 例如 $T=1$ 表示零剂量水平组或对照组. 定义 $S=1$ 表示幼鼠在接受处理后 2 年内存活, $S=0$ 表示 2 年内未能存活. 结果变量 Y 被定义为存活幼鼠 2 年末的对数体重与其基线对数体重之间的差值. 因此, 对于在 2 年内死亡的幼鼠, 结果 Y 是未定义的. 研究目标是评估毒素水平对幼鼠体重的因果效应. 通过简单的描述性统计分析发现, 随着毒素水平的增加, 幼鼠的存活率下降, 这与单调性假设 5.2.2 不矛盾, 我们因此在单调性假设下分析该数据集. 我们估计了各主分层在人群中的比例及其对应的置信区间, 结果如表 5.3 所示. 结果显示, 无论毒素水平如何, 约 28% 的幼鼠始终会死亡, 34% 的幼鼠始终存活, 而剩余 38% 的幼鼠的存活状态受到毒素水平的影响.

表 5.3　主分层所占比例的估计值以及 95% 置信区间

所占比例	$k = 0$	$k = 1$	$k = 2$	$k = 3$	$k = 4$
π_k	0.28 (0.23, 0.33)	0.07 (0.00, 0.14)	0.11 (0.02, 0.20)	0.20 (0.10, 0.30)	0.34 (0.27, 0.41)

我们进一步关注在始终存活组内比较每个处理水平与对照组的平均因果效应, 即 $\tau_4(t_1, t_2)$, 其中 $t_1 = 2, 3, 4$, $t_2 = 1$. 具体分析包括以下三种情形:

(i) 辅助变量假设 5.2.3 成立;

(ii) 使用线性模型 (5.6);

(iii) 不使用辅助变量假设 5.2.3 或线性模型 (5.6).

在情形 (i) 中, 我们选择基线体重的对数作为辅助变量 A, 并将其他协变量设为 V. 由于结果变量 Y 表示与基线体重的差异, 可能不再受基线体重 A 的直接影响. 这种辅助变量的选择方法已在许多研究中被应用[47,193]. 在该情形下, 我们假设结果 Y 对于协变量 V 满足线性模型. 在情形 (ii) 中, 我们使用 A 和 V 对结果 Y 建模, 假设其满足线性模型. 对于上述两种模型, 我们使用提出的方法进行估计, 包括基于最大似然方法和广义矩估计. 这两种方法均依赖于对未知参数的优化, 而优化过程的收敛性可能受到初始值的影响. 因此, 我们选取了 10000 个不同的初始值进行优化, 并计算每个估计量及其对应的方差. 结果表明, 方差接近最小值的估计量彼此非常接近, 显示出良好的收敛性和稳定性; 而方差较大的估计量表现出不稳定性. 因此, 我们选择方差最小的估计量作为最终结果, 并基于此估计量计算存活组平均处理效应的 95% 置信区间. 在情形 (iii) 中, 当去除识别条件时, 我们分别估计了在有无协变量调整情况下主分层因果效应的上下界. 结果如表 5.4 所示.

表 5.4　在不同假设下, 主分层平均处理效应 $\tau_4(t_1, t_2)$ 的估计以及上下界

方法	$t_1 = 2,\ t_2 = 1$	$t_1 = 3,\ t_2 = 1$	$t_1 = 4,\ t_2 = 1$
	估计值 (置信区间)		
辅助变量法	−0.04 (−0.24, 0.15)	−0.10 (−0.26, 0.06)	−0.36 (−0.51, −0.21)
线性模型	−0.05 (−0.19, 0.09)	−0.08 (−0.19, 0.03)	−0.29 (−0.40, −0.19)
	上下界		
未调整的界	(−0.46, 0.36)	(−0.50, 0.26)	(−0.45, −0.01)
调整后的界	(−0.37, 0.23)	(−0.40, 0.15)	(−0.39, −0.11)

表 5.4 显示, 在情形 (i) 和 (ii) 中, 所提出的方法产生了相似的结果. 这两个情形的点估计符号一致, 且估计值接近. 通过比较 95% 置信区间, 我们发现, 当使用包含所有协变量的线性模型作为工作模型时, 置信区间更窄. 这些结果表明, 对于始终存活的小鼠, 如果暴露于最高水平的毒素 (30 mg/m³), 其体重显著低于未接触毒素的情况. 而对于暴露于中等毒素水平 (3 或 10 mg/m³) 的个体, 几乎没有证据表明这些毒素对其体重有显著影响. 表 5.4 中的上下界结果进一步支持了这

一发现. 例如, 由于 $\tau_4(2,1)$ 和 $\tau_4(3,1)$ 的置信区间均包含零, 较低毒素水平对幼鼠体重的因果效应不显著. 同时, 与未调整协变量的上下界相比, 调整一个二值协变量 (即物种) 获得了更窄的边界. 总之, 较低水平的三氧化二锑 (例如 3 mg/m³) 对幼鼠的体重影响不大, 但较高水平的三氧化二锑 (例如 30 mg/m³) 会显著降低幼鼠体重.

5.4.2 白血病干细胞移植

配型兄弟姐妹供者移植和半相合造血干细胞移植是治疗恶性血液疾病的两种主要造血干细胞移植方法. 前者利用患者与完全匹配的兄弟姐妹供者在人类白细胞抗原上的相容性, 最大限度地降低移植物抗宿主病的风险, 同时提高移植的成功率, 但其主要局限在于并非所有患者都能找到完全匹配的供者. 相比之下, 半相合造血干细胞移植使用与患者白细胞抗原部分匹配的直系亲属 (通常为父母或子女) 作为供者, 使更多患者能够接受造血干细胞移植. 这种方法在供者资源有限的情况下具有特别优势, 但其潜在风险可能较高, 尤其是对于移植后免疫重建的要求更为严格. 因此, 如何根据患者具体的疾病特点和身体情况, 综合评估选择移植方案是十分重要的. 在本小节中, 我们将探讨两种移植方案对于白血病患者复发时间的影响.

我们利用 5.3 节中提出的方法, 分析了北京大学人民医院 2009 年至 2017 年间 1161 名白血病患者的数据. 在分析中, 当患者接受人类白细胞抗原匹配的同胞供体移植时, 定义 $T = 1$; 当患者接受半相合造血干细胞移植时, 定义 $T = 0$. 若患者在移植后一年半内死亡, 定义 $S = 0$; 若存活超过一年半, 定义 $S = 1$. 结果变量 Y 表示存活超过一年半的患者的复发天数, 并对其进行对数变换. 正如之前所述, 在死亡截断问题中, 唯一有意义的因果参数是存活组的平均处理效应 τ_a. 因此, 我们将重点评估 τ_a 和患者的依从性.

在分析中, 基线协变量 $X = (X_1, \cdots, X_8)$, 包括: X_1 为供者性别 (0 代表女性, 1 代表男性); X_2 为患者年龄; X_3 为患者性别; X_4 为供者与患者的关系 (包括父亲与孩子、母亲与孩子、兄弟姐妹、子女与父母、其他); X_5 为供者和患者之间的血型关系 (包括匹配、主要不匹配、次要不匹配、双向不匹配); X_6 为疾病诊断; X_7 为从诊断到移植的时间; X_8 为移植前的最小残留病水平. 表 5.5 总结了不同亚群的描述性统计数据. 分析显示某些协变量的均值存在显著差异, 例如从诊断到移植的时间、疾病诊断类型和最小残留病水平.

我们选择将从诊断到移植的时间 X_7 作为阴性对照处理变量 Z, 因为这一变量可能反映了患者在选择移植类型时的考量. 该变量可能会影响移植类型 T, 但通常不会直接影响生存状态 S. 同时, 我们选择最小残留病水平 X_8 作为阴性对照结果变量 W, 因为这一变量对生存状态 S 有重要影响, 但对移植类型 T 可能没有直接影响. 我们认为最小残留病水平间接反映了患者的身体状况, 因此可以作为未观测混杂因素的代理变量. 从表 5.5 可以看出, 阴性对照处理变量 Z (从诊断到移植时间) 在不同移植方案 ($T = 0$ 和 $T = 1$) 之间存在显著差异. 同样, 阴性对照结果变量 W(最小残留病水平) 在不同生存状态 ($S = 0$ 和 $S = 1$) 之间也表现出明显差异. 这些观察结果支持了我们对 Z 和 W 的选择依据. 其余的协变量则记为 $V = (X_1, \cdots, X_6)$, 用于进一步分析.

表 5.5　描述性统计结果, NA 表示结果变量无定义

	$T = 0, S = 0$	$T = 1, S = 0$	$T = 0, S = 1$	$T = 1, S = 1$
供者性别	0.70 (0.46)	0.47 (0.50)	0.71 (0.46)	0.44 (0.50)
年龄	24.88 (11.98)	35.09 (12.50)	25.64 (11.61)	33.09 (12.75)
患者性别	0.60 (0.49)	0.71 (0.46)	0.61 (0.49)	0.54 (0.50)
患者供者关系	2.06 (1.15)	2.96 (0.27)	2.09 (1.19)	2.95 (0.29)
血型关系	1.72 (0.92)	1.62 (0.91)	1.73 (0.93)	1.77 (0.98)
疾病诊断	56.85 (48.8)	54.44 (45.09)	57.58 (47.25)	61.38 (44.7)
移植时间	10.06 (11.46)	8.19 (9.30)	9.12 (14.03)	7.74 (7.81)
最小残留病水平	0.34 (1.30)	0.18 (0.57)	0.10 (0.51)	0.11 (0.77)
对数复发天数	NA	NA	7.40 (0.63)	7.45 (0.62)

我们使用提出的估计方法对该数据集进行了分析, 估计了存活组的平均处理效应 τ_a 以及主分层的比例, 并计算了它们的 95% 置信区间, 结果见表 5.6. 分析结果显示, 无论采用何种移植类型, 70% 的患者能够存活, 23% 的患者会死亡; 其余 7% 的患者的生存状态将在一年半内受到移植类型的影响. 存活组的平均处理效应 τ_a 的点估计值为 -2.18, 且其 95% 置信区间包含零. 这表明, 在移植后一年半内, 对于始终存活的患者而言, 配型兄弟姐妹供者移植与半相合造血干细胞移植两种治疗方式在复发时间上无显著差异.

表 5.6　存活组的平均处理效应和主分层所占比例的估计及 95% 置信区间

	τ_a	π_a	π_c	π_n
估计值	-2.18 (-13.04, 8.69)	0.70 (0.66, 0.73)	0.23 (0.19, 0.28)	0.07 (0.03, 0.11)

5.5　本章小结

主分层方法是因果推断的重要工具, 尤其在生物医学领域中, 如不依从性问题和死亡截断问题, 具有重要的应用价值. 本章重点探讨了多臂试验和存在未观测混杂情况下死亡截断问题的识别与估计问题. 我们首先回顾了主分层框架的基本概念, 介绍了常用的假设 (如随机化假设和单调性假设) 以及主分层因果效应的常见识别方法. 随后, 基于辅助变量法, 我们研究了多臂试验及违反随机化假设情况下的存活组的平均处理效应的识别性, 并提出了相应的估计方法. 尽管本章涵盖了几种主分层方法, 这一领域还有许多其他值得探索的地方. 例如, 大多数现有主分层方法依赖单调性假设, 而开发不依赖单调性假设的方法是一项有意义的研究方向. 此外, 工具变量法作为解决未知混杂问题的有力工具, 其在处理违反随机化假设情形中的应用也值得进一步研究.

第 6 章　含缺失数据的因果中介分析

在前几章的讨论中, 我们主要关注的是暴露、治疗或干预对感兴趣结果的平均总因果效应, 这是流行病学和社会科学中随机试验及观察性研究的常见研究目标. 然而, 平均因果效应并不能揭示效应产生的具体机制, 即暴露与结果之间的因果路径往往未知. 例如, 在一项研究不同土壤熏蒸剂对危害农作物的水螅的随机试验中[32], 研究人员观察到土壤熏蒸剂能够提高燕麦产量. 然而, 我们不仅希望了解土壤熏蒸剂对燕麦产量的影响, 更希望确定水螅数量减少是否是其中的中介现象, 即土壤熏蒸剂是否通过减少水螅数量间接提升了燕麦的产量.

事实上, 在众多领域的研究中, 研究人员不仅关注因果效应本身, 更希望理解因果机制, 因为不同的科学理论可能隐含着相同因果关系背后的不同因果路径. 因果中介分析 (Causal Mediation Analysis) 是一种能够深入挖掘因果机制的方法, 其核心目标是通过考察中介变量在处理与结果之间的作用, 揭示潜在的因果路径. Robins 和 Greenland (1992)[141] 系统性提出了因果中介分析框架. 该框架通过控制中介变量, 把处理效应分解为直接效应与间接效应之和, 为理解复杂因果过程提供了新视角. 因果中介分析的重要性在于, 它不仅能够量化中介变量在总效应中所占的比例, 还能增强我们对因果关系的理解. 随着因果推断方法的发展, 中介分析已成为流行病学、心理学、社会学和生物统计学等多个领域不可或缺的研究工具. 通过精确识别和估计直接效应与间接效应, 研究者可以更全面地理解因果路径的作用机制.

然而, 在实际应用中, 因果中介分析经常面临数据缺失的挑战, 尤其是在流行病学、心理学和社会学研究中. 这种数据缺失往往并非随机发生, 其缺失机制可能与研究中的敏感性问题密切相关. 例如, 与个人隐私相关的信息 (包括生活方式、心理健康状况、社会经济地位等) 可能因隐私顾虑或社会期望偏差而未能被完整收集. 这些缺失变量有时是因果中介分析中的关键变量. 例如, 在临床试验中, 最终结果变量常因失访等原因缺失; 在观察性研究中, 协变量数据也可能因隐私等多种原因缺失. 因此, 在中介分析中处理缺失数据, 特别是非随机缺失数据, 既是统计方法的重要挑战, 也是确保研究结果科学性和有效性的关键环节.

本章从中介分析的起源展开讨论, 首先在 6.1 节介绍因果中介分析的基础理论, 详细阐述其识别条件, 并提供相应的估计和推断方法; 在 6.2 节探讨当结果变量存在数据缺失时, 中介效应的识别、估计和推断策略; 在 6.3 节提出针对协变量存在非随机缺失的情形, 利用影子变量方法解决识别和估计问题; 最后在 6.4 节通过两个实际数据应用的案例解释所提方法.

6.1 因果中介分析简介

6.1.1 因果中介作用的定义和识别

在因果路径中, 中介变量位于处理变量和结果变量之间, 因此, 中介变量一般需要在处理发生之后、结果发生之前测量. 在讨论感兴趣的因果参数之前, 我们首先明确本章所需的符号和相关定义. 假设样本量为 n 的随机样本, 沿用前几章的记号, 用 T_i、Y_i 和 X_i 分别表示处理变量、结果变量和可观测协变量, 并用 M_i 表示感兴趣的中介变量. 分别用 $\mathcal{M}$、$\mathcal{X}$、$\mathcal{Y}$ 表示 M_i, X_i, Y_i 的支撑集. 为简化符号表示, 在下文中省略样本的下标 i, 即观测数据可以简化为 $O = (T, M, Y, X)$. 中介分析中变量之间的关系可以通过图 6.1 所示的有向无环图展示.

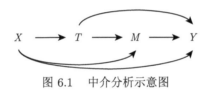

图 6.1 中介分析示意图

为了量化中介效应的大小, Baron 和 Kenny (1986)[10] 提出了一个基于线性结构方程模型 (Linear Structural Equation Model, LSEM) 的中介分析框架, 该模型由以下方程构成

$$Y = \alpha_1 + \beta_1 T + \epsilon_1, \tag{6.1}$$

$$M = \alpha_2 + \beta_2 T + \epsilon_2, \tag{6.2}$$

$$Y = \alpha_3 + \beta_3 T + \gamma M + \epsilon_3, \tag{6.3}$$

这里展示的是 Baron 和 Kenny (1986)[10] 的原始模型, 实际上, 协变量 X 可以作为每个方程的回归项加入. 模型(6.1)表示 T 对 Y 的总作用; 模型(6.2)表示 T 对 M 的作用; 模型(6.3)一方面表示 M 对 Y 有因果作用, 从而建立 $T \to M \to Y$ 的因果路径; 另一方面表示 T 可能通过其他途径独立影响 Y. 在这个模型下, Baron 和 Kenny (1986)[10] 定义参数 β_1 为 T 对 Y 的总效应, β_3 为 T 对 Y 的直接效应, $\beta_2 \gamma$ 为 T 对 Y(经由 M 介导) 的间接效应. 显然三者存在如下关系: $\beta_1 = \beta_3 + \beta_2 \gamma$. 在 LSEM 假设下, Baron 和 Kenny (1986)[10] 提出一整套中介作用的检验流程, 他们认为可以通过分别拟合三个线性回归模型并检验处理 T 的系数来检验中介效应的存在.

为了放松参数模型的假设, Robins和Greenland (1992)[141]以及Pearl (2001)[133]引入潜在结果框架来定义中介效应. 令 $M(t)$ 表示在处理状态 $T = t$ 时, 中介变量的潜在取值. 类似地, 用 $Y(t, m)$ 表示在 $T = t$ 和 $M = m$ 的状态下, 结果变量的潜在取值. 可观测到的变量为 $M = M(T)$ 和 $Y = Y(T, M(T))$. 在这一框架下, 处理状态为 t 时的平均因果中介效应 $\delta(t)$ 定义为

$$\delta(t) \triangleq \mathbb{E}\{Y(t, M(1)) - Y(t, M(0))\},$$

其中 $t = 0, 1$. Pearl (2001) [133] 称 $\delta(t)$ 为自然间接效应 (Natural Indirect Effect, NIE), 它表示在处理状态固定为 t, 而中介变量对应的处理状态变化时, 潜在结果的差异. 如第 1 章所述, 处理对结果的平均因果效应定义为 $\tau = \mathbb{E}\{Y(1) - Y(0)\}$, 一般称为平均总因果效应 (Total Effect, TE). 由于 $Y(t) = Y(t, M(t))$, 因果中介效应和总因果效应有如下关系:

$$\tau = \delta(t) + \xi(1 - t), \tag{6.4}$$

其中 $\xi(t) = \mathbb{E}\{Y(1, M(t)) - Y(0, M(t))\}$, $t = 0, 1$. 一般称 $\xi(t)$ 为自然直接效应 (Natural Direct Effect, NDE), 它表示当中介变量的取值不变时, 处理对结果的因果效应. 从式(6.4)可以看出, 总因果效应可以分解成一种处理状态下的中介效应与另一种处理状态下的直接效应之和.

识别这些因果效应需要引入一些假设, 目前广泛使用的识别性假设是 Imai 等 (2010) [78] 提出的如下序贯可忽略性假定.

假设 6.1.1　　对于 $t, t' = 0, 1$ 和所有 $x \in \mathcal{X}$, 假设下述两个条件成立:

(i) $\{Y(t', m), M(t)\} \perp\!\!\!\perp T \mid X = x$; (ii) $Y(t', m) \perp\!\!\!\perp M(t) \mid T = t, X = x$.

此外, 假设 $0 < \mathrm{P}(T = t \mid X = x)$, $0 < \mathrm{P}(M = m \mid T = t, X = x)$ 对 $t = 0, 1$ 和所有 $x \in \mathcal{X}, m \in \mathcal{M}$ 都成立.

假设 6.1.1(i) 要求给定处理前协变量 X 后, 处理变量是可忽略的; 假设 6.1.1(ii) 要求给定处理 T 和处理前协变量 X 的观测值后, 中介变量是可忽略的. 这意味着在处理与中介、处理与结果以及中介与结果之间不存在未观测混杂. 在假设 6.1.1 下, 自然间接和直接效应可以通过观测数据识别, 其表达式如下:

$$\delta(t) = \mathbb{E}\big[\mathbb{E}\{\mathbb{E}(Y \mid M, T = t, X) \mid T = 1, X\}$$
$$\qquad - \mathbb{E}\{\mathbb{E}(Y \mid M, T = t, X) \mid T = 0, X\}\big], \tag{6.5}$$
$$\xi(t) = \mathbb{E}\big[\mathbb{E}\{\mathbb{E}(Y \mid M, T = 1, X) - \mathbb{E}(Y \mid M, T = 0, X) \mid T = t, X\}\big].$$

序贯可忽略性假设在中介分析中起到关键作用, 它使得研究者能够利用观测数据推断潜在的因果路径. 然而, 这些假设在实际应用中可能难以完全满足, 一些研究

给出了敏感性分析方法, 用以评估分析结果的稳健性. 此外, 式(6.5) 中的识别表达式具有广泛的适用性, 可以推广到其他处理机制 (如连续处理变量) 中.

在假设 6.1.1 下, 上文提到的线性结构方程模型中 Baron 和 Kenny (1986)[10] 对参数的因果解释也是有效的. 具体来说, 在假设 6.1.1 成立时, 通过模型(6.1)、(6.2)和(6.3)定义的参数具有如下含义: 平均间接因果效应 $\delta(0) = \delta(1) = \beta_2\gamma$, 其中等式 $\delta(0) = \delta(1)$ 也是假设条件; 平均直接因果效应 $\xi(0) = \xi(1) = \beta_3$; 平均总因果效应为 $\tau = \beta_3 + \beta_2\gamma$.

6.1.2 因果中介效应的估计和推断方法

利用式(6.5)中的识别结果, 研究者已经发展出一套灵活的参数和半参数估计策略, 以适应不同数据和模型设定下的因果中介效应估计需求. 首先介绍参数估计. 在满足线性结构方程模型(6.2) 和 (6.3) 以及假设 6.1.1 的条件下, 间接效应的估计较为直接, 因为各线性模型中的误差项相互独立. 基于这些假设, 可以参考 Baron 和 Kenny (1986) [10] 的方法, 通过线性回归拟合模型 (6.2) 和 (6.3). 其中, 间接效应的估计值为 $\hat{\delta}(t) = \hat{\beta}_2\hat{\gamma}$, $\hat{\beta}_2$ 和 $\hat{\gamma}$ 分别为回归模型 (6.2) 和 (6.3) 中系数的估计值, 其标准误差可以通过 Delta 方法近似计算: $\mathrm{Var}(\hat{\delta}(t)) \approx \hat{\beta}_2^2\mathrm{Var}(\hat{\gamma}) + \hat{\gamma}^2\mathrm{Var}(\hat{\beta}_2)$, 从而为间接效应的推断提供依据. 类似地, 直接效应和总因果效应的估计可以通过拟合回归模型 (6.3) 和 (6.1) 得到, 这里不再赘述.

Tchetgen Tchetgen 和 Shpitser (2012)[180] 为因果中介分析开发了一个通用的半参数框架, 用于对自然间接效应和自然直接效应进行统计推断, 为中介分析的估计提供了有效性和稳健性的新视角. 在介绍具体方法之前, 先给出一些简化记号. 令 $\theta_t = \mathbb{E}(Y(t))$, 其中 $t = 0, 1$; $\theta_{1,0} = \mathbb{E}(Y(1, M(0)))$. 此外, 对于任意两个随机变量 (或向量) Z 和 W, 用 $f_Z(\cdot)$ 表示 Z 的密度 (或质量函数), 用 $f_{Z|W}(\cdot)$ 表示 Z 给定 W 的条件密度 (或质量函数). 定义以下函数:

$$b_t(x) = f_{T|X}(t \mid x)^{-1}, \quad \gamma(m,x) = \mathbb{E}(Y \mid T = 1, M = m, X = x),$$

$$b_2(m,x) = f_{M|T,X}(m \mid 0, x)f_{T|X}(1 \mid x)^{-1}f_{M|T,X}(m \mid 1, x)^{-1},$$

$$\eta(t,t',x) = \mathbb{E}\{\mathbb{E}(Y \mid T = t, M, X = x) \mid T = t', X = x\}, \quad t, t' \in \{0, 1\}.$$

根据 Hahn (1998)[63], θ_t 的有效影响函数为

$$S_{\theta_t}^{\mathrm{eff}}(O) = \mathbb{I}(T = t)b_t(X)\{Y - \eta(t,t,X)\} + \eta(t,t,X) - \theta_t,$$

其中 $\eta(t,t,X) = \mathbb{E}(Y \mid T = t, X)$. 根据有效影响函数的定义可得 $\mathbb{E}\{S_{\theta_t}^{\mathrm{eff}}(O)\} = 0$, 由此可以得到 θ_t 的双稳健估计为[94]

$$\hat{\theta}_t = \mathbb{P}_n\left[\mathbb{I}(T = t)\hat{b}_t(X)\{Y - \hat{\eta}(t,t,X)\} + \hat{\eta}(t,t,X)\right],$$

其中 $\hat{b}_t(X)$ 和 $\hat{\eta}(t,t,X)$ 分别是 $b_t(X)$ 和 $\eta(t,t,X)$ 的估计, 可以通过参数回归模型得到. Tchetgen Tchetgen 和 Shpitser (2012) [180] 给出了在假设 6.1.1 成立的条件下, $\theta_{0,1}$ 的有效影响函数如下:

$$S_{\theta_{0,1}}^{\text{eff}}(O) = \mathbb{I}(T=1)b_2(M,X)\{Y - \gamma(M,X)\} + \mathbb{I}(T=0)b_0(X)\{\gamma(M,X)$$
$$- \eta(1,0,X)\} + \eta(1,0,X) - \theta_{0,1}.$$

基于 $S_{\theta_{0,1}}^{\text{eff}}(O)$, 将干扰参数 $b_2(m,x), b_0(x), \gamma(m,x), \eta(1,0,x)$ 替换为它们的各自估计值可以得到 $\theta_{0,1}$ 的三稳健估计 $\hat{\theta}_{0,1}$:

$$\hat{\theta}_{0,1} = \mathbb{P}_n\Big[\mathbb{I}(T=1)\hat{b}_2(M,X)\{Y - \hat{\gamma}(M,X)\} + \mathbb{I}(T=0)\hat{b}_0(X)\{\hat{\gamma}(M,X)$$
$$- \hat{\eta}(1,0,X)\} + \hat{\eta}(1,0,X)\Big].$$

由于自然间接效应 NIE 为 $\delta(1) = \theta_1 - \theta_{1,0}$, 自然直接效应 NDE 为 $\xi(0) = \theta_{0,1} - \theta_0$, 基于上面的结论, 可以得到 $\delta(1)$ 和 $\xi(0)$ 的估计分别为 $\hat{\delta}(1) = \hat{\theta}_1 - \hat{\theta}_{1,0}$, $\hat{\xi}(0) = \hat{\theta}_{1,0} - \hat{\theta}_0$. Tchetgen Tchetgen 和 Shpitser (2012)[180] 证明, $\hat{\delta}(1)$ 和 $\hat{\xi}(0)$ 分别是自然间接效应和自然直接效应的三稳健估计量. 这意味着, 只要处理模型 $b_t(x)$、中介模型 $f_{M|T,X}(m \mid t,x)$ 和结果模型 $\gamma(m,x)$ 中的任意两个模型正确指定, 这些估计量都是相合的, 并收敛于正态分布.

6.2   结果变量数据缺失的中介分析

尽管中介分析在多个领域中得到了广泛研究和应用, 但现有的方法通常假设数据集是完整的. 然而, 在实际研究中, 数据缺失是普遍存在的问题, 这可能显著影响中介分析的结果和解释. Little 和 Rubin (2019) [110] 将数据缺失机制分为三类: (i) 完全随机缺失, 即数据缺失的概率独立于任何观测或未观测数据; (ii) 随机缺失, 即数据缺失的概率仅依赖于观测到的数据, 而不依赖未观测数据; (iii) 非随机缺失, 即使条件于观测数据, 数据缺失的概率仍然依赖于未观测数据. 如果未能区分这些不同的缺失机制, 可能导致中介效应估计的系统性偏差, 从而影响研究结论的准确性和可靠性.

在传统的线性结构方程模型框架内, 一些研究提出了处理缺失数据的方法. Enders 等 (2013) [54] 概述了在随机缺失机制下估计中介效应的贝叶斯方法; Zhang 和 Wang (2013) [209] 以及 Wu 和 Jia (2013) [197] 探讨了中介分析中的缺失数据问题. 然而, 这些方法在面对非随机缺失数据时, 通常难以完全纠正中介效应估计的偏差. 此外, 这些方法普遍基于线性结构方程模型框架, 不适用于离散型中介和结果变量的非线性模型, 从而限制了其在更广泛情境中的适用性. 本节将探讨在结果变量存在缺失的情况下如何进行因果中介分析. 我们将讨论结果变量在不同缺失机制下的识别问题, 并提供相应的估计和推断方法.

沿用 6.1 节的符号, 令 T, M, X 分别表示处理变量、中介变量及处理前协变量, Y 表示可能存在缺失的结果变量. 同时, 引入一个指示变量 R 表示 Y 的观测状态: 当 $R = 1$ 时, Y 可以观测到; 当 $R = 0$ 时, Y 缺失. 本节我们假定序贯可忽略性假设 6.1.1 成立, 感兴趣的因果参数包括自然间接效应 NIE、自然直接效应 NDE 以及总效应 TE.

在完全随机缺失或随机缺失机制下, 结果变量 Y 与缺失指标 R 满足条件独立性关系: $Y \perp\!\!\!\perp R \mid T, M, X$. 然而, 在非随机缺失机制下, 这一条件独立性不再成立. 当结果变量存在非随机缺失时, 仅依赖序贯可忽略性假设 6.1.1 不足以保证因果参数的识别性. 换言之, 非参数识别公式(6.5)不再成立. 为了恢复因结果变量 Y 缺失所丢失的信息, 我们需要借助辅助变量. 假设协变量 X 中包含一个影子变量 Z, 即 $X = (Z, V)$, 满足下面的条件.

假设 6.2.1 变量 Z 满足条件: (i) $Z \perp\!\!\!\perp R \mid T, M, Y, V$; (ii) $Z \not\perp\!\!\!\perp Y \mid T, M, V$.

假设 6.2.1 要求影子变量 Z 与缺失的结果变量 Y 相关, 但在给定处理变量 T、中介变量 M、协变量 V 以及可能未观测的结果 Y 时, 与缺失指标 R 条件独立. 这意味着 Z 不应直接影响缺失指标 R, 但可以通过其与 Y 的相关性间接影响 R. 在数据分析中, 这样的 Z 通常称为影子变量, 是处理非随机缺失数据的重要工具[107,119]. 为了更直观地理解假设 6.2.1, 图 6.2 给出了满足该假设的有向无环图 (DAG). 为简单起见, 该图中省略了协变量 V.

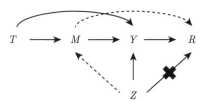

图 6.2 符合假设 6.2.1 的 DAG, "✖" 表示相应的边不存在, 虚线表示相应的边允许存在

根据假设 6.2.1(i), 我们可以推导出以下条件概率表达式, 对于 $r = 0, 1$:

$$P(R = r \mid T, M, Y, V, Z) = P(R = r \mid T, M, Y, V).$$

上述等式表明, 在给定处理变量 T、中介变量 M、结果变量 Y 和协变量 V 的条件下, 缺失指标 R 的分布与影子变量 Z 无关. 关于假设 6.2.1(ii), 其要求 Z 在给定处理变量 T 和协变量 V 的条件下, 与结果变量 Y 有相关性. 针对不同类型的

结果变量 Y, 这一条件的具体含义将在 6.2.1 小节详细解释.

6.2.1　离散结果变量的识别

为了识别自然直接效应、自然间接效应以及总效应这些因果参数, 我们只需讨论 $\mathbb{E}\{Y(t, M(t')) \mid X = x\}$ 的识别性. 根据没有任何缺失数据时的识别表达式(6.5), 可以得到

$$\mathbb{E}\{Y(t, M(t')) \mid X = x\} = \mathbb{E}\{\mathbb{E}(Y \mid M, T = t, X = x) \mid T = t', X = x\}.$$

当结果缺失机制为完全随机缺失或随机缺失时, 条件平均潜在结果 $\mathbb{E}\{Y(t, M(t')) \mid X = x\}$ 依然是可识别的, 即

$$\mathbb{E}\{Y(t, M(t')) \mid X = x\} = \mathbb{E}\{\mathbb{E}(Y \mid R = 1, M, T = t, X = x) \mid T = t', X = x\},$$

因为当 Y 的缺失机制是完全随机缺失或随机缺失时, 缺失指标与 Y 条件独立, 即 $R \perp\!\!\!\perp Y \mid T, M, X$, 所以可以用观测到的数据 $(R = 1)$ 来表示潜在结果的期望.

当 Y 非随机缺失时, 上述结果不再成立, 因为缺失指标 R 依赖于缺失变量 Y, 此时 (T, M, Y, X) 的联合分布是不可识别的. 接下来, 我们先从二值的结果变量开始讨论. 假设 Y 服从伯努利分布, 其概率满足 $\mathrm{P}(Y = 1 \mid t, m, v, z) = 1 - \mathrm{P}(Y = 0 \mid t, m, v, z)$ 对于任意的 $(t, m, v, z) \in \{0, 1\} \otimes \mathcal{M} \otimes \mathcal{V} \otimes \mathcal{Z}$, 其中 $\mathcal{V}$ 和 $\mathcal{Z}$ 分别表示协变量 V 和 Z 的支撑集. 此时, 假设 6.2.1(ii) 要求对于给定的 (t, m, v), 变量 Z 必须存在两个值 z_1, z_2 满足

$$\mathrm{P}(Y = 1 \mid t, m, v, z_1) \neq \mathrm{P}(Y = 1 \mid t, m, v, z_2). \tag{6.6}$$

在通常情况下, 不等式 (6.6) 要求变量 Z 至少具有 2 个水平, 在给定其他变量的情况下对 Y 的条件概率具有不同的影响. 例如, 如果给定 T, M, V, Z 后, Y 的真模型是 Logistic 回归模型, 那么变量 Z 的系数要求是非 0 的. 在假设 6.1.1 和假设 6.2.1 成立的条件下, $\mathbb{E}\{Y(t, M(t')) \mid X = x\}$ 是非参可识别的.

事实上, 对于更一般的离散情况, 即结果是取多值的, $\mathbb{E}\{Y(t, M(t')) \mid X = x\}$ 也是可识别的. 设 Y 是一个离散变量, 有 K 个分类, 取值为 $\{1, 2, \cdots, K\}$. 我们假设, 在给定 t, m, v, z 后, Y 服从多项式分布, 概率为 $\mathrm{P}(Y = k \mid t, m, v, z)$ 对于 $k = 1, \cdots, K$. 假设存在 K 个不同的值 $z_1, z_2, \cdots, z_K \in \mathcal{Z}$, 记 $p_{kj}(t, m, v) = \mathrm{P}(Y = k \mid t, m, v, z_j)$ 其中 $k, j = 1, \cdots, K$. 为了简便, 下文记 $p_{kj}(t, m, v)$ 为 p_{kj}. 下面的定理说明 Y 是离散变量时, $\mathbb{E}\{Y(t, M(t')) \mid X = x\}$ 是非参数可识别的.

定理 6.2.1 若假设 6.1.1 和假设 6.2.1 成立, 以及矩阵

$$
\begin{pmatrix}
p_{11} & p_{12} & \cdots & p_{1K} \\
p_{21} & p_{22} & \cdots & p_{2K} \\
\vdots & \vdots & & \vdots \\
p_{K1} & p_{K2} & \cdots & p_{KK}
\end{pmatrix}
\tag{6.7}
$$

满秩, 那么 $\mathbb{E}\{Y(t, M(t')) \mid X = x\}$ 是非参数可识别的.

可以注意到, 当 $K > 2$ 时, 上面的矩阵满秩条件与假设 6.2.1(ii) 的条件是不同的, 假设 6.2.1(ii) 是必要条件. 但是, 当 $K = 2$ 时, 矩阵(6.7)的满秩条件等价于 $\mathrm{P}(Y = 1 \mid t, m, v, z_1) \neq \mathrm{P}(Y = 1 \mid t, m, v, z_2)$, 与 Y 二值时的条件是相同的.

6.2.2 连续结果变量的识别

如果结果 Y 是连续变量, 我们考虑以下广义可加缺失机制模型:

$$
\mathrm{P}(R = 1 \mid t, m, y, v, z; \beta, \theta) = G(h(t, m, v; \beta) + \theta y),
\tag{6.8}
$$

其中 $G(\cdot)$ 是已知的且严格单调的分布函数, $h(\cdot; \beta)$ 是关于 β 的一对一映射. 例如, 线性模型 $h(t, m, v; \beta) = \beta_0 + \beta_1 t + \beta_2 m + \beta_3^\top v$ 满足该条件. 如果 $G(\cdot) = \exp(\cdot)/\{1 + \exp(\cdot)\}$ 或 $G(\cdot) = \Phi(\cdot)$, 即标准正态分布函数, 那么上面的模型分别是常用的 logit 或 probit 缺失机制. 假设 6.2.1(ii) 意味着, 对于给定的 t, m, v, 存在两个不同的取值 $z_1, z_2 \in \mathcal{Z}$ 满足

$$
f_{Y|T,M,V,Z}(y \mid t, m, v, z_1) \neq f_{Y|T,M,V,Z}(y \mid t, m, v, z_2).
$$

有了以上条件, 我们给出 Y 是连续变量时的识别性.

定理 6.2.2 若假设 6.1.1、假设 6.2.1 和模型 (6.8) 成立, 并且给定 t, m, v 时, $f_{Y|T,M,V,Z}(y \mid t, m, v, z)$ 有关于 z 的单调似然比, 则 $\mathbb{E}\{Y(t, M(t')) \mid X = x\}$ 是可识别的.

定理 6.2.2 中的假设条件源自 Wang 等 (2014)[194], 并被扩展到了结果非随机缺失的因果中介分析问题中[109]. 具体而言, 对于给定的 t, m, v, $f_{Y|T,M,V,Z}(y \mid t, m, v, z)$ 的似然比有单调性意味着对于任意 $z_1, z_2 \in \mathcal{Z}$, Y 的 2 个不同条件密度函数的比率, $f_{Y|T,M,V,Z}(y \mid t, m, v, z_1)/f_{Y|T,M,V,Z}(y \mid t, m, v, z_2)$ 是一个关于 y 的单调函数. 当处理非随机缺失数据时, 似然比单调性的假设较为常见, 并且在单参数指数族分布的情况下通常是成立的. 结合假设 6.1.1 和假设 6.2.1, 可以保证平均自然直接效应和间接效应的识别性.

6.2.3 估计和推断方法

根据式 (6.5) 中的识别表达式, 估计平均自然直接效应和间接效应依赖于对结果条件期望 $\mathbb{E}(Y \mid T, M, V, Z)$ 以及中介变量 M 条件分布函数 $F_{M|T,V,Z}(m \mid t, v, z)$ 的估计. 然而, 非参数估计这些量并进行推断可能并不可靠, 尤其是在协变量维度较高时, 容易引发维度灾难问题. 为应对这一挑战, 我们假设结果变量服从参数回归模型 $\mathbb{E}(Y \mid T, M, V, Z; \gamma)$, 其中 γ 是未知参数向量. 同样地, 我们假设中介变量 M 的分布服从参数模型 $F_{M|T,V,Z}(m \mid t, v, z; \alpha)$, 其中 α 是未知参数向量. 在整个分析过程中, 我们假设这两个模型均被正确指定. 令 $\hat{\alpha}$ 表示 α 的最大似然估计.

在完全随机缺失或随机缺失机制下, $\mathbb{E}(Y \mid T, M, V, Z; \gamma) = \mathbb{E}(Y \mid R = 1, T, M, V, Z; \gamma)$, 因此, 我们可以基于完全观测数据, 用最大似然方法得到 γ 的估计 $\hat{\gamma}$. 那么, 我们可以得到估计:

$$\mathbb{E}\{Y\widehat{(t, M}(t'))\} = \mathbb{P}_n\big[\mathbb{E}\{\mathbb{E}(Y \mid t, M, V, Z; \hat{\gamma}) \mid T = t', V, Z; \hat{\alpha}\}\big], \qquad (6.9)$$

容易看出, 对于 $t, t' = 0, 1$, 式 (6.9) 在一定条件下, 是 $\mathbb{E}\{Y(t, M(t'))\}$ 的相合估计, 且是渐近正态的.

在非随机缺失机制下, 我们提供了一种基于估计方程的方法来估计 γ. 对于二值或连续的结果变量, 我们假设缺失机制模型(6.8)成立. 对于具有 K 个类别的一般离散结果变量, 假设

$$P(R = 1 \mid t, m, y, v, z; \beta, \theta) = G(h(t, m, v; \beta) + \theta_k),$$

其中 $k \in 1, 2, \cdots, K$ 且 $\theta_1 = 0$, 函数 $G(\cdot)$ 和 $h(\cdot; \beta)$ 的假设条件与模型(6.8)一致. 令 $\omega(T, M, Y, V; \beta, \theta) = 1/P(R = 1 \mid T, M, Y, V; \beta, \theta)$. 首先, 我们解以下方程来获得估计量 $\hat{\beta}$ 和 $\hat{\theta}$,

$$\mathbb{P}_n\big[\{\omega(T, M, Y, V; \beta, \theta)R - 1\}l_1(T, M, Y, V, Z)\big] = 0,$$

其中 $l_1(\cdot)$ 是指定的向量值函数, 其维度不小于 (β, θ) 的维度. 得到 $\hat{\beta}$ 和 $\hat{\theta}$ 后, 我们记 $\hat{\omega} = \omega(T, M, Y, V; \hat{\beta}, \hat{\theta})$, 然后估计感兴趣的参数 γ. 对于二值或连续的结果变量, 我们可以通过解以下方程得到估计量 $\hat{\gamma}$:

$$\mathbb{P}_n\big[\{\hat{\omega}RY - \mathbb{E}(Y \mid T, M, V, Z; \hat{\gamma})\}l_2(T, M, Y, V, Z)\big] = 0, \qquad (6.10)$$

其中 $l_2(\cdot)$ 是指定的向量值函数, 其维度不小于 γ 的维度. 对于一般的离散结果变量, 以上方程可以替换为

$$\mathbb{P}_n\big[\{\hat{\omega}RY\mathbb{I}(Y = k) - P(Y = k \mid T, M, V, Z; \hat{\gamma})\}l_2(T, M, Y, V, Z)\big] = 0, \qquad (6.11)$$

其中 $k = 2, \cdots, K$. 在求解上述估计方程时, 如果指定的函数 $l_1(\cdot)$ 和 $l_2(\cdot)$ 的维度超出了对应参数的维度, 可以采用广义矩法进行估计. 当得到 γ 的估计量 $\hat{\gamma}$ 时, 我们仍然用式(6.9)估计 $\mathbb{E}\{Y(t, M(t'))\}$. 假如非随机缺失机制(6.8)是正确指定的, 并且估计方程(6.10)和方程(6.11)有 (局部) 唯一解, 那么在假设 6.1.1 和假设 6.2.1 成立的条件下, 估计量(6.9)是相合的. 进一步, 我们可以得到自然直接效应和间接效应的相合估计量, 在某些正则性条件下, 这些估计量是渐近正态的.

6.3 协变量数据缺失的中介分析

在中介分析中, 除了结果变量的缺失, 处理前协变量的非随机缺失同样是一个重要问题. 这种缺失不仅降低了数据的完整性, 还给因果中介分析带来了诸多挑战. 非随机缺失的协变量对中介分析的影响主要体现在两个方面. 首先是识别问题. 即使在严格的参数模型假设下, 完整数据分布和因果效应可能仍无法从观察到的数据中唯一确定. 正如 6.2 节所述, 影子变量方法是应对非随机缺失问题的一种常见策略[107,119,120]. 影子变量是指与缺失变量相关, 但在给定观测数据和缺失变量的条件下, 与缺失指标变量无关的变量. 这些变量在抽样调查设计中十分常见, 并在许多实证研究中得到了广泛应用. 在某些情形下, 研究人员可以通过对数据分布施加特定的结构性假设, 并结合可用的观测变量 (作为影子变量) 来补充和恢复缺失数据的信息. 其次是估计和模型误设问题. 主要挑战来自缺失机制的估计过程, 这通常涉及求解 Fredholm 第一类积分方程, 这是一个不适定的逆问题, 会导致估计量的收敛速度非常慢. 然而, 为了保证推断的渐近正态性, 干扰参数的估计通常需要比 $n^{-1/4}$ 更快的收敛速度. 这使得在非参数框架下, 如何有效地解决这些问题成为因果中介分析的重要研究方向[158]. 针对这些问题, 本节将介绍一种非参数方法来解决协变量存在不可忽略缺失情况下的识别、估计和推断问题.

本节的符号与 6.1 节保持一致. 为了区分, 令 X^* 表示存在不可忽略缺失的协变量的完整信息, 二值变量 R 表示 X^* 的缺失标志, 那么可观测到的协变量为 $X = RX^*$. 我们感兴趣的因果参数同样为自然间接效应 NIE, 自然直接效应 NDE 和因果总效应 TE. 根据识别式(6.5), 在协变量无缺失的情况下,

$$\mathbb{E}\{Y(t, M(t'))\} = \iint \mathbb{E}(Y \mid M = m, T = t, X^* = x) f_{M|T,X^*}(m \mid t', x) f_{X^*}(x) dm dx.$$

上式右侧是联合分布 $f(T, M, Y, X^*)$ 的函数. 因此, 如果联合分布可识别, 则 $\mathbb{E}\{Y(t, M(t'))\}$ 可识别. 完整数据分布和观测数据分布之间有如下关系:

$$f(R = 1, T, M, Y, X^*) = f(T, M, Y, X^*) f(R = 1 \mid T, M, Y, X^*).$$

左侧可以通过观测数据识别, 因此关键在于识别缺失机制 $f(R = 1 \mid T, M, Y, X^*)$. 如果协变量的缺失可忽略, 即 $R \perp\!\!\!\perp X^* \mid T, M, Y$, 我们有 $f(R = 1 \mid T, M, Y, X^*) = f(R = 1 \mid T, M, Y)$, 可以通过观测数据识别, 因此联合分布 $f(T, M, Y, X^*)$ 可识别, 进而使得 NDE 和 NIE 可识别. 然而, 当缺失不可忽略, 即 $R \not\!\!\perp\!\!\!\perp X^* \mid T, M, Y$, 识别变得更具挑战性. 为了解决这个问题, 我们引入影子变量框架进行识别, 设 Z 为满足以下假设的影子变量.

假设 6.3.1　　(i) $Z \not\!\!\perp\!\!\!\perp X^* \mid T, M, Y$; (ii) $Z \perp\!\!\!\perp R \mid T, M, Y, X^*$.

假设 6.3.2　　对于任意的平方可积函数 g 以及任意的 t, m, y, $\mathbb{E}[g(X^*) \mid Z, T = t, M = m, Y = y] = 0$ 当且仅当 $g(\cdot) = 0$ 几乎处处成立.

假设 6.3.1 要求影子变量 Z 可以解释 X^* 的变化, 但在给定 X^* 和其他观测到的变量 T, M, Y 时, 与缺失指标 R 无关. 换言之, 一旦有了 T, M, Y, X^*, 影子变量 Z 不提供有关缺失机制的附加信息, 可被认为是 X^* 的 "影子". 在实际研究中, 完全观测到的代理变量或缺失协变量的测量误差版本通常可用作影子变量. 假设 6.3.2 表示完备性条件. 令 $\mathcal{A} : \mathcal{L}^2(T, M, Y, X^*) \to \mathcal{L}^2(T, M, Y, Z)$ 表示线性算子, $\mathcal{A}(\delta) = \mathbb{E}\{\delta(T, M, Y, X^*) \mid T, M, Y, Z\}$, 那么假设 6.3.2 等价于 $\mathcal{A}$ 是单射. 完备性条件在工具变量问题及其他识别问题中被广泛应用. 对于许多参数化或半参数化模型 (如指数族分布), 完备性条件通常成立, 更多讨论可参考 D'Haultfoeuille (2011)[50]. 此外, 为避免退化的缺失机制, 我们作如下约束.

假设 6.3.3　　存在常数 c_5 满足 $f(R = 1 \mid T, M, Y, X^*) > c_5 > 0$.

在假设 6.3.1—假设 6.3.3 成立的条件下, 联合分布 $f_{T,M,Y,X^*}(t, m, y, x)$ 可用观测分布唯一表示, 从而联合分布是可识别的. 进一步地, 在序贯可忽略性假设 6.1.1 下, $\mathbb{E}\{Y(t, M(t'))\}$ 以及平均自然间接效应 $\delta(t)$、平均自然直接效应 $\xi(t)$ 和总因果效应 τ 都是可识别的. 接下来, 不失一般性, 我们考虑 $\theta \equiv \mathbb{E}\{Y(1, M(0))\}$. 为了简化记号, 定义 $\gamma_0(m, x) \equiv \mathbb{E}(Y \mid T = 1, M = m, X^* = x)$ 和 $\eta_0(x) \equiv \mathbb{E}\{\gamma_0(M, x) \mid T = 0, X^* = x\}$, 这里 $\eta_0(x)$ 是一个迭代的条件期望. 那么, 根据识别表达式(6.5), 我们得到 $\theta = \mathbb{E}\{\eta_0(X^*)\}$. 若假设 6.1.1 以及假设 6.3.1—假设 6.3.3 成立, 则积分方程

$$\mathbb{E}\{R\delta(T, M, Y, X) \mid T, M, Y, Z\} = 1 \tag{6.12}$$

在 $\mathcal{L}^2(T, M, Y, X^*)$ 上有唯一解 $\delta_0(T, M, Y, X^*) = f(R = 1 \mid T, M, Y, X^*)^{-1}$; 进一步地, 函数 $\gamma_0(m, x)$ 可以表示为以下观察到的条件期望的比:

$$\gamma_0(m, x) = \frac{\mathbb{E}\{Y\delta_0(T, M, Y, X) \mid R = 1, T = 1, M = m, X = x\}}{\mathbb{E}\{\delta_0(T, M, Y, X) \mid R = 1, T = 1, M = m, X = x\}}, \tag{6.13}$$

以及函数 $\eta_0(x)$ 可以表示为以下观察到的条件期望的比:

$$\eta_0(x) = \frac{\mathbb{E}\left\{\gamma_0(M,X)\delta_0(T,M,Y,X) \mid R=1, T=0, X=x\right\}}{\mathbb{E}\left\{\delta_0(T,M,Y,X) \mid R=1, T=0, X=x\right\}}. \tag{6.14}$$

最终, 参数 θ 可以通过以下的加权平均进行识别:

$$\theta = \mathbb{E}\{R\delta_0(T,M,Y,X)\eta_0(X)\}. \tag{6.15}$$

表达式(6.12)—(6.15)利用观测数据分别给出了权重函数 δ_0、干扰参数 γ_0 和 η_0 以及感兴趣的参数 θ 的识别表达式. 利用这些识别结果, 可以建立 6.3.1 小节介绍的非参数估计方法. 式(6.12)揭示了缺失机制 $f(R=1 \mid T,M,Y,X^*)$ 的本质, 它是由称为 Fredholm 第一类积分方程的逆唯一确定的. 满足假设 6.3.1 的影子变量保证了 $f(R=1 \mid T,M,Y,X^*)^{-1}$ 是方程(6.12) 的解, 而完备性假设 6.3.2 保证了解的唯一性. 式(6.15) 实际上是研究处理效应中常用的一种逆概率加权公式.

6.3.1 协变量非随机缺失时的非参数估计方法

在本小节中, 我们基于识别结果对干扰参数 $\delta_0, \gamma_0, \eta_0$ 以及感兴趣的参数 θ 进行非参数估计. 令 $\boldsymbol{\Theta} \times \boldsymbol{\Delta} \times \boldsymbol{\Gamma} \times \boldsymbol{\Lambda}$ 表示参数 $(\theta, \delta_0, \gamma_0, \eta_0)$ 的参数空间, 其中 $\boldsymbol{\Theta} \in \mathbb{R}$, $\boldsymbol{\Delta} \in \mathcal{L}^2(T,M,Y,X^*)$, $\boldsymbol{\Gamma} \in \mathcal{L}^2(M,X^*)$, $\boldsymbol{\Lambda} \in \mathcal{L}^2(X^*)$. 假设我们观察到一组 n 个独立同分布的样本 $O_i = (R_i, T_i, M_i, Y_i, X_i, Z_i), i = 1, \cdots, n$. 记条件期望 $\mathbb{E}(\cdot \mid T,M,Y,Z)$ 的最小二乘级数估计为 $\widehat{\mathbb{E}}(\cdot \mid T,M,Y,Z)$, 并令 $\{p_j(\cdot)\}_{j=1}^{\infty}$ 表示一组已知的基函数 (如幂级数、样条曲线、傅里叶级数等), 其线性组合可以逼近 (m,y,z) 上的任意平方可积实值函数. 定义基函数向量 $p^{k_n}(m,y,z) = (p_1(m,y,z), \cdots, p_{k_n}(m,y,z))^{\top}$, 并令 $P = (p^{k_n}(M_1,Y_1,Z_1), \cdots, p^{k_n}(M_n,Y_n,Z_n))^{\top}$. 此外, 设 $\Upsilon^{(1)} = \text{diag}(T_1, \cdots, T_n)$, $\Upsilon^{(0)} = I_n - \Upsilon^{(1)}$, 其中 I_n 表示 n 阶单位矩阵. 对于任意随机向量 W, 其样本取值为 $\{W_i : i = 1, \cdots, n\}$. 定义条件期望 $\mathbb{E}(W \mid T,M,Y,Z)$ 的级数估计为 $\widehat{\mathbb{E}}(W \mid T,M,Y,Z)$, 估计表达式为

$$\widehat{\mathbb{E}}(W \mid T,M,Y,Z) = T\widehat{\mathbb{E}}(W \mid T=1,M,Y,Z) + (1-T)\widehat{\mathbb{E}}(W \mid T=0,M,Y,Z),$$

其中 $\widehat{\mathbb{E}}(W \mid T=t,M,Y,Z) = p^{k_n}(M,Y,Z)^{\top} \left(P^{\top}\Upsilon^{(t)}P\right)^{-1} \sum_{i=1}^{n} \mathbb{I}(T_i=t) p_i^{k_n} W_i$, 这里 $t = 0, 1$, $p_i^{k_n} = p^{k_n}(M_i,Y_i,Z_i)$.

我们首先采用筛法最小距离方法[3] 对 $\delta_0(t,m,y,x)$ 进行估计. 这里, 我们直接估计 $\delta_0(t,m,y,x) = f(R=1 \mid t,m,y,x)^{-1}$, 而非先估计分母 $f(R=1 \mid t,m,y,x)$ 后再取倒数. 这种方法可以有效避免后续估计中因概率倒数而产生的不稳定问题. 由于 $\delta_0(t,m,y,x)$ 满足条件矩限制式 (6.12), 其估计量 $\widehat{\delta}$ 可通过求解以下优化问

题得到

$$\min_{\delta \in \boldsymbol{\Delta}_{J_n}} \frac{1}{n} \sum_{i=1}^{n} \left[\widehat{\mathbb{E}} \left\{ R\delta(T, M, Y, X) - 1 \mid T_i, M_i, Y_i, Z_i \right\} \right]^2, \qquad (6.16)$$

其中 $\boldsymbol{\Delta}_{J_n}$ 是 $\boldsymbol{\Delta}$ 的筛空间. 由于 $\delta_0(t, m, y, x)$ 是概率的倒数, 其函数空间 $\boldsymbol{\Delta}$ 应表示值大于 1 的函数. 传统的线性筛空间可能并非最佳选择, 因为线性函数在逼近始终大于 1 的函数时可能不够合理. 为此, 我们建议采用广义线性筛空间. 令 $\{q_j(\cdot)\}_{j=1}^{\infty}$ 表示一组已知的基函数, 其线性组合可以逼近 (m, y, x) 上的任意平方可积实值函数. 设 ρ 为足够平滑且严格单调的连接函数, 并要求其取值大于 1. 例如, 可使用逆 Logistic 分布 $\rho(v) = 1 + \exp(-v)$ 或双指数分布 $\rho(v) = \exp\{\exp(-v)\}$. 基于此, 我们定义筛空间为

$$\boldsymbol{\Delta}_{J_n} = \left\{ \delta(t, m, y, x) = t\delta^{(1)}(m, y, x) + (1 - t)\delta^{(0)}(m, y, x) : \right.$$

$$\left. \delta^{(t)}(m, y, x) = \rho\left\{ \sum_{j=1}^{J_n} \pi_j^{(t)} q_j(m, y, x) \right\}, \pi_1^{(t)}, \cdots, \pi_{J_n}^{(t)} \in \mathbb{R}, t = 0, 1 \right\}.$$

接下来, 我们依次估计 γ_0 和 η_0. 在得到 δ 的估计 $\widehat{\delta}$ 后, 可以将其代入相关方程, 从而计算 θ 的估计值. 一般而言, 可以通过对方程 (6.13) 和方程 (6.14) 的分子和分母分别进行最小二乘级数估计, 来获得 γ_0 和 η_0 的估计. 然而, 由于这两个估计量以比值的形式存在, 这种直接方法可能会使得估计结果缺乏稳定性. 为了提高估计的稳定性, 我们引入了一种一步估计法. 该方法通过直接优化整体目标函数, 避免了分子和分母分开估计带来的不稳定性. 特别地, 注意到在方程 (6.13) 中, $\gamma_0 \in \boldsymbol{\Gamma}$ 是以下加权最小二乘问题的解:

$$\gamma_0 = \arg \inf_{\gamma \in \boldsymbol{\Gamma}} \mathbb{E} \left[TR\delta_0(T, M, Y, X)\{Y - \gamma(M, X)\}^2 \right],$$

并且 $\eta_0 \in \boldsymbol{\Lambda}$ 是以下问题的解:

$$\eta_0 = \arg \inf_{\eta \in \boldsymbol{\Lambda}} \mathbb{E} \left[(1 - T)R\delta_0(T, M, Y, X)\{\gamma_0(M, X) - \eta(X)\}^2 \right].$$

令 $\{u_j(\cdot)\}_{j=1}^{\infty}$ 和 $\{v_j(\cdot)\}_{j=1}^{\infty}$ 分别表示一组已知的基函数, 其线性组合能够很好地逼近 (m, x) 和 x 上的任意平方可积实值函数. 定义筛空间如下:

$$\boldsymbol{\Gamma}_{l_n} = \left\{ \gamma : \gamma(m, x) = \sum_{j=1}^{l_n} \pi_j u_j(m, x) : \pi_1, \cdots, \pi_{l_n} \in \mathbb{R} \right\},$$

$$\boldsymbol{\Lambda}_{s_n} = \left\{ \eta : \eta(x) = \sum_{j=1}^{s_n} \pi_j v_j(x) : \pi_1, \cdots, \pi_{s_n} \in \mathbb{R} \right\}$$

分别是 $\boldsymbol{\Gamma}$ 和 $\boldsymbol{\Lambda}$ 的有限维线性筛集, 其中随样本量 $n \to \infty$, $l_n \to \infty$ 和 $s_n \to \infty$. 因此, 可以通过在对应的筛空间上求解加权最小二乘问题来获得估计量 $\widehat{\gamma}$ 和 $\widehat{\eta}$. 具体地, 估计量 $\widehat{\gamma}$ 可通过以下优化问题得到

$$\widehat{\gamma} = \arg\min_{\gamma \in \boldsymbol{\Gamma}_{l_n}} \frac{1}{n} \sum_{i=1}^{n} T_i R_i \widehat{\delta}\left(T_i, M_i, Y_i, X_i\right) \left\{Y_i - \gamma\left(M_i, X_i\right)\right\}^2.$$

进一步地, 将 $\widehat{\gamma}$ 作为新的结果变量, 估计量 $\widehat{\eta}$ 可通过解以下优化问题得到

$$\widehat{\eta} = \arg\min_{\eta \in \boldsymbol{\Lambda}_{s_n}} \frac{1}{n} \sum_{i=1}^{n} \left(1 - T_i\right) R_i \widehat{\delta}\left(T_i, M_i, Y_i, X_i\right) \left\{\widehat{\gamma}\left(M_i, X_i\right) - \eta\left(X_i\right)\right\}^2.$$

最后, 基于观察样本的经验加权平均, 估计 θ 的表达式为

$$\widehat{\theta} = \frac{1}{n} \sum_{i=1}^{n} R_i \widehat{\delta}(T_i, M_i, Y_i, X_i) \widehat{\eta}(X_i).$$

在 6.3.2 小节中, 我们将探讨所提出估计量的大样本性质, 并分析 $\widehat{\theta}$ 的渐近正态性.

6.3.2 大样本性质和推断

建立 $\widehat{\theta}$ 的渐近正态性是一个具有挑战性的问题. 首先, 积分方程 (6.16) 是不适定的, 导致 $\widehat{\delta}$ 在无穷范数 $\|\cdot\|_\infty$ 下收敛到真值 δ_0 的速率非常缓慢. 为了解决这一问题并建立 $\widehat{\theta}$ 的渐近正态性, 我们引入了一个更弱的度量 $\|\cdot\|_w$, 使得 $\widehat{\delta}$ 在该度量下能够实现更快的收敛速率. 具体定义如下:

$$\|\delta\|_w^2 = \mathbb{E}\left[\left\{\mathbb{E}(R\delta(T, M, Y, X) \mid T, M, Y, Z)\right\}^2\right].$$

显然, 对于任意 $\delta \in \boldsymbol{\Delta}$, 都有 $\|\delta\|_w \leqslant \|\delta\|_\infty$. 此外, 我们还需要在 L_2 范数和无穷范数下分析 $(\widehat{\gamma}, \widehat{\eta})$ 的收敛速率, 这些收敛结果对于证明 $\widehat{\theta}$ 的渐近正态性至关重要. 在一系列必要的参数空间限制和函数形式的正则性假设下, 可以证明估计量 $\widehat{\delta}$ 在无穷范数 $\|\cdot\|_\infty$ 下依概率收敛到真值. 同时, 在定义的伪度量 $\|\cdot\|_w$ 下, $\widehat{\delta}$ 能够达到 $n^{-1/4}$ 的收敛速率. 此外, $(\widehat{\gamma}, \widehat{\eta})$ 在 L_2 范数和无穷范数下均能够达到标准的非参数收敛速率. 更重要的是, 这些收敛速率不会受到 $\widehat{\delta}$ 在无穷范数下较慢收敛速率的影响. 这些结果为 $\widehat{\theta}$ 的渐近正态性提供了坚实的理论基础, 具体细节可参考文献 [158].

接下来我们讨论 $\widehat{\theta}$ 的渐近性质. 设 $\overline{\mathcal{H}}$ 表示 $\boldsymbol{\Delta}$ 在度量 $\|\cdot\|_w$ 下的闭包, 其构成一个希尔伯特空间 $(\overline{\mathcal{H}}, \|\cdot\|_w)$, 内积定义为

$$\langle \delta_1, \delta_2 \rangle_w = \mathbb{E}\left[\mathbb{E}\left\{R\delta_1(T, M, Y, X) \mid T, M, Y, Z\right\} \mathbb{E}\left\{R\delta_2(T, M, Y, X) \mid T, M, Y, Z\right\}\right],$$

其中 $\delta_1, \delta_2 \in \overline{\mathcal{H}}$. 为了便于表述, 类似于 6.1 节, 定义以下记号

$$b_1(x) \equiv f_{T|X^*}(0 \mid x)^{-1},$$

$$b_2(m, x) \equiv f_{M|T,X^*}(m \mid 0, x) f_{T|X^*}(1 \mid x)^{-1} f_{M|T,X^*}(m \mid 1, x)^{-1},$$

$$\kappa(t, m, y, x; \gamma, \eta) \equiv \eta(x) + (1-t) b_1(x) \{\gamma(m, x) - \eta(x)\} + t b_2(m, x) \{y - \gamma(m, x)\},$$

其中 $\gamma \in \mathbf{\Gamma}$, $\eta \in \mathbf{\Lambda}$. 现在我们引入一个表示假定来描述向外迭代估计过程中干扰参数之间相互作用的累积影响.

假设 6.3.4　*存在函数 $\varrho_0 \in \mathbf{\Delta}$ 满足*

$$\langle \varrho_0, \delta \rangle_w = \mathbb{E}\{R\kappa(T, M, Y, X; \gamma_0, \eta_0)\, \delta(T, M, Y, X)\}$$

对任意 $\delta \in \overline{\mathcal{H}}$ 成立.

假设 6.3.4 保证了存在一个表示函数 ϱ_0, 这是实现估计量 $\widehat{\theta}$ 以 $\sqrt{n}$ 的速率收敛的关键. 类似的条件也常见于非参数工具变量的相关文献中. 注意到线性泛函 $\delta \mapsto \mathbb{E}\{R\kappa(T, M, Y, X; \gamma_0, \eta_0)\delta(T, M, Y, X)\}$ 在 $\|\cdot\|_w$ 下是连续的. 根据里斯表示 (Riesz Representation) 定理, 对所有 $\delta \in \overline{\mathcal{H}}$, 存在特解 $\varrho_0 \in \overline{\mathcal{H}}$, 满足 $\langle \varrho_0, \delta \rangle_w = \mathbb{E}\{R\kappa(T, M, Y, X; \gamma_0, \eta_0)\delta(T, M, Y, X)\}$. 当 $\mathbf{\Delta}$ 本身就是封闭的希尔伯特空间时, 即 $\mathbf{\Delta} = \overline{\mathcal{H}}$, 那么里斯表示定理可以直接保证这一假设成立. 如果不符合这一情况, 我们允许 $\varrho_0 \in \overline{\mathcal{H}}$ 而 $\varrho_0 \notin \mathbf{\Delta}$ 来放松假设 6.3.4. 在这种情况下, 我们进一步假设存在 $\varrho_n \in \mathbf{\Delta}_{J_n}$ 满足 $\|\varrho_0 - \varrho_n\|_w = O(n^{-1/4})$. 这一条件也能保证理论分析的有效性. 对平滑参数 (J_n, k_n, l_n, s_n) 施加进一步的限制后, 在 $\|\cdot\|_\infty$ 下, $(\widehat{\gamma}, \widehat{\eta})$ 能以比 $n^{-1/4}$ 更快的速率收敛到 (γ, η). 这种更快的收敛速度对于实现 $\widehat{\theta}$ 的 $\sqrt{n}$ 相合性和正态性是关键的.

定理 6.3.1　*若假设 6.3.1—假设 6.3.4 成立, 在一些正则条件下, 我们有*

$$\sqrt{n}(\widehat{\theta} - \theta) = \frac{1}{\sqrt{n}} \sum_{i=1}^{n} \psi(O_i; \theta, \delta_0, \gamma_0, \eta_0) + o_p(1),$$

其中

$$\psi(O; \theta, \delta, \gamma, \eta) = R\delta(T, M, Y, X)\kappa(T, M, Y, X; \gamma, \eta) - \theta$$
$$+ \mathbb{E}\{R\varrho_0(T, M, Y, X) \mid T, M, Y, Z\}\{1 - R\delta(T, M, Y, X)\},$$

因此 $\sqrt{n}(\widehat{\theta} - \theta) \to N(0, \sigma^2)$, 其中 $\sigma^2 = \mathbb{E}\left\{\psi(O; \theta, \delta_0, \gamma_0, \eta_0)^2\right\}$.

定理 6.3.1 给出了 $\widehat{\theta}$ 的影响函数, 如果无缺失数据 (即 $R \equiv 1$, $\gamma_0(T, M, Y, X) \equiv 1$ 且 $X \equiv X^*$), 则影响函数退化为

$$\psi_{\text{full}}(T, M, Y, X^*) = \kappa(T, M, Y, X^*; \gamma_0, \eta_0) - \theta.$$

这与 Tchetgen Tchetgen 和 Shpitser (2012)[180] 在无缺失数据情况下的结果一致. 基于上述定理的渐近正态性, 可以直接构造 θ 的 95% 置信区间: $[\widehat{\theta}-1.96\widehat{\sigma}/\sqrt{n}, \widehat{\theta}+1.96\widehat{\sigma}/\sqrt{n}]$, 其中 $\widehat{\sigma}$ 是 σ 的相合估计. 标准差 σ 的估计方法可以参考文献 [158], 或者通过 bootstrap 方法实现. 基于上述结论, 可以进一步扩展到自然间接效应、自然直接效应和总因果效应的估计和推断. 由于方法类似, 这里不再赘述.

6.4 应用实例

6.4.1 阿尔茨海默病干预效果的临床抗精神病试验研究

阿尔茨海默病是一种复杂且具有挑战性的神经退行性疾病, 显著影响患者的认知功能、日常生活能力及整体健康水平. 随着全球人口老龄化的加剧, 该病的发病率持续上升, 给社会和家庭带来了沉重负担. 深入探究阿尔茨海默病的病理生理机制, 开发有效的诊断方法与治疗策略, 已成为医学和科学界的紧迫任务.

为了研究抗精神病类药物通过缓解患者精神症状间接改善结局的作用, 我们将 6.2 节中提出的关于结果变量缺失的中介分析方法, 应用于阿尔茨海默病干预效果的临床抗精神病试验研究. 该试验为一项双盲、安慰剂对照研究, 涉及 421 名阿尔茨海默病患者, 这些患者被随机分配接受非典型抗精神病药物 (包括奥氮平、喹硫平和利培酮) 或安慰剂治疗. 试验的主要目标是评估非典型抗精神病药物对阿尔茨海默病相关精神症状患者的治疗有效性. 为了简化分析, 本研究聚焦于试验的第一阶段. 研究中考虑的结果变量为二值变量, 表示患者是否对指定研究药物产生反应, 相应地定义为: 患者在第 12 周时其临床总体印象变化量表评分显著改善. 然而, 部分患者在临床试验中缺失了其临床总体印象变化量表评分, 这种缺失可能并非完全随机. 例如, 患者因服用指定药物后感到精神状况恶化, 认为自身评分不会改善而退出试验, 这表明数据的缺失机制可能为非随机. 在实践中, 由于观察数据不足, 难以准确判断缺失机制是随机的还是非随机的. 因此, 本节分析中将同时考虑这两种缺失机制. 我们的目标是检验非典型抗精神病药物通过缓解阿尔茨海默病患者的精神症状和减少行为障碍作为中介, 对改善临床总体印象变化量表评分的总因果效应是否显著.

为简单起见, 我们仅考虑两个随机组: 指定的奥氮平组 ($T = 1$) 和安慰剂组 ($T = 0$). 这两组共涉及 223 名患者, 其中有 31 名患者缺少第 12 周临床总体印象变化量表评分的数据, 即感兴趣的结果变量 Y 存在缺失. 如果第 12 周的临床总体印象变化量表评分有所改善, 则定义为 $Y = 1$; 否则定义为 $Y = 0$. 中介变量 M 是一个二值变量, 表示与基线测量值相比, 第 2 周神经精神评估量表评分是否下降 ($M = 1$ 表示下降; $M = 0$ 表示未下降). 基线协变量 X 包括患者的教育程度、婚姻状况、年龄、性别、居住地和种族. 由于中介变量 M 和结果变量 Y 均为二值变量, 因此可以假设 M 和 Y 的模型为逻辑回归模型, 并在模型中使用协变量的线性预测变量. 我们分别在随机缺失和非随机缺失机制下估计感兴趣的因果效应. 在非随机缺失机制下, 需要找到一个变量 Z 满足影子变量假设 6.2.1. 该假设与缺失的结果 Y 有关, 不能用观测数据来验证. 尽管如此, 基于观测数据的一些实证分析仍然可以为假设 6.2.1 的可行性提供信息. 根据观察到的数据进行简单的回归分析, 发现受试者的种族与第 12 周临床总体印象变化量表评分的变化 (结果 Y) 有关, 但与 Y 的缺失过程几乎没有关系. 在非随机缺失机制下, 缺失过程被建模为一个依赖缺失结果 Y 的 probit 模型, 这一模型无法直接验证. 使用所提出的方法进行估计后, 表 6.1 展示了在随机缺失和非随机缺失机制下因果效应的估计结果.

表 6.1   在随机缺失和非随机缺失下, 临床抗精神病试验数据的分析结果

	随机缺失		非随机缺失	
	点估计	95% 置信区间	点估计	95% 置信区间
NIE	-0.002	$(-0.010, 0.006)$	-0.002	$(-0.011, 0.007)$
NDE	0.062	$(-0.076, 0.201)$	0.057	$(-0.083, 0.198)$
TE	0.060	$(-0.078, 0.199)$	0.055	$(-0.086, 0.197)$

如表 6.1 所示, 随机缺失和非随机缺失机制下的结果是相似的. 奥氮平药物对临床总体印象变化量表评分改善的自然直接效应估计为正, 而通过神经精神评估量表评分的间接效应估计为负. 然而, 这两种效应的幅度均较小, 且其 95% 置信区间均覆盖 0, 这表明奥氮平药物对阿尔茨海默病患者临床总体印象变化量表评分的改善并没有显著的直接或间接作用. 在非随机缺失机制下, 估计的总效应为 0.055, 尽管方向为正, 但数值较小, 其置信区间为 $(-0.086, 0.197)$, 同样包含 0, 说明奥氮平药物在第 12 周对临床总体印象变化量表评分改善的效果并不显著.

6.4.2 工作满意度和抑郁症的关系

中介分析广泛应用于心理学和社会科学领域. 抑郁症作为全球性的重大公共卫生问题, 严重影响人类身心健康. 根据埃里克森的心理社会发展理论, 中年阶段 (36—60 岁) 的人群正处于一个特定的发展阶段, 面临身体功能变化、职业发展以及家庭与生活周期重叠的多重压力, 这些因素可能显著影响心理健康, 甚至导致抑郁等问题. 因此, 研究这一年龄段人群的工作满意度与抑郁症状之间的关系具有重要意义. 此外, 主观幸福感是个体对生活积极情感体验的综合评价. 已有研究表明, 工作满意度与主观幸福感呈正相关, 而主观幸福感的提升与较少的抑郁症状密切相关. 因此, 本节的重点是探讨主观幸福感在工作满意度与抑郁症状关联中的中介作用.

　　研究数据来源于 2018 年中国家庭追踪调查, 该数据集包含受访者的社会经济状况、人口特征和家庭信息等. 最终选取了 35—60 岁年龄段的 12859 名受访者 (6196 名女性和 6663 名男性) 作为研究样本. 感兴趣的结果变量 Y 是基于流行病学研究中心抑郁量表测量的抑郁症状严重程度 (8—32 分). 处理变量 T 表示个人的工作满意度水平 (1—5 分), 从六个维度进行衡量: 工作收入、工作安全、工作环境、工作时间、工作晋升和总体工作感受. 当总体满意度大于 3 时, 定义 $T = 1$, 否则 $T = 0$, 约 61% 的研究对象属于处理组. 中介变量 M 是受访者的主观幸福感, 基于一项十分制的利克特量表 (Likert-type Scale) 问题 "您的幸福水平是多少？" 进行测量. 为了解决潜在的内生性问题, 选择了一组处理前协变量 X^*, 包括年龄、性别、家庭规模、房屋数量、自我报告的健康状况、婚姻状况和收入. 其中, 收入是一个关键混杂变量, 因为它既是工作满意度的重要决定因素, 也与主观幸福感和抑郁症状密切相关. 然而, 约 44% 的收入数据存在缺失. 这种缺失可能是非随机的, 例如, 收入水平较高的个体往往不愿意披露收入信息. 为了应对这一问题, 选择个体的最高受教育程度作为影子变量 Z. 该变量可以观测到, 并且教育水平与收入显著相关, 但在给定收入和其他可观测变量后, 教育水平可能不会直接影响受访者隐瞒收入信息的倾向.

　　利用 6.3 节提出的方法 (SIO) 来估计感兴趣的自然间接效应、自然直接效应和总效应. 为了对比分析, 还采用了两种其他方法: 多重插补法 (MI), 即通过对缺失数据进行多次插补来处理缺失值, 以及完整案例分析法 (CCA), 即通过删除所有包含缺失值的观测数据后进行估计. 最终的估计结果如表 6.2 所示. 根据表 6.2, 工作满意度与抑郁症状呈显著负相关关系, 同时自然间接效应的置信区间不包含 0, 表明主观幸福感在工作满意度与抑郁症状之间起到了中介作用. 换句话说, 提高工作满意度可以通过增强主观幸福感来有效缓解抑郁症状. 此外, 所提方法和完整案例分析法之间的估计结果存在差异, 表明在分析中删除包含缺失数据的样本可能导致估计结果的偏大化.

表 6.2　2018 年中国家庭追踪调查数据的分析结果

	方法	点估计	95% 置信区间
	SIO	-0.24	$(-0.29, -0.19)$
NIE	MI	-0.32	$(-0.37, -0.28)$
	CCA	-0.32	$(-0.38, -0.26)$
	SIO	-0.33	$(-0.50, -0.17)$
NDE	MI	-0.44	$(-0.57, -0.32)$
	CCA	-0.54	$(-0.70, -0.37)$
	SIO	-0.57	$(-0.74, -0.40)$
TE	MI	-0.76	$(-0.89, -0.63)$
	CCA	-0.86	$(-1.03, -0.69)$

6.5　本 章 小 结

本章深入探讨了中介分析的理论与实践, 首先阐述了在数据完整的情况下中介分析的一般结论, 随后聚焦于存在缺失数据的场景, 提出了识别和估计中介效应的方法. 我们分别研究了结果变量非随机缺失和处理前协变量非随机缺失情况下的识别性问题, 并基于这些识别结果提出了相应的估计方法. 特别地, 在处理前协变量非随机缺失的情形下, 本章构建了非参数分析框架, 并证明了估计量的大样本性质. 这些讨论为研究者提供了理论指导, 帮助其在面对复杂数据时, 能够正确实施中介分析并得出可靠的结论.

尽管本章涵盖了中介分析的许多重要方面, 但因果推断中的中介分析研究远不止于此. 一些文献已将单一中介变量的框架扩展到多中介变量的情形, 以解析不同中介变量的特定路径效应. 这种拓展使研究者能够更全面地理解处理与结果之间的因果机制, 揭示多个中介变量的间接作用. 此外, 在观测性数据分析中, 未观测混杂是难以完全避免的问题, 这导致序贯可忽略性假设可能不成立. 在这种情况下, 如何克服未观测混杂是一个值得进一步研究的重要方向. 针对这一问题, 已有研究提出代理变量方法, 为克服未知混杂提供了有力工具, 从而显著提高了中介分析的准确性和可靠性. 随着统计方法的进步, 我们期待未来能够涌现出更多创新方法, 进一步解决中介分析中的挑战, 使其能够更好地适应实际数据分析的需求, 并为科学研究提供更精确的因果推断工具.

第 7 章 归 因 分 析

在社会科学和医学研究领域中, 探索事物间的因果关系至关重要, 它为我们提供了洞察现象背后深层联系的钥匙. 前面的章节中, 我们更多讨论的是如何识别并估计"原因的结果"(Effects of Causes, EoC), 即从已知的原因出发, 去探究这些原因如何产生特定的结果. 本章我们将目光转向探讨"结果的原因"(Causes of Effects, CoE), 即从个体的某个结果出发, 探索可能引起这一结果的原因. 或许这看起来与"原因的结果"相似, 但我们必须指出, 二者有着本质的不同.

为了更好地理解这二者之间的联系与区别, 我们引入 Pearl 和 Mackenzie (2018)[134] 介绍的因果关系三层级阶梯. 因果关系之梯的第一层级为关联, 关注变量之间的相关关系, 其典型问题是: "如果我观察到某种现象会怎么样?"例如, 青少年参与校园霸凌行为的同时喜欢玩暴力类电子游戏的可能性有多大? 第二层级为干预, 强调前瞻性地估计、评价某种行动或干预的效果, 其典型问题是: "如果我实施某种行动或施加某种干预, 那么特定的结果会如何变化?"例如, 玩暴力类电子游戏是否会, 或者会在多大程度上增加青少年参与校园霸凌行为的概率; 或者, 如果我吃了阿司匹林, 那么我的头痛能治好吗? 在足够准确的因果模型下, 我们可以利用第一层级 (关联) 的数据来回答第二层级 (干预) 的问题, 这就是之前章节所重点关注的内容, 即识别并估计"原因的结果". 因果之梯的第三层级为反事实, 要求我们回顾性地假想实施另外一种干预的反事实场景, 其典型问题为: "假如当时采取另外一种行动, 会发生什么?"和"为什么?"例如, 已知某同学参与实施了校园霸凌, 且他沉迷某款暴力游戏, 那么这款游戏的制作公司是否应为这起霸凌事件负责? 再如, 我吃了阿司匹林且头痛现在缓解了, 头痛的缓解是否因为吃了阿司匹林? 回答这类问题需要我们对"结果的原因"进行推断, 也就是本章要讨论的"归因分析".

当前因果推断领域的大部分研究都侧重于评估某种干预的效应, 鲜有方法讨论如何确定给定结果的原因. 然而在现实世界的某些领域, 如司法实践中的责任认定、临床实践中的病因诊断等, 我们往往更需要去探究"结果的原因", 而非"原因的结果". 例如, 尽管科学研究已经证明, 苯暴露会增加罹患白血病的概率, 但这一论断并不能证明某个体的白血病是由苯暴露直接引起的. 正如 Dawid (2000)[41] 所述, 推断结果的原因是一项更具有挑战性的任务, 是一项针对单个个体的反事实推理问题. 这一场景下"原因的概率"的衡量标准往往难以确定, 在识别性方面也面临着新的挑战.

本章介绍三种不同设置下的归因分析: 7.1 节我们将简要介绍单个原因和单个结果下原因的概率的不同定义及其识别性条件, 并探究不同定义之间的关系; 7.2 节我们将介绍在多个原因和单个结果的场景下, 用以衡量 "结果的原因" 的后验因果效应以及其识别过程; 进一步, 7.3 节介绍多个原因和多个结果下多元后验因果效应的定义及其识别. 最后, 我们在 7.4 节通过实际应用案例来说明本章中的归因方法, 并在 7.5 节进行总结与讨论.

7.1 单个原因和单个结果的归因分析

7.1.1 原因的概率: 定义

几十年来, 甚至几个世纪以来, 司法实践中对于被告有罪的责任判定一直采用一种相对直接的证明方法, 即所谓的 "若非 (But-For) 因果关系" "(若非因)". 《模范刑法典》对于 "若非" 的解释是: 行为是导致结果的原因, 其前提是: 行为是一个先行项, 如果没有这个行为, 结果就不会发生. 假如被告人点了火, 造成当时处于房屋内的受害者死亡, 则被告人的纵火行为就是受害者死亡的 "若非因" 或是 "必要因", 因为如果被告人没有纵火, 受害者就不会死亡. 同时 "若非因" 也可以是间接的, 假如某住户将自己的杂物堆放在大楼的消防通道处堵住了安全出口, 而受害者在发现无法从安全出口逃离之后死在了火灾中, 那么虽然该住户并非纵火人, 他对于受害者的死亡也负有法律责任.

司法实践中的 "若非" 论证思路要求我们确定某个原因造成当前结果的必要性概率 (Probability of Necessity, PN), 而衡量某个原因的必要性概率要求我们回顾性地想象一个反事实场景, 即 "假如被告当时没有那样做, 结果会不同吗?" 在上面火灾的例子中, 我们需要想象 "如果该住户没有用杂物堵住消防通道, 那么受害人活着的概率是多少?", 这就是必要性概率的直观含义. 那么如何在潜在因果框架下, 用数学语言阐释这一反事实概念呢?

我们使用二值变量 Y 代表结果, 其中 $Y=1$ 表示该结果出现, 否则 $Y=0$ (如 $Y=1$ 表示受害人死于火灾); 用二值变量 T 表示造成结果 Y 的可能原因, 其中 $T=1$ 表示存在此原因, 否则 $T=0$ (如 $T=1$ 表示该住户用杂物堵住了消防通道); 用 $Y(1)$ 与 $Y(0)$ 分别表示 $T=1$ 和 $T=0$ 时的潜在结果 (如 $Y(0)=1$ 表示若该住户未用杂物堵塞消防通道, 受害人依然会在火灾中丧生). 根据上面介绍的潜在结果符号, Pearl (1999)[131] 提出必要性概率的定义:

$$\mathrm{PN}(T \Rightarrow Y) = \mathrm{P}\{Y(0)=0 \mid T=1, Y=1\}. \tag{7.1}$$

需要注意的是, 必要性概率实际上涉及两个不同世界之间的对比: $T=1$ 的现

实世界与 $T = 0$ 的反事实世界. 是否有事后判断, 即知道现实世界中发生了什么事 $(T = 1, Y = 1)$ 是反事实 (因果关系之梯的第三层级) 和干预 (第二层级) 之间的关键区别. 如果没有事后判断, 式(7.1)就是 $\mathrm{P}\{Y(0) = 0\}$, 表示在正常的情况下, 如果确保消防通道没有被杂物堵住, 受害者就不会死亡的概率. 但是有了事后判断, 可以为我们提供额外的背景信息, 从而改变对概率的估计. 假如我们观察到消防通道被堵住 $T = 1$ 以及受害者死于火灾 $Y = 1$(事后判断), 那么 $\mathrm{P}\{Y(0) = 0 \mid T = 1\}$ 与 $\mathrm{P}\{Y(0) = 0 \mid T = 1, Y = 1\}$ 就是不同的. 在这个例子中, 知道受害者死亡 $(Y = 1)$ 在一定程度上证明了火灾的强度, 这个信息无法通过通道被堵 $(T = 1)$ 得到.

虽然 "若非因果关系" 是法律实践中被普遍接受的论证方法, 但律师们发现, 在某些情况下它很可能会导致司法不公. 我们考虑某人将未熄灭的烟头扔到仓库里后发生火灾的情景, 需要解决的问题是: 是什么引起了仓库的火灾, 是某人乱扔烟头还是房间里存在氧气? 从必要性的角度来看, 这两个因素少了其中任意一个, 火灾都不会发生, 所以它们对火灾负有同样的责任. 那么我们为什么会更倾向于认为乱扔烟头才是火灾的一个更加合理的解释呢?

从 "若非" 的角度, 我们可以考虑以下两个句子:

(1) 假如某人没有乱扔烟头, 仓库将完好无损.

(2) 假如仓库内不存在氧气, 仓库将完好无损.

这两句陈述都是正确的, 即两个事件的必要性概率同样都很高, 但是我们绝大多数人直觉上会将火灾归咎于烟头而非氧气. 那么是什么造成了这种差异呢? 答案显然与事物的常态有关, 仓库里有氧气非常正常, 但是有燃烧的烟头显然是个小概率事件. 只考虑 "若非" 显然已经无法满足我们的实际需求, 火灾的责任认定还要求我们考虑两个事件造成当前结果的充分性概率 (Probability of Sufficiency, PS), 即它们是否 "足以" 引起火灾. 为了回答这个问题, 我们需要想象这样一种反事实场景: $T = 0$ 且 $Y = 0$, 即事件没有出现、火灾也并未发生, 这种情况下, 如果事件发生导致火灾的可能性有多大. 在潜在结果框架下, 我们对应地给出充分性概率的定义[131]:

$$\mathrm{PS}(T \Rightarrow Y) = \mathrm{P}\{Y(1) = 1 \mid T = 0, Y = 0\}. \tag{7.2}$$

在火灾的例子中, 由于氧气存在的概率远远高于某人扔烟头的概率, 显然在仓库并未着火且仓库内无氧气的情况下, 向仓库中输入氧气从而引起火灾的可能性接近于 0; 相反, 在仓库中没有烟头且未着火的情况下, 向仓库中扔入未熄灭的烟头引发火灾的概率要比前者大得多, 也就是说氧气的充分性概率远远小于扔烟头的充分性概率. 这就能解释为什么我们直觉上会认为扔烟头才是造成火灾的原因.

充分性概率与必要性概率都可以衡量造成结果的原因的概率, 不同的是必要性概率关注的是某种行为如果不发生, 就不会出现某种结果的概率, 即该原因对结果发生的必要程度是多少; 充分性概率关注的是某种行为实施之后的后果, 即该原因是否足以导致当前结果的出现. 在实践中往往需要我们同时考虑事件的充分性概率与必要性概率, 只关注其中一个很可能会将我们引向错误的结论. 如果只考虑必要性概率, 那么世界上普遍存在的各种环境因素都将错误地被视为原因, 例如仓库中氧气的存在可以解释火灾, 水库中的水可以解释不正常的溺亡等等. 而如果只考虑事件的充分性概率, 我们可能丢失重要的具体信息. 例如将枪对准 1000 米外的人并向其开枪, 并不能解释该人的死亡, 因为过长的射程使得子弹正确命中目标的可能性非常低, 但事实上无论出于何种原因, 子弹确实在那一天击中了目标, 这一事实在我们评估枪手是否应对受害者的死亡负有责任时具有决定性的意义. 然而, 法律应该赋予因果关系的必要部分和充分部分多大的权重? 这个问题目前尚无明确的答案.

充分性概率和必要性概率的一个自然延伸就是充分必要概率 (Probability of Necessity and Sufficiency, PNS)[131], 即个体在原因存在的情况下出现结果且在原因不存在的情况下不出现结果的概率, 可以同时衡量原因的充分性与必要性, 其定义如下:

$$\text{PNS}(T \Rightarrow Y) = \text{P}\{Y(1) = 1, Y(0) = 0\}. \tag{7.3}$$

此外, Dawid 等 (2014) [42] 提出了单个原因单个结果下的致因概率 (Probability of Causation, PC), 来评估 T 是影响结果 Y 的原因的可能性:

$$\text{PC}(T \Rightarrow Y) = \text{P}\{Y(0) = 0 \mid Y(1) = 1\}. \tag{7.4}$$

该定义在形式上与前面的必要性概率类似, 不同的是必要性概率条件于观察到的数据 $T = 1, Y = 1$, 而致因概率条件于潜在结果 $Y(1) = 1$, 在特定的识别性假设下, 二者是等价的 (详见 7.1.2 小节). 同时根据定义我们有

$$
\begin{aligned}
\text{PC}(T \Rightarrow Y) &= \frac{\text{P}\{Y(0) = 0, Y(1) = 1\}}{\text{P}\{Y(1) = 1\}} \\
&\geqslant \frac{\text{P}\{Y(1) = 1\} - \text{P}\{Y(0) = 1\}}{\text{P}\{Y(1) = 1\}} \\
&= 1 - 1/\text{CRR}, \tag{7.5}
\end{aligned}
$$

其中 $\text{CRR} = \text{P}\{Y(1) = 1\}/\text{P}\{Y(0) = 1\}$ 表示因果相对风险 (Causal Relative Risk, CRR).

7.1.2 原因的概率: 识别与应用

7.1 节介绍了几种不同的关于原因的概率的定义, 它们均涉及潜在结果的分布. 但是在现实中我们只能观测到变量 T, Y, 潜在结果 $Y(1), Y(0)$ 的分布是未知的, 因而必要性概率、充分性概率、充分必要概率、致因概率的识别需要在一定的假设下讨论.

假设 7.1.1 (无混杂) $\{Y(1), Y(0)\} \perp\!\!\!\perp T$.

无混杂假设意味着研究中不存在未观察到的混杂因素, 潜在结果 $Y(1), Y(0)$ 的联合分布与原因 T 独立, 这是因果推断领域常见的假设. 进一步, 若存在不被 T 影响的可观测协变量集 X, 则无混杂假设可放松为: 条件于协变量 X 独立, 潜在结果 $Y(1)$, $Y(0)$ 与原因 T 独立. 在无混杂假设下, T 对 Y 的因果效应 $\mathrm{P}\{Y(1) = 1\}$ 可识别, 即 $\mathrm{P}\{Y(1) = 1\} = \mathrm{P}(Y = 1 \mid T = 1)$. 类似地, $\mathrm{P}\{Y(1) = 0\}, \mathrm{P}\{Y(0) = 1\}, \mathrm{P}\{Y(0) = 0\}$ 也可以做到识别. 为简便起见, 我们将 $\mathrm{P}(Y = 1 \mid T = 1)$ 记为 p_{11}, 类似地将 $\mathrm{P}(Y = 0 \mid T = 1)$, $\mathrm{P}(Y = 1 \mid T = 0)$ 及 $\mathrm{P}(Y = 0 \mid T = 0)$ 分别记为 p_{01}, p_{10} 及 p_{00}, 后续沿用这一表示.

在无混杂假设成立时, PN, PS, PNS 之间可以相互表示, 且充分性概率 PN 与致因概率 PC 两个定义是等价的, 即

$$\mathrm{PN}(T \Rightarrow Y) = \mathrm{PC}(T \Rightarrow Y) = \frac{\mathrm{PNS}(T \Rightarrow Y)}{p_{11}}, \quad \mathrm{PS}(T \Rightarrow Y) = \frac{\mathrm{PNS}(T \Rightarrow Y)}{p_{00}}.$$

此外, 对于事件 A, B, 很自然地有 $\mathrm{P}(A) + \mathrm{P}(B) - 1 \leqslant \mathrm{P}(A, B) \leqslant \min\{\mathrm{P}(A), \mathrm{P}(B)\}$ 成立, 因而我们有 $\max\big[0, \mathrm{P}\{Y(1)=1\}+\mathrm{P}\{Y(0)=0\}-1\big] \leqslant \mathrm{PNS} \leqslant \min\big[\mathrm{P}\{Y(1)=1\}, \mathrm{P}\{Y(0)=0\}\big]$. 在无混杂假设 7.1.1 下, PNS, PN, PS 的取值范围可由下式决定:

$$\max(0, \ p_{11} - p_{10}) \leqslant \mathrm{PNS} \leqslant \min(p_{11}, \ p_{00}),$$

$$\frac{\max(0, \ p_{11} - p_{10})}{p_{11}} \leqslant \mathrm{PN} \leqslant \frac{\min(p_{11}, \ p_{00})}{p_{11}},$$

$$\frac{\max(0, \ p_{11} - p_{10})}{p_{00}} \leqslant \mathrm{PS} \leqslant \frac{\min(p_{11}, \ p_{00})}{p_{00}}.$$

我们发现必要性概率 PN 的下界可表示为

$$\mathrm{PN} \geqslant 1 - \frac{1}{p_{11}/p_{10}} = 1 - \frac{1}{\mathrm{RR}}, \tag{7.6}$$

其中 RR 在流行病学中称为相对风险 (Relative Risk, RR), 在无混杂假设 7.1.1 成立时 RR 与 CRR 等价. 在司法实践中, 法院常常将相对风险值超过 2 (即 RR >

2) 作为判定责任的标准. 根据式(7.6), 当 RR 值超过 2 时, 可以确定必要性概率 PN 大于 0.5, 这意味着原因 T 对结果 Y 的影响程度至少超过了 50%, 这为法院的责任认定提供了一定的合理性依据. 然而, RR < 2 却并不必然意味着必要性概率低于 0.5, 可见法院所采用的责任认定标准是相对保守的.

在无混杂假设 7.1.1 下, 我们分别讨论了不同的原因的概率定义之间的关系以及上下界, 但是要做到准确识别, 我们还需要额外的假设.

假设 7.1.2 (单调性) $Y(0) \leqslant Y(1)$.

单调性假设表明原因 $T = 0$ 到 $T = 1$ 的变化在任何情况下都不能使得结果 Y 从 1 变成 0. 在流行病学中, 这一假设通常表示为 "无预防", 即人群中的任何个体都无法通过接触风险因素而受益. 这一假设在实践中是比较合理的, 例如在 7.1.1 小节火灾的例子中, 消防通道有杂物堵塞并不会提高受害者的生存概率, 向仓库中扔烟头也不会降低仓库发生火灾的概率. 单调性假设常见于因果推断领域的研究, 如在前面针对工具变量和不依从问题的讨论中也有类似的假设. 该假设限制了潜在结果的分布, 从而帮助我们实现原因的概率的准确识别.

在无混杂假设 7.1.1 和单调性假设 7.1.2 下, 可以用观测数据 T, Y 的分布代替潜在结果 $Y(1), Y(0)$ 的分布, 得到 PNS, PN, PC, PS 的识别表达式如下:

$$\text{PNS} = p_{11} - p_{10}, \quad \text{PN} = \text{PC} = \frac{p_{11} - p_{10}}{p_{11}}, \quad \text{PS} = \frac{p_{11} - p_{10}}{p_{00}}. \tag{7.7}$$

值得一提的是, 这些表达式是文献中常见的归因指标: PNS 的识别表达式在流行病学中被称为风险差异 (Risk Difference, RD), PN 的识别表达式在流行病学中也被称为超额风险比 (Excess Risk Ratio, ERR). 在一些文献中, PN 的识别表达式也被称为归因风险 (Attributable Risk, AR) 或归因分数 (Attributable Fraction, AF). 我们认为这些定义 "用词不当", 因为 RD 与 ERR 只涉及纯粹的统计上的关系, 并没有在因果的框架下讨论, 本身不能用来衡量归因. 只有在无混杂假设 7.1.1 和单调性假设 7.1.2 假设下, RD 和 ERR 才能被赋予因果解释, 但这些假设在过往文献中很少明确.

以上讨论都基于无混杂假设 7.1.1, 而这一假设在实践中往往过于严格, 下面我们放宽这一假设, 即 $\{Y(1), Y(0)\} \not\perp T$. 在这种情况下若我们能够通过其他方式 (如在可忽略性假设下进行协变量调整) 识别 $\text{P}\{Y(1)\}$ 与 $\text{P}\{Y(0)\}$, 那么是否能进一步识别原因的概率呢? 答案是肯定的. 假设 7.1.2 成立时, 若 $\text{P}\{Y(1)\}, \text{P}\{Y(0)\}$ 可识别, 则 PNS, PN, PS, PC 可通过下式实现识别:

$$\mathrm{PNS} = \mathrm{P}\{Y(1) = 1\} - \mathrm{P}\{Y(0) = 1\},$$

$$\mathrm{PN} = \frac{\mathrm{P}(Y = 1) - \mathrm{P}\{Y(0) = 1\}}{\mathrm{P}(Y = 1, T = 1)},$$

$$\mathrm{PS} = \frac{\mathrm{P}\{Y(1) = 1\} - \mathrm{P}(Y = 1)}{\mathrm{P}(Y = 0, T = 0)}, \qquad (7.8)$$

$$\mathrm{PC} = \frac{\mathrm{P}\{Y(1) = 1\} - \mathrm{P}\{Y(0) = 1\}}{\mathrm{P}\{Y(1) = 1\}}.$$

注意到式(7.8)可写作

$$\mathrm{PN} = \frac{p_{11}\mathrm{P}(T = 1) + p_{10}\mathrm{P}(T = 0) - \mathrm{P}\{Y(0) = 1\}}{p_{11}\mathrm{P}(T = 1)}$$

$$= \frac{p_{11} - p_{10}}{p_{11}} + \frac{p_{10} - \mathrm{P}\{Y(0) = 1\}}{\mathrm{P}(Y = 1, T = 1)},$$

其中第一项与式(7.7)相同, 第二项是因为不满足无混杂假设而出现的偏差项. 下面我们用一个例子来说明原因的概率如何应用于实际中的归因分析.

例 7.1.1 (核辐射对白血病的影响) 内华达州是美国核试验场所在地, 表 7.1 数据显示了与内华达州邻近的犹他州南部核辐射高暴露与低暴露地区儿童的白血病死亡情况, 我们需要考虑来自内华达州的高强度辐射是否会导致犹他州儿童白血病死亡率升高.

表 7.1 不同核辐射暴露下儿童白血病死亡情况

	高水平辐射 ($T = 1$)	低水平辐射 ($T = 0$)
死亡 ($Y = 1$)	30	16
存活 ($Y = 0$)	69130	59010

注: 数据来源: Pearl 等 (1999)[131]

我们假设没有混杂因素存在, 且研究中的任何个体都不会因暴露于核辐射之中而受益 (即单调性成立), 则 PNS, PN(PC), PS 都是可识别的, 数值代入后我们得到如下结果:

$$\mathrm{PNS} = \frac{30}{30 + 69130} - \frac{16}{16 + 59010} = 0.0001625,$$

$$\mathrm{PN} = \frac{\mathrm{PNS}}{p_{11}} = \frac{\mathrm{PNS}}{30/(30 + 69130)} = 0.37535,$$

$$\mathrm{PS} = \frac{\mathrm{PNS}}{p_{00}} = \frac{\mathrm{PNS}}{59010/(16 + 59010)} = 0.0001625.$$

结果表明, 犹他州南部的儿童在高辐射水平下死于白血病且在低辐射水平下存活的概率为万分之 1.625; 如果已知个体暴露于高辐射水平且死于白血病, 那其假设没有经受高水平核辐射, 其存活的概率为 37.54%; 如果任何未暴露于高水平核辐射的幸存儿童暴露于高水平核辐射, 那么其死于白血病的概率是万分之 1.625.

然而我们必须指出, 单调性假设通常是不可检验的, 在本例中我们不能断定核辐射对所有人群都是有害的. 例如, Robins 和 Greenland (1989)[140] 认为暴露于核辐射可能对某些人有益, 因为核辐射在临床上是可以用于治疗癌症患者的 (放射疗法). 同时, 我们的分析隐含了可交换性假设, 即目标个体与研究数据中的样本是 "可交换的"[43,131], 换句话说, 就是该个体的潜在结果分布与研究数据中的样本是相同的, 这一假设显然也是难以验证的. 因而在实际应用中, 我们可能需要结合更多先验知识进行判断, 以上结果可以作为参考.

7.2　多个原因和单个结果的归因分析

7.2.1　后验因果效应: 定义

7.1 节我们介绍了在单个原因和单个结果下, 如何进行归因分析. 然而, 在现实世界中, 我们面临的情况要远比这更加复杂. 在许多情况下, 一个特定的结果 Y 可能同时受到多个原因 $(T_1, \cdots, T_p)$ 的影响, 这些原因可能直接或间接地对结果产生作用, 甚至这些原因内部也存在相互作用. 这就引出了一个问题: 我们如何将之前讨论的单一原因和单一结果下的 "原因的概率" 概念, 扩展到更一般的情况, 即多个原因和单一结果的情形中去呢?

为了更清晰地理解这一概念, 让我们从一个实际的疾病风险归因例子开始. 假设我们观测到一名临床确诊为高血压的患者 A, 考虑高血压的发病可能是多种因素共同作用的结果, 其因果结构如图 7.1 所示. 在这种情况下, 每个因素都可能对患者的高血压发病有所影响, 但它们的影响程度可能各不相同. 若我们能获取到患者 A 的上述信息, 是否能量化每个可能的原因对结果的影响, 从而找到其中最重要的一个或几个风险因素、提供针对性的医疗建议呢?

针对这一问题, Bruzzi 等 (1985)[18] 提出了多个原因 $T = (T_1, \cdots, T_p)$ 下, 总体的归因风险 (Attributable Risk, AR), 定义为

$$\mathrm{AR} = \frac{\mathrm{P}(Y=1) - \mathrm{P}(Y=1 \mid T_1=0, \cdots, T_p=0)}{\mathrm{P}(Y=1)}.$$

该度量衡量了如果从总体中消除所有的风险因素, 患病风险将会降低的比例. 也就是说 AR 关注的是人群中风险因素的共同作用对总体的影响. 而当我们只对特定因素 T_k 的归因风险感兴趣时, 可以通过调整剩余风险因素 $T_{-k} = T \setminus \{T_k\} =$

$(T_1, \cdots, T_{k-1}, T_{k+1}, \cdots, T_p)$ 来定义特定原因对结果的影响:

$$\mathrm{AR}(T_k \mid T_{-k}) = 1 - \frac{\displaystyle\sum_{t_{-k}} \mathrm{P}(Y = 1 \mid T_k = 0, T_{-k} = t_{-k})\mathrm{P}(T_{-k} = t_{-k})}{\mathrm{P}(Y = 1)}. \tag{7.9}$$

定义式(7.9)要求 T_{-k} 不包含从 T_k 到结果 Y 的因果路径上的任何中间变量. 举一个极端的例子, 假设 T_k 是结果 Y 的一个风险因素, 但是仅通过中间变量 T_{-k} 对 Y 造成影响, 即 $Y \perp\!\!\!\perp T_k \mid T_{-k}$, 此时由式(7.9)定义的 T_k 对 Y 的调整后归因风险为 $\mathrm{AR}(T_k \mid T_{-k}) = 0$. 在高血压的例子中, 日常饮食情况 T_2 仅仅通过诱发心脏病 T_4 来影响高血压的发病情况, 那么若 T_4 出现在条件中, 考虑 T_2 的归因风险是没有意义的.

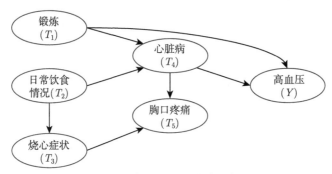

图 7.1　高血压因果关系示意图
来源: Tan 等 (2006)[176], 略作改动

在更一般的设置下, 当 T_{-k} 包含从 T_k 到 Y 的中间变量时, Bruzzi 等 (1985)[18] 提出可以考虑使用 $\mathrm{AR}(T_k \mid A_k)$ 来评估 T_k 的归因风险, 其中 A_k 是不受 T_k 影响的协变量集. 也就是说, 当 T_k 对 Y 的影响是由 T_{-k} 中的部分变量介导时, $\mathrm{AR}(T_k \mid A_k)$ 无法基于所有观测信息 $T = t$ 来评估在某一特定子人群中 T_k 的归因风险. 同时, 正如我们在 7.1 节所讨论的, 我们认为上面定义的 "归因风险" 表述不当, 因为其定义式只涉及纯粹的统计上的关系, 并没有在因果的框架下进行讨论, 本质上也不能被赋予因果解释.

现在我们考虑在潜在因果框架下讨论当存在多个原因时, 如何准确衡量特定子人群中原因 T_k 对结果 Y 的影响程度. 我们用二值变量 Y 表示结果, 且不会对任何原因有影响. 用 $T = (T_1, \cdots, T_p)$ 表示可能的二值原因变量, 且假设它们按照一定的顺序排列, 即当 $i < j$ 时, T_j 不是 T_i 的原因. 例如, $T_1, \cdots, T_p$ 按照时间顺序排列, 未来的事件不会对过去的事件有影响; 或在一个 DAG 中, 对于任何的 $i < j$, T_i 不是 T_j 的后代节点, 满足这样顺序的排列可能不止一个. 按照我们前面

设定的顺序, 令 $A_k = (T_1, \cdots, T_{k-1})$ 表示可能对 T_k 有影响的原因, 也可以理解为不受 T_k 影响的协变量集, 令 $D_k = (T_{k+1}, \cdots, T_p)$ 表示排列在 T_k 之后、可能受到 T_k 影响的原因, 因而 T 可以表示为 $T = (A_k, T_k, D_k)$. 我们使用 $Y(T_k = t_k)$ 表示当 $T_k = t_k$ 时的潜在结果, 用 $t = (t_1, \cdots t_p) \preceq t' = (t'_1, \cdots t'_p)$ 表示对所有的 k, 都有 $t_k \leqslant t'_k$.

在给定观测 $(T = t, Y = 1)$ 时, Lu 等 (2023)[112] 将原因 T_k 对结果 Y 的后验总因果效应 (Posterior Total Causal Effect, PostTCE) 定义为

$$\text{PostTCE}(T_k \Rightarrow Y \mid t, Y = 1) = \mathbb{E}\{Y(T_k = 1) - Y(T_k = 0) \mid t, Y = 1\}. \quad (7.10)$$

为简便起见, 我们用 t 表示 $T = t$, 后续沿用这一表示方法. (7.10)式衡量了在观测到 $(T = t, Y = 1)$ 时, 原因 T_k 发生与不发生的两种潜在结果的期望之差. 后验总因果效应的取值越大, 说明该原因对当前结果出现的影响越大. 特别地, 当 $p = 1$ 时, 即只有单个原因的情况下, 当我们观测值为 $(T_1 = 0, Y = 0)$ 时, 有 $\text{PostTCE}(T_1 \Rightarrow Y \mid T_1 = 0, Y = 0) = \text{PN}(T_1 \Rightarrow Y)$ 成立, 因而 PostTCE 可以衡量 T_1 对 Y 的必要性概率, 是 PN 在多原因情境下的合理推广. 但是需要注意的是, 多个原因变量的情况下, 由 $\text{PostTCE}(T_k \Rightarrow Y \mid t, Y = 1)$ 所得到的原因的重要性排序通常与由 $\text{PN}(T_k \Rightarrow Y)$ 得到的重要性排序不同, 因为它们条件于不同的变量, 详见 7.4.1 小节.

上述度量 PostTCE 为我们提供了给定观测下, 衡量原因 T_k 对结果 Y 的总因果效应的方法. 在高血压的例子中, 假设我们观测到某高血压患者 $(Y = 1)$ 锻炼不足、饮食健康、没有烧心症状, 但是患有心脏病且胸口常有疼痛, 即 $T = (1, 0, 0, 1, 1)$, 那么 $\text{PostTCE}(T_1 \Rightarrow Y \mid (1, 0, 0, 1, 1), Y = 1)$ 评估的是在这一子人群中, 原因 T_1 通过路径 $T_1 \rightarrow T_4 \rightarrow Y$ 与 $T_1 \rightarrow Y$ 对结果 Y 的总效应.

进一步, 我们可能更希望了解在给定所有中间变量的取值下, 原因 T_k 对结果 Y 的直接效应. 与中介效应中受控的直接效应 (Controlled Direct Effect, CDE) 的定义类似, 对于给定的中间变量取值 $d^*_k \preceq d_k$, Lu 等 (2023)[112] 定义了下面的后验直接因果效应 (Posterior Direct Causal Effect, PostDCE):

$$\text{PostDCE}\{T_k \Rightarrow Y(D_k = d^*_k) \mid t, Y = 1\}$$
$$= \mathbb{E}\{Y(D_k = d^*_k) - Y(T_k = 0, D_k = d^*_k) \mid t, Y = 1\}.$$

我们同时定义 $Y(D_k = \varnothing) = Y$ 且 $Y(T_k = 0, D_k = \varnothing) = Y(T_k = 0)$. 后验直接因果效应通过给定 $D_k = d^*_k$ 阻断了从 T_k 到 Y 通过 D_k 的所有路径来衡量 T_k 对结果 Y 的直接效应. 在高血压的例子中, 如果我们观测到某高血压患者 $(Y = 1)$ 锻炼不足、饮食健康、没有烧心症状, 但是患有心脏病且胸口常有疼痛, 即

$T = (1, 0, 0, 1, 1)$, 那么 $\text{PostDCE}\{T_1 \Rightarrow Y(D_1 = d_1^*) \mid (1, 0, 0, 1, 1), Y = 1\}$, $d_1^* \preceq d_1 = (0, 0, 1, 1)$, 可以评估在这一子人群中, 当其他原因变量为不同取值时, 原因 T_1 通过路径 $T_1 \to Y$ 对结果 Y 的直接效应.

请注意, 我们在评估直接效应时要求中间变量的取值满足 $d_k^* \preceq d_k$. 假设所有原因的出现都会增加结果的发生概率 (即我们后面即将介绍的单调性假设 7.2.2), $d_k^* \preceq d_k$ 意味着我们可以消除 D_k 中的一些原因, 也就是将某个 $T_j = 1$, $j > k$ 设置为 $T_j = 0$ 来评估这一情况下原因 T_k 对 Y 的直接效应, 因为中间变量的取值不同时, 直接效应可能有很大差异 (参考 7.4.2 小节). 同时, 我们不会考虑 "原本不会出现的原因突然出现" 这一反事实场景, 因而 PostDCE 不会被定义为 $\mathbb{E}\{Y(T_k = 1, D_k = d_k^*) - Y(T_k = 0, D_k = d_k^*) \mid a_k, T_k = 0, d_k, Y = 1\}$. 这也是合理的, 因为如果我们观测到一名高血压患者饮食健康 $T_2 = 0$, 那么我们就不需要考虑将其高血压发病归因于饮食状况.

如果某原因 T_k 不会影响其他任何原因 (如图 7.1 中的胸口疼痛 T_5), 那么按照我们前面的定义, T_k 处于原因排序的末尾, 即 $k = p$. 对于最末尾的原因变量 T_p, 如果在我们的观测中, $t_p = 1$, 那么 T_p 的后验总因果效应与后验直接因果效应是等价的:

$$\text{PostTCE}(T_p \Rightarrow Y \mid a_p, T_p = 1, Y = 1) = \text{PostDCE}(T_p \Rightarrow Y \mid a_p, T_p = 1, Y = 1).$$

7.2.2 后验因果效应: 识别

在 7.1.2 节中, 我们讨论必要性概率和充分性概率的识别性时, 提到了无混杂假设 7.1.1 和单调性假设 7.1.2. 在多个原因单个结果的场景下, 后验因果效应的识别也需要类似的假设. 为简便起见, 我们用 $Y(t)$ 和 $T_k(a_k)$ 分别表示潜在结果 $Y(T = t)$ 和 $T_k(A_k = a_k)$.

假设 7.2.1 (i) 对任意 a_k, $T_k(a_k) \perp\!\!\!\perp A_k$, $k = 2, \cdots, p$;

(ii) 对任意 t, $Y(t) \perp\!\!\!\perp T$.

假设 7.2.1 是假设 7.1.1 在多个原因场景下的扩展版本. 在单一原因与单一结果的简单场景中, 假设 7.1.1 只要求原因和结果之间不存在未观测的混杂因素. 然而, 在涉及多个原因和单一结果的复杂场景中, 假设 7.1.1 显然无法满足我们的识别需求, 因而假设 7.2.1 不仅要求原因与结果之间不存在未观测混杂, 同时还要求多个原因之间也不存在未观测混杂. 类似地, 下面给出了多个原因场景下的单调性假设.

假设 7.2.2 对于给定观测 $T = t = (a_k, t_k, d_k)$:

(i) 对任意 $i > k$, $a_i^* \preceq a_i$, 有 $T_i(a_i^*) \leqslant T_i(a_i)$;

(ii) 对任意 $t^* \preceq t$, 有 $Y(t^*) \leqslant Y(t)$.

假设 7.2.2 意味着任何原因的出现都不会降低受到其影响的事件的发生概率. 例如, 从锻炼不足 ($T_1 = 1$) 转变为规律锻炼 ($T_1 = 0$) 并不会增加心脏病 (T_4)、高血压 (Y) 的患病风险, 心脏健康 ($T_4 = 0$) 个体的高血压患病风险也不会高于患有心脏病 ($T_4 = 1$) 的个体. 在假设 7.2.2 下, 当观测值 t 中 $t_k = 0$ 时, 根据定义原因 T_k 对结果 Y 的后验总因果效应 PostTCE 与后验直接因果效应 PostDCE 为 0.

我们注意到, 假设 7.2.1 (i) 与假设 7.2.2 (i) 的成立与 T 中各原因变量的排列顺序相关. 而在 7.2.1 小节中我们也提到, 满足条件 "当 $i < j$ 时, T_j 不是 T_i 的原因" 的原因排序可能并不是唯一的, 那么上面的假设是否还适用呢? 答案是肯定的, Lu 等 (2023)[112] 证明只要满足上述条件, 假设 7.2.1 (i) 与假设 7.2.2 (i) 成立与否在原因变量 T 的不同排列顺序中是一致的.

在假设 7.2.1 和假设 7.2.2 下, 我们首先考虑识别 $\mathrm{P}\{Y(T_k = 0) = 1 \mid T = t\}$. 当观测值 t 中分量 $t_k = 0$, 那么根据一致性假设, 有 $\mathrm{P}\{Y(T_k = 0) = 1 \mid T = (a_k, t_k = 0, d_k)\} = \mathrm{P}(Y = 1 \mid a_k, t_k = 0, d_k)$, 可从观测数据中计算得到; 而当观测值 t 中分量 $t_k = 1$ 时, $\mathrm{P}\{Y(T_k = 0) = 1 \mid T = (a_k, t_k = 1, d_k)\}$ 是一个反事实概率, 它的识别需要在一定的假设下实现.

定理 7.2.1 在无混杂假设 7.2.1 与单调性假设 7.2.2 下, $\mathrm{P}\{Y(T_k = 0) = 1 \mid T = (a_k, t_k = 1, d_k)\}$ 的识别表达式为

$$\mathrm{P}\{Y(T_k = 0) = 1 \mid T = (a_k, t_k = 1, d_k)\}$$

$$= \sum_{c_{k+1:p} \leqslant d_k} \left[H_k \times \prod_{i=k+1}^{p} \left\{ (1 - t_i) + t_i(1 - c_i) + t_i(-1)^{1-c_i} \times Q_i \right\} \right], \quad (7.11)$$

其中, $c_{k+1:p} = (c_{k+1}, \cdots, c_p)$, $H_k = \mathrm{P}(Y = 1 \mid A_k = a_k, T_k = 0, D_k = c_{k+1:p})$,

$$Q_i = \frac{\mathrm{P}(T_i = 1 \mid a_k, T_k = 0, T_{k+1:i-1} = c_{k+1:i-1})}{\mathrm{P}(T_i = 1 \mid A_i = a_i)}.$$

定理 7.2.1 的证明过程比较复杂, 这里不再赘述, 感兴趣的读者可参考 Lu 等 (2023)[112]. 在假设 7.2.2 的条件下, 有

$$\mathrm{PostTCE}(T_k \Rightarrow Y \mid t, Y = 1) = t_k \left\{ 1 - \frac{\mathrm{P}\{Y(T_k = 0) = 1 \mid T = t\}}{\mathrm{P}(Y = 1 \mid T = t)} \right\}.$$

当无混杂假设 7.2.1 成立时, 根据定理 7.2.1 识别结果, 将式(7.11)代入即可实现后验总因果效应的识别.

类似地, 在假设 7.2.1(ii) 与假设 7.2.2(ii) 下, 给定观测值 $T = t = (a_k, t_k, d_k)$ 以及结果 $Y = 1$, 对任意 $d_k^* \preceq d_k$, 后验直接因果效应 $\mathrm{PostDCE}(T_k \Rightarrow Y(d_k^*) \mid$

$T = t, Y = 1)$ 的识别表达式如下:

$$\text{PostDCE}\{T_k \Rightarrow Y(d_k^*) \mid T = t, Y = 1\}$$

$$= \frac{\text{P}(Y = 1 \mid a_k, T_k = t_k, D_k = d_k^*) - \text{P}(Y = 1 \mid a_k, T_k = 0, D_k = d_k^*)}{\text{P}(Y = 1 \mid T = t)}.$$

当 $p = 1$, 即只有一个原因变量时, $\text{PostDCE}(T_k \Rightarrow Y) = \{\text{P}(Y = 1 \mid T = 1) - \text{P}(Y = 1 \mid T = 0)\}/\text{P}(Y = 1 \mid T = 1)$, 与 $\text{PN}(T_1 \Rightarrow Y)$ 的识别表达式相同. 但是需要指出的是, 在多个原因存在且它们之间有相互作用的时候, $\text{PN}(T_1 \Rightarrow Y)$ 并不能准确评估 T_1 对 Y 的必要性概率 (参考应用 7.4.1 小节结果).

上面的识别性讨论都是基于对所有原因变量 $T = (T_1, \cdots, T_p)$ 的完整观测, 但是在某些情况下, 我们可能只能观察到 T 中的一部分变量. 对于 $m < p$, 我们记 $T' = (T_{i_1}, \cdots, T_{i_m})$ 为 T 的一个子集, 对应的观测值为 $T' = t'$. 在只有部分原因可被观测的场景下, 我们定义后验因果效应如下:

$$\text{PostTCE}(T_k \Rightarrow Y \mid t', Y = 1) = \mathbb{E}\{Y(T_k = 1) - Y(T_k = 0) \mid t', Y = 1\},$$

$$\text{PostDCE}\{T_k \Rightarrow Y(d_k^*) \mid t', Y = 1\} = \mathbb{E}\{Y(d_k^*) - Y(T_k = 0, d_k^*) \mid t', Y = 1\},$$

其中 $d_k^* = (t_{k+1}^*, \cdots, t_p^*)$, 对于 $i \in \{k+1, \cdots, p\}$, 若 t_i 可以被观测到, 那么 $t_i^* \leqslant t_i$, 否则 $t_i^* = 0$. 而只有部分原因被观测到时后验因果效应可以表示为完整观测下后验因果效应的期望, 即

$$\text{PostTCE}(T_k \Rightarrow Y \mid t', Y = 1) = \sum_{t:t \supseteq t'} \text{PostTCE}(T_k \Rightarrow Y \mid t, Y = 1) \times R_t,$$

$$\text{PostDCE}\{T_k \Rightarrow Y(d_k^*) \mid t', Y = 1\} = \sum_{t:t \supseteq t'} \text{PostDCE}\{T_k \Rightarrow Y(d_k^*) \mid t, Y = 1\} \times R_t,$$

其中 $R_t = \text{P}(T = t \mid T' = t')$. 这也提示我们在实际应用过程中, 我们不需要完整了解患者的所有原因变量信息, 在仅有部分信息可观测时, 同样可以基于现有信息进行后验因果效应的估计.

特别地, 当 $T' = \varnothing$ 时, 在假设 7.2.1 以及单调性假设 $Y(T_k = 0) \leqslant Y(T_k = 1)$ 下, 有 $\text{PostTCE}(T_k \Rightarrow Y \mid Y = 1) = \text{AR}(T_k \mid A_k)$, 即后验总因果效应与归因风险是等价的 (参考 7.4.1 小节). 这实际上也为我们提供了 $\text{PostTCE}(T_k \Rightarrow Y \mid Y = 1)$ 的另一个识别结果, 且需要的单调性条件比假设 7.2.2 更宽松. 但同时, 这也提示我们归因风险的结果可能是 "不准确" 的, 因为它没有利用到目标个体或子群体层面的原因变量信息. 在高血压的例子中, 我们假定无混杂与单调性假设同时成立, 那么归因风险实际上相当于我们在不知道某高血压患者的基础信息与生活

习惯 (即未观测到原因变量信息) 的情况下, 仅基于历史人群数据对其高血压发病原因进行分析, 这在实践中可能被认为是考虑不周的, 因为它未能利用到患者个体层面的详细信息.

本节深入探讨了不同假设下后验因果效应的识别问题, 这为我们利用观测数据的分布信息评估各种原因的后验因果效应提供了可能. 在实际应用中, 我们往往需要基于有限的样本数据对后验因果效应进行估计, 在估计方法的选择上, 需要结合领域知识与样本数据特点进行考虑. 一种直接有效的方法是利用样本频率来近似总体的条件概率, 这种方法简单易行, 一般适合于数据量较大且分布均匀的场景. 此外, 我们还可以基于领域先验知识构建一个统计模型 (如 Logistic 回归) 来描述各变量之间的关系, 然后利用样本数据来进行模型的拟合与训练, 从而估计出总体的条件概率. 当样本量较小或数据分布不均匀时, 模型估计方法可能更为合适, 但需要注意的是, 这往往要求模型是被正确指定的.

7.3 多个原因和多个结果的归因分析

7.3.1 多元后验因果效应: 定义

在 7.2 节中, 我们深入探讨了在多个原因的情况下如何进行归因分析, 以识别导致特定结果的主要因素. 在多个原因和单个结果的框架下, 我们介绍了 "后验因果效应" 这一概念, 用以评估不同原因对于特定结果的总因果效应以及直接因果效应. 然而, 现实世界的复杂性往往超出了单一结果的范畴, 我们经常面对的是由多个原因和多个结果交织而成的复杂网络. 多个结果变量的存在为我们提供了额外的关键信息, 为更准确地推断其原因提供了可能, 但也大大增加了分析的复杂度.

医学领域中的疾病诊断就是一个典型的例子, 因为大部分疾病的临床表现往往是多方面而非单一的, 在临床实践中, 患者的症状越多, 医生就越有可能凭借这些信息做出准确的病因诊断, 从而避免误诊. 然而绝大部分现有的诊断算法, 包括基于模型的贝叶斯方法和深度学习方法, 都依赖于关联推理. Richens 等 (2020)[139] 提出医疗诊断需要满足三个原则——后验概率、因果解释与简洁性. 基于贝叶斯推断的疾病诊断方法无法将相关性与因果关系区分开来, 不满足因果解释原则, 有时会导致次优甚至错误的诊断.

下面我们考虑 Jensen 和 Nielsen (2007)[81] 中的疾病诊断问题: 临床上感冒和心绞痛往往存在误诊的风险, 因为二者在临床表现上具有一定的相似性, 特别是在心绞痛早期症状不典型的时候, 往往会被误诊为普通感冒, 导致治疗延误甚至错误用药. 感冒与心绞痛早期相关症状的因果结构如图 7.2 所示, 为了说明各症状 (结果变量) 之间可能会相互影响, 我们在三个症状之间添加了两条有向边:

咽痛 $(Y_1) \to$ 发热 $(Y_2) \to$ 喉咙斑点 (Y_3).

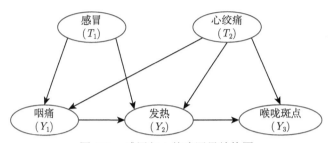

图 7.2 感冒与心绞痛因果结构图

来源: Jensen 和 Nielsen (2007)[81], 略作改动

在这种情况下, 感冒 $(T_1 = 1)$ 与心绞痛 $(T_2 = 1)$ 都有可能引起患者咽痛 $(Y_1 = 1)$ 和发热 $(Y_2 = 1)$, 心绞痛可以直接导致喉咙斑点症状的产生 $(Y_3 = 1)$, 同时咽痛可引起发热, 发热会造成喉咙斑点的出现. 我们需要针对患者的不同症状 $(Y_1, Y_2, Y_3) = (y_1, y_2, y_3)$ 给出合理的疾病诊断结果, 找到最有可能的病因, 从而给出准确的治疗建议.

针对这一问题, 基于贝叶斯的方法通过比较不同病因 T_k 的条件概率 $\mathrm{P}(T_k = 1 \mid y_1, y_2, y_3)$ 给出判断结果, 但是需要注意的是, 其诊断结果极其依赖于疾病的先验概率. 也就是说若某种疾病具有较高的先验概率, 则即便它并不是诱发特定症状的实际病因, 仍然可能因为其在所有疾病中后验概率最大而被误认为病因. 例如, 在现实中心绞痛在人群中的患病率远远小于感冒的患病率, 那么此时如果我们观测到一名患者没有咽痛和发热症状, 但是喉咙里可见斑点, 即 $Y_1 = 0, Y_2 = 0, Y_3 = 1$, 那么条件概率 $\mathrm{P}(T_1 = 1 \mid Y_1 = 0, Y_2 = 0, Y_3 = 1)$ 可能会大于 $\mathrm{P}(T_2 = 1 \mid Y_1 = 0, Y_2 = 0, Y_3 = 1)$, 也就是说患者在这种方法下会被诊断为感冒. 但是从图 7.2 中的因果结构来看, 感冒只能通过引起发热来间接影响喉咙中斑点的出现, 而我们并未观测到该患者的发热症状, 将其诊断为感冒显然是不合理的 (可参考本章 7.4.3 小节).

因此, 我们需要在潜在结果框架下考虑对其进行反事实推理. 在 7.2 节我们介绍了 Lu 等 (2023)[112] 提出的 "后验因果效应", 但它并不适用于同时存在多个结果变量的场景. 在这一背景下, 我们需要进一步扩展 "后验因果效应" 这一概念, 以便更全面地利用多个结果变量所蕴含的信息实现归因.

我们考虑 Lauritzen 和 Spiegelhalter (1988)[96] 中描述的疾病诊断案例, 为了更清晰地介绍本节的方法, 我们对其因果结构略作改动: 删除 "肺结核或肺癌" 节点而用 "肺结核" "肺癌" 两个节点代替, 同时添加三条有向边: "肺结核 → 呼吸困难", "肺癌 →X 线片结果", 以及 "吸烟情况 → 呼吸困难", 修改后的因果结构如图 7.3 所示. 根据图 7.3, 近期到访过亚洲 $(T_1 = 1)$ 的人有一定概率感染结核分枝杆菌从而罹患肺结核 ($T_3 = 1$), 吸烟 ($T_2 = 1$) 会增加肺癌 ($T_4 = 1$) 与支气管炎 ($T_5 = 1$) 的患病风险、同时有概率出现呼吸困难 ($Y_2 = 1$) 的症状, 患有肺癌、肺结核或支气管炎都可能出现呼吸困难这一症状, 而肺癌和肺结核患者都可能表现为阳性的 X 线片结果 ($Y_1 = 1$). 我们希望从患者的临床症状——是否存在呼吸困难以及 X 线片结果来判断患者的具体病症, 并且评估各风险行为的具体效应.

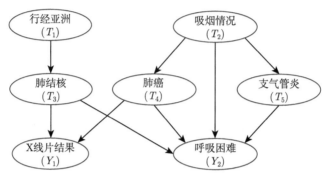

图 7.3   呼吸道病症诊断因果结构
来源: Lauritzen 和 Spiegelhalter (1988)[96], 略作改动

与 7.2 节类似, 我们用 $T = (T_1, \cdots, T_p)$ 表示可能的二值原因变量, 且假设它们按照一定的顺序排列, 即当 $i < j$ 时, T_j 不是 T_i 的原因, 因而 T 可以表示为 $T = (A_k, T_k, D_k)$. 考虑存在多个结果变量的场景, 我们用向量 $Y = (Y_1, \cdots, Y_q)$ 来表示结果, Y 是一列可能相互影响的二值变量组成的向量, 且任何一个结果 Y_k 不会对原因变量 T_i 有影响. 同时我们要求结果变量 Y 内部也按照顺序排列, 即 $i < j$ 时 Y_j 不会对 Y_i 有影响, 正如 7.2 节所述, 满足规定顺序的排列可能不止一个. 我们同样使用 $Y(T_k = t_k)$ 表示当 $T_k = t_k$ 时的潜在结果, 用 $t = (t_1, \cdots, t_p) \preceq t' = (t'_1, \cdots, t'_p)$ 表示对所有的 k, 都有 $t_k \leqslant t'_k$. 令 $O = o$ 表示某个体的观测结果, 其中 O 可能是向量 (T, Y) 或是其子向量 (即部分观测), o 表示 O 的观测值.

在给定观测 $O = o$ 下, Li 等 (2024)[105] 将原因 T_k 对结果 Y 的多元后验总因果效应 (Multivariate Posterior Total Causal Effect, MulPostTCE) 定义为

$$\mathrm{MulPostTCE}(T_k \Rightarrow Y \mid O = o) = \mathbb{E}\big[g\{Y(T_k = 1)\} - g\{Y(T_k = 0)\} \mid O = o\big],$$

其中 $g(\cdot) : \{0,1\}^q \to \mathbb{R}$ 为已知函数, 表示对 Y 中多个结果变量进行重要性加权. 特别地, 可以选取可加函数 $g(y_1, \cdots, y_q) = \sum_{j=1}^{q} g_j(y_j)$, $g_j(\cdot) : \{0,1\} \to \mathbb{R}$ 代表结果变量 Y_j 对于评估多元后验因果效应的重要性. 由于 y_j 是二值的, $g_j(y_j)$ 可等价表示为 $g_j(y_j) = g_j(0) + \omega_j y_j$, $\omega_j = g_j(1) - g_j(0)$. 在实际应用中, $g_j(\cdot)$ 需要我们根据专业知识进行指定, 若无先验信息, 则可简单取 $g_j(y_j) = y_j$.

上述度量 MulPostTCE 为我们提供了给定观测下, 评估特定原因 T_k 对结果

向量 Y 的总因果效应的方法. 在上面呼吸道疾病诊断的例子中, 假设我们观测到某患者的观测为 $O = (T_1 = 0, T_2 = 1, Y_1 = 0, Y_2 = 1)$, 即该患者有吸烟史但是并未去过亚洲, X 线片结果正常但出现呼吸困难症状, 那么多元后验总因果效应 $\text{MulPostTCE}(T_2 \Rightarrow Y \mid T_1 = 0, T_2 = 1, Y_1 = 0, Y_2 = 1)$ 实际上衡量了吸烟对于其临床表现的直接效应以及经由肺癌与支气管炎介导的中介效应的总和.

然而在一些场景中, 我们更希望评估消除某种风险或病因对结果的影响, 因而我们给出给定观测 $O = o$ 下, T_k 对 Y 的多元后验干预因果效应 (Multivariate Posterior Intervention Causal Effect, MulPostICE) 的定义[105]:

$$\text{MulPostICE}(T_k \Rightarrow Y \mid O = o) = \mathbb{E}\big[g(Y) - g\{Y(T_k = 0)\} \mid O = o\big].$$

当 $g(y_1, \cdots, y_q) = \sum_{j=1}^{q} y_j$ 时, 多元后验干预效应评估了消除现有的原因事件 T_k 后, 结果事件发生数期望的减少值. 例如, 在呼吸道病症诊断案例中, 假设我们观测到患者有吸烟史且曾经到访亚洲, 且临床表现为 X 线片结果阳性、存在呼吸困难, 即 $O = (T_1 = 1, T_2 = 1, Y_1 = 1, Y_2 = 1)$, 我们可以通过计算 $\text{MulPostICE}(T_k \Rightarrow Y \mid T_1 = 1, T_2 = 1, Y_1 = 1, Y_2 = 1)$ 来评估不同疾病的后验干预因果效应, 以此判断相应背景信息下最能解释患者症状的疾病. 进一步, 若患者的呼吸道患病情况都是可以被观测到的, 那么 MulPostICE 可用于评估不同疾病对于症状的缓解程度, 从而针对性地提供治疗建议以优先应对危急症状.

在因果一致性假设下, 当观测证据包含 $t_k = 1$, 则有 $Y = Y(T_k = 1)$, 因而此时 T_k 的后验总因果效应与后验干预因果效应相等. 同理, 当观测证据包含 $t_k = 0$, 我们有 $\text{MulPostICE}(T_k \Rightarrow Y \mid O = o, T_k = 0) = 0$, 从而 MulPostTCE 与 MulPostICE 存在以下关系:

$$\text{MulPostICE}(T_k \Rightarrow Y \mid o) = \text{MulPostTCE}(T_k \Rightarrow Y \mid o, T_k = 1) \times \text{P}(T_k = 1 \mid o).$$

进一步, 我们可能对给定所有中间原因变量的取值下, 原因 T_k 对结果 Y 的直接效应感兴趣. 与中介分析类似, Li 等 (2024) 定义了下面的多元后验直接因果效应 (Multivariate Posterior Direct Causal Effect, MulPostDCE):

$$\text{MulPostDCE}\{T_k \Rightarrow Y(D_k = d_k^*) \mid O = o\}$$
$$= \mathbb{E}\big[g\{Y(D_k = d_k^*)\} - g\{Y(T_k = 0, D_k = d_k^*)\} \mid O = o\big]. \tag{7.12}$$

由于 T_k 与 Y 之间的所有中间变量取值都已给定, 式(7.12)实际上衡量了 $T_k \rightarrow Y$ 这一直接路径的效应. 更一般地, 令 $D_{k,1}$ 表示 D_k 的子向量, $D_{k,2}$ 表示 D_k 中由其余变量组成的子向量, $\mathcal{I}_{k,1}$ 和 $\mathcal{I}_{k,2}$ 分别表示 $D_{k,1}$ 和 $D_{k,2}$ 中变量下标组成的集合. 给定观测 $O = o$, 令 $d_{k,1}^* = (t_l^*)_{l \in \mathcal{I}_{k,1}}$, 若变量 T_l 可被观测, 则 $t_l^* \leqslant t_l$, 否则 $t_l^* = 0$. 类似地, 我们定义给定中间变量的一个子集的取值 (如 $D_{k,1} = d_{k,1}^*$) 时的后验直接因果效应为

$$\text{MulPostDCE}\{T_k \Rightarrow Y(d_{k,1}^*) \mid o\} = \mathbb{E}\big[g\{Y(d_{k,1}^*)\} - g\{Y(T_k = 0, d_{k,1}^*)\} \mid o\big].$$

$$(7.13)$$

该式衡量了阻断经由 $D_{k,1}$ 的间接路径后, T_k 对 Y 的后验效应. 在呼吸道病症诊断的例子中, $\text{MulPostDCE}\{T_2 \Rightarrow Y(T_5 = t_5) \mid t, y\}$ 衡量了控制患者的支气管炎患病情况下吸烟对于对应症状的直接效应. 根据因果一致性假设, 式(7.13)可以类似表示为

$$\text{MulPostDCE}\left\{T_k \Rightarrow Y(d_{k,1}^*) \mid o\right\}$$

$$= \text{MulPostDCE}\left\{T_k \Rightarrow Y(d_{k,1}^*) \mid o, T_k = 1\right\} \times \mathrm{P}(T_k = 1 \mid o).$$

7.3.2 多元后验因果效应: 识别

当结果变量不止一个时, 多元后验因果效应识别会变得非常复杂, 因为它可能涉及多个潜在结果的联合分布. 我们首先考虑一种简单的情形: 加权函数 $g(\cdot)$ 为可加函数, 即 $g(y_1, \cdots, y_q) = \sum_{j=1}^q g_j(y_j)$. 由于 Y_j 都是二值变量, 我们可以将多元后验因果效应转化为对不同结果 Y_j 的相应后验因果效应的加权和, 其表达式如下:

$$\text{MulPostTCE}(T_k \Rightarrow Y \mid o) = \sum_{j=1}^q \omega_j \text{PostTCE}(T_k \Rightarrow Y_j \mid o),$$

$$\text{MulPostICE}(T_k \Rightarrow Y \mid o) = \sum_{j=1}^q \omega_j \text{PostICE}(T_k \Rightarrow Y_j \mid o),$$

$$\text{MulPostDCE}\left\{T_k \Rightarrow Y(d_{k,1}^*) \mid o\right\} = \sum_{j=1}^q \omega_j \text{PostDCE}\left\{T_k \Rightarrow Y_j(d_{k,1}^*) \mid o\right\},$$

其中 $\omega_j = g_j(1) - g_j(0)$, 且

$$\text{PostTCE}(T_k \Rightarrow Y_j \mid o) = \mathbb{E}\{Y_j(T_k = 1) - Y_j(T_k = 0) \mid o\},$$

$$\text{PostICE}(T_k \Rightarrow Y_j \mid o) = \mathbb{E}\{Y_j - Y_j(T_k = 0) \mid o\},$$

$$\text{PostDCE}\{T_k \Rightarrow Y_j(d_{k,1}^*) \mid o\} = \mathbb{E}\{Y_j(D_{k,1} = d_{k,1}^*) - Y_j(T_k = 0, D_{k,1} = d_{k,1}^*) \mid o\}.$$

在此基础上, 如果我们能保证对单个结果变量 Y_j 的后验因果效应可识别, 那么对应的多元后验因果效应就是可以识别的.

需要强调的是, 在多结果变量下考虑单个结果变量的后验因果效应并不等价于 7.2.2 小节中讨论的单结果变量下的后验因果效应. 因为我们可能是在观测到变量顺序中位于 Y_j 之后的结果变量的基础上, 去考虑原因 T_k 对结果 Y_j 的后验因果效应, 换言之, 观测变量 O 中可能包含 Y_l, 其中 $l > j$. 多结果变量的情形下允许结果变量之间存在相互影响 (如图 7.2 所示), 因此条件于 Y_j 之后的观测, T_k 与 Y_j 之间可能会产生额外的混杂偏差 (相当于控制了一个对撞点), 此时 7.2 节中讨论的识别性结果并不适用. 例如, 在感冒与心绞痛的例子中, 如果我们的观测变量中包含患者喉咙斑点情况, 那么心绞痛对于发热的后验因果效应不仅包含路径 "心绞痛 → 咽痛 → 发热"、"心绞痛 → 发热", 还打开了 "心绞痛 → 喉咙斑点 ← 发热" 这条路径, 引入了额外混杂.

下面我们讨论给定观测 $O = o$ 下, 对每一个结果 Y_j 的后验因果效应的识别性. 令 $W = (T, Y)$, $W_{r:s}$ 表示 $(W_r, W_{r+1}, \cdots, W_s)$, $W_{1:0} = \varnothing$, $w_{r:s}^* = (w_r^*, \cdots, w_s^*) \preceq w_{r:s} = (w_r, \cdots, w_s)$ 表示对于 $r \leqslant i \leqslant s$, 都有 $w_i^* \leqslant w_i$. 与 7.1 节和 7.2 节中类似, 我们引入多原因多结果下的无混杂假设与单调性假设.

假设 7.3.1　(i) W_s 与 $W_{1:s-1}$ 之间无未观测混杂, 即对所有 $w_{1:s-1}$, $s = 2, \cdots, p+q$, 都有 $W_s(w_{1:s-1}) \perp\!\!\!\perp W_{1:s-1}$;

(ii) 对任意给定 $w_{1:p+q-1}$, 潜在结果 $\{W_s(w_{1:s-1})\}_{s=1}^{p+q}$ 相互独立.

假设 7.3.2　对于 $s = 2, \cdots, p+q$, 当 $w_{1:s-1}^* \preceq w_{1:s-1}$ 时, 有 $W_s(w_{1:s-1}^*) \leqslant W_s(w_{1:s-1})$.

无混杂假设 7.3.1(i) 意味着每个变量的潜在结果独立于因果链上位于该变量之前的变量. 在假设 7.3.1(i) 的条件下, 假设 7.3.1(ii) 成立意味着, 若 $W_s = f_s(W_{1:s-1}, \epsilon_s)$, 其中 f_s 是一个未知函数, 则误差项满足对 $s = 2, \cdots, p+q$, $\epsilon_s \perp\!\!\!\perp W_{1:s-1}$, 因为 7.3.1(i) 成立意味着 $\epsilon_s \perp\!\!\!\perp \epsilon_{1:s-1}$.

单调性假设 7.3.2 成立不仅意味着每个原因变量对于个体的结果变量的效应都是非负的, 同时也要求结果变量之间的作用也是非负的, 也就是说因果链上的任何一个变量对位于其后方的变量的影响都是非负的. 在无混杂假设 7.3.1 下, 我们有 $\mathrm{P}\{W_s(w_{1:s-1}) = 1\} = \mathrm{P}(W_s = 1 \mid W_{1:s-1} = w_{1:s-1})$, 则当单调性假设与无混杂假设同时成立时, 对任意变量 $w_{1:s-1}^* \preceq w_{1:s-1}$, 有

$$\mathrm{P}(W_s = 1 \mid W_{1:s-1} = w_{1:s-1}^*) \leqslant \mathrm{P}(W_s = 1 \mid W_{1:s-1} = w_{1:s-1}). \tag{7.14}$$

虽然单调性假设一般难以检验, 但(7.14)式为我们提供了在无混杂假设成立的情况下, 检验观测数据分布是否能证伪单调性假设的方法. 此外, 正如我们在 7.2 节中所讨论的, 因果网络中变量的排列顺序可能不是唯一的, 若以上假设对于某一特定的变量排列顺序成立, 则对于具有同样因果关系的其他排列顺序来说也是成立的[112].

我们定义条件因果相对风险为

$$\mathrm{CRR}(t'^*, t' \mid t, y_{-j}) = \frac{\mathrm{P}\{Y_j(T' = t'^*) = 1 \mid t, y_{-j}\}}{\mathrm{P}\{Y_j(T' = t') = 1 \mid t, y_{-j}\}},$$

其中 t' 是 t 的一个子向量, Y_{-j} 表示 Y 中除 Y_j 外的变量组成的向量. 对于给定的观测 $O = o$, 定义 $\mathcal{A}_o = \{(t, y) : o$ 是 (t, y) 的子向量$\}$. 对于 $1 \leqslant j, m \leqslant q$, $1 \leqslant l \leqslant p$, 为简化识别表达式, 引入以下表示:

$$\alpha(t^*, y^*_{1:j-1}) = \frac{\mathrm{P}(Y_j = 1 \mid T = t^*, Y_{1:j-1} = y^*_{1:j-1})}{\mathrm{P}(Y_j = 1 \mid T = t, Y_{1:j-1} = y_{1:j-1})},$$

$$\beta(t^*_{1:l}) = 1 - t_l t^*_l + (-1)^{1-t^*_l} t_l \frac{\mathrm{P}(T_l = 1 \mid T_{1:l-1} = t^*_{1:l-1})}{\mathrm{P}(T_l = 1 \mid T_{1:l-1} = t_{1:l-1})},$$

$$\gamma(t^*, y^*_{1:m}) = 1 - y_m y^*_m + (-1)^{1-y^*_m} y_m \frac{\mathrm{P}(Y_m = 1 \mid T = t^*, Y_{1:m-1} = y^*_{1:m-1})}{\mathrm{P}(Y_m = 1 \mid T = t, Y_{1:m-1} = y_{1:m-1})},$$

其中 t^*, y^* 为给定值. 根据以上表示, 后验干预效应 PostICE 的识别结果如下.

定理 7.3.1 给定观测 $O = o$, 有

$$\mathrm{PostICE}(T_k \Rightarrow Y_j \mid o) = \sum_{(t,y)\in\mathcal{A}_o} \mathrm{PostICE}(T_k \Rightarrow Y_j \mid t, y) \times \mathrm{P}(t, y \mid O = o).$$

若 $Y_j(T_k = 0) \leqslant Y_j(T_k = 1)$, 则

$$\mathrm{PostICE}(T_k \Rightarrow Y_j \mid t, y) = t_k y_j \{1 - \mathrm{CRR}(T_k = 0, T_k = 1 \mid a_k, T_k = 1, d_k, y_{-j})\}.$$

假设 7.3.1 与假设 7.3.2 同时成立时, 识别表达式为

$$\mathrm{CRR}(T_k = 0, T_k = 1 \mid a_k, T_k = 1, d_k, y_{-j})$$

$$= \sum_{d^*_k \preceq d_k} \sum_{y^*_{1:j-1} \preceq y_{1:j-1}} \alpha(t^*, y^*_{1:j-1}) \prod_{l=k+1}^{p} \beta(t^*_{1:l}) \prod_{m=1}^{j-1} \gamma(t^*, y^*_{1:m}),$$

其中 $t^* = (a_k, 0, d^*_k)$, $a_k = t_{1:k-1}$.

定理 7.3.1 中的表达式允许条件于变量 Y_j 之后的结果变量. 同时, 该定理指出 $\mathrm{PostICE}(T_k \Rightarrow Y_j \mid O = o)$ 可以表示为 $\mathrm{PostICE}(T_k \Rightarrow Y_j \mid t, y)$ 的加权和, 而后者在假设 $Y_j(T_k = 0) \leqslant Y_j(T_k = 1)$ 成立时可以进一步表示为条件因果相对风

险 $\mathrm{CRR}(T_k = 0, T_k = 1 \mid a_k, T_k = 1, d_k, y_{-j})$ 的函数, 这个条件比前文中的单调性假设 7.3.2 更弱. 若 $Y_j(T_k = 0) \leqslant Y_j(T_k = 1)$ 不成立, 则与式(7.5)类似, 我们有

$$\mathrm{PostICE}(T_k \Rightarrow Y_j \mid t, y) \geqslant y_j - \mathrm{CRR}(T_k = 0, T_k = t_k \mid t, y_{-j}).$$

当假设 7.3.1 与假设 7.3.2 成立时, 条件因果相对风险 CRR 可识别, 从而 PostICE 也是可识别的.

下面我们考虑识别后验总因果效应 PostTCE. 根据定义及因果一致性, 原因 T_k 对 Y_j 的后验总因果效应和后验干预因果效应的关系方程取决于观测值 t_k. 如果 $t_k = 1$, 则 T_k 对 Y_j 的后验总因果效应与后验干预因果效应相等; 在 $t_k = 0$ 的情况下, T_k 对 Y_j 的后验总因果效应等于所有变量标签颠倒后的相应后验干预因果效应, 即

$$\mathrm{PostTCE}(T_k \Rightarrow Y_j \mid t, y) = \begin{cases} \mathrm{PostICE}(\widetilde{T}_k \Rightarrow \widetilde{Y}_j \mid \widetilde{t}, \widetilde{y}), & t_k = 0, \\ \mathrm{PostICE}(T_k \Rightarrow Y_j \mid t, y), & t_k = 1, \end{cases}$$

其中 $\widetilde{T}_k = 1 - T_k$, $\widetilde{Y}_j$, $\widetilde{t}$ 和 $\widetilde{y}$ 类似定义. 注意到标签反转并不影响单调性假设与无混杂假设的成立, 因而在假设 7.3.1 和假设 7.3.2 下, 我们可以根据定理 7.3.1 得到 $\mathrm{PostTCE}(T_k \Rightarrow Y_j \mid t, y)$ 的识别表达式. 更一般地, 给定观测 $O = o$ 时, $\mathrm{PostTCE}(T_k \Rightarrow Y_j \mid O = o)$ 也可以通过 $\mathrm{PostTCE}(T_k \Rightarrow Y_j \mid t, y)$ 的加权和得到 $\mathrm{PostTCE}(T_k \Rightarrow Y_j \mid O = o) = \sum_{(t,y) \in \mathcal{A}_o} \mathrm{PostTCE}(T_k \Rightarrow Y_j \mid t, y) \mathrm{P}(t, y \mid O = o)$.

接下来, 我们研究当 D_k 的一个子集 $D_{k,1}$ 被干预时, T_k 对 Y_j 的后验直接因果效应 $\mathrm{PostDCE}\{T_k \Rightarrow Y_j(d_{k,1}^*) \mid O = o\}$ 的识别. 给定观测 $(T = t, Y = y)$, 我们定义 T' 为 T 的一个子向量 $T' = (A_k, T_k, D_{k,1})$, 其观测值记为 $t' = (a_k, t_k, d_{k,1})$ 以及 $t'^{*h} = (a_k, h, d_{k,1}^*)$, 其中 $h \in \{0, 1\}$, $d_{k,1}^*$ 是 $D_{k,1}$ 的给定干预值, $D_{k,2}$ 是 D_k 中除 $D_{k,1}$ 的其他变量组成的子向量, $d_{k,2}$ 为对应的观测值.

定理 7.3.2 给定观测 $O = o$, 有

$$\mathrm{PostDCE}\{T_k \Rightarrow Y_j(d_{k,1}^*) \mid o\} = \sum_{(t,y) \in \mathcal{A}_o} \mathrm{PostDCE}\{T_k \Rightarrow (Y_j)_{d_{k,1}^*} \mid t, y\} \times \mathrm{P}(t, y \mid o).$$

若 $Y_j(T_k = 0) \leqslant Y_j(T_k = 1)$, 则

$$\mathrm{PostDCE}\{T_k \Rightarrow Y_j(d_{k,1}^*) \mid t, y\} = t_k y_j \{\mathrm{CRR}(t'^{*1}, t' \mid t, y_{-j}) - \mathrm{CRR}(t'^{*0}, t' \mid t, y_{-j})\}.$$

当假设 7.3.1 与假设 7.3.2 成立, 且 $t = (a_k, 1, d_k)$ 时,

$$\mathrm{CRR}(t'^{*h}, t' \mid t, y_{-j}) = \sum_{d_{k,2}^* \preceq d_{k,2}} \sum_{y_{1:j-1}^* \preceq y_{1:j-1}} \alpha(t^{*h}, y_{1:j-1}^*) \prod_{l \in \mathcal{I}_{k,2}} \beta(t_{1:l}^{*h}) \prod_{m=1}^{j-1} \gamma(t^{*h}, y_{1:m}^*),$$

其中 $t^{*h} = (a_k, h, d_k^*)$, $h \in \{0,1\}$, $d_{k,1}^*, d_{k,2}^*$ 为 d_k^* 中的元素, 分别是 $D_{k,1}, D_{k,2}$ 的干预值.

定理 7.3.2 给出了当 D_k 中某个子集的干预值给定时, 基于完整观测时 T_k 对 Y_j 的后验直接因果效应的识别表达式. 类似地, 给定观测 $O = o$ 下的 PostDCE 可以表示为 $\mathrm{PostDCE}\{T_k \Rightarrow Y_j(d_{k,1}^*) \mid t, y\}$ 的加权和. 同时根据 PostDCE 的定义, 当 $t_k = 0$ 时 $\mathrm{PostDCE}\{T_k \Rightarrow Y_j(d_{k,1}^*) \mid t, y\} = 0$, 所以定理 7.3.2 只考虑 $t_k = 1$ 下条件因果相对风险的识别表达式.

特别地, 若给定 T_k 与 Y 之间的所有中间变量的干预值, 即 $D_{k,2} = \varnothing$, Post DCE$\{T_k \Rightarrow Y_j(d_k^*) \mid t, y\}$ 的识别可以仅在结果变量 Y 之间满足无混杂假设与单调性假设的情况下实现. 具体来说, 若有 $Y_j(T_k = 0) \leqslant Y_j(T_k = 1)$, 则 $\mathrm{PostDCE}\{T_k \Rightarrow Y_j(d_k^*) \mid t, y\} = t_k y_j \{\mathrm{CRR}(t^{*1}, t \mid t, y_{-j}) - \mathrm{CRR}(t^{*0}, t \mid t, y_{-j})\}$. 若假设 7.3.1 与假设 7.3.2 在结果变量 Y 之间成立, 且当 $t = (a_k, 1, d_k)$ 时, 则我们有以下关于 $\mathrm{CRR}(t^{*h}, t \mid t, y_{-j})$ 的识别表达式:

$$\mathrm{CRR}(t^{*h}, t \mid t, y_{-j}) = \sum_{y_{1:j-1}^* \preceq y_{1:j-1}} \alpha(t^{*h}, y_{1:j-1}^*) \prod_{m=1}^{j-1} \gamma(t^{*h}, y_{1:m}^*).$$

定理 7.3.1 与定理 7.3.2 的证明过程比较复杂, 此处不再赘述. 进一步, 若可观测变量的因果结构已知, 则以上识别表达式可作相应简化, 如 $\mathrm{P}(T_l = 1 \mid t_{1:l-1}) = \mathrm{P}\{T_l = 1 \mid \mathrm{pa}(T_l) = \mathrm{pa}_{T_l}\}$, 其中 $\mathrm{pa}(T_l)$ 表示 DAG 中 T_l 的父节点的集合.

在上面的讨论中, 我们只考虑了当加权函数 $g(\cdot)$ 为可加函数时的情形, 但以上识别性结果可以推广到任意加权函数 $g(y)$. 与可加函数情形下不同的是, 这样的加权函数可能包含交叉项, 这更加适用于在我们关注某些结果事件同时发生时的归因情形. 由于篇幅限制, 一般加权函数下多元后验因果效应的识别性我们不再多作讨论, 感兴趣的读者可参考相关文献 [105].

7.4 应 用 实 例

7.4.1 高血压患者发病原因分析

高血压作为一种普遍的慢性疾病, 是全球面临的主要公共卫生问题之一. 根据世界卫生组织 2023 年发布的《全球高血压报告》数据, 全球高血压患者人数在过去 30 多年间翻了一番, 从 1990 年的 6.5 亿增至 2019 年的 13 亿, 全世界约有三分之一的成年人饱受高血压困扰.《中国高血压防治指南 (2024 年修订版)》[212] 指出, 近年来我国高血压患病率仍呈现逐渐上升趋势, 其危险因素包括遗传因素、年龄以及多种不良生活方式等. 同时, 血压水平与心脑血管病发病和死亡风险、心力衰竭、慢性肾病、痴呆等密切相关. 精准确定患者不同生活习惯与患病史对于高血压发病的影响, 可以更有针对性地提供合适的治疗或改善方案, 对于优化医疗资源分配、提高患者的生活质量、提升国民健康水平有重要意义.

本节我们考虑 Tan 等 (2019)[176] 中的因果结构, 对应的观测变量概率分布如图 7.4 所示. 设 $T_1 = 1$ 表示没有锻炼, $T_2 = 1$ 表示日常饮食情况不健康, $T_3 = 1$ 表示有烧心症状, $T_4 = 1$ 表示心脏病的发生, $T_5 = 1$ 表示胸口疼痛, $Y = 1$ 表示高血压的发生. 我们的目的是基于患者的基本信息, 找出最有可能诱发其高血压的风险因素.

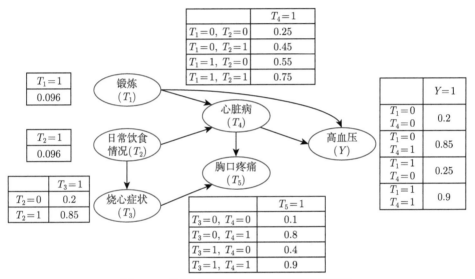

图 7.4 高血压风险因素示意及观测分布情况
来源: Tan 等 (2019)[176]

假设该问题中没有未观察到的混杂因素, 并且这些变量与单调性假设不违背. 例如, 不进行日常锻炼 $(T_1 = 1)$ 和不良饮食 $(T_2 = 1)$ 并不能预防心脏病. 根据图 7.4 的因果结构, 可以得到原因 T 与结果 Y 的联合分布为 $\mathrm{P}(T, Y) = \mathrm{P}(T_1)\mathrm{P}(T_2)\mathrm{P}(T_3 \mid T_2)\mathrm{P}(T_4 \mid T_1, T_2)\mathrm{P}(T_5 \mid T_3, T_4)\mathrm{P}(Y \mid T_1, T_4)$, 式中对应的条件概率由图 7.4 中的表格给出, 例如最下面的表格中 0.1 代表条件概率 $\mathrm{P}(T_5 = 1 \mid T_3 = 0, T_4 = 0)$ 的取值, 表格中的其他数值含义类似, 基于此我们计算各个风险因素的后验因果效应.

若观测值为 $\{T = (1, 1, 1, 1, 1), Y = 1\}$, 即该高血压患者没有日常锻炼、饮食不健康、有烧心症状、患有心脏病且同时伴有胸口疼痛. 基于该患者的信息, 我们使用不同的方法计算其必要性概率及后验因果效应, 结果如表 7.2 所示.

与图 7.4 给出的因果结构一致, T_3 和 T_5 的后验总因果效应为 0, 而在其他可能的三个因素中, 患有心脏病是贡献最大的一个. 我们注意到 $\mathrm{PN}(T_k \Rightarrow Y)$ 的结果与 PostTCE($T_k \Rightarrow Y \mid t, Y = 1$) 不同, 表明单个原因和单个结果下的必要性概率并不适用于多个原因的场景. 此外, 一般来说 d_k^* 的不同取值下 PostDCE 的结果会有所差异. 但是巧合的是在这个例子中, 对于 $d_k^* \preceq d_k$ 的所有取值, 其后验直接因果效应都是一致的.

表 7.2　基于观测 $\{T = (1,1,1,1,1), Y = 1\}$ 的归因结果

	T_1	T_2	T_3	T_4	T_5
PN($T_k \Rightarrow Y$)	0.347	0.230	0.133	0.760	0.563
PN($T_k \Rightarrow Y \mid t_{-k}$)	#	#	#	0.722	0
PostTCE($T_k \Rightarrow Y \mid t, Y = 1$)	0.344	0.207	0	0.722	0
PostDCE$\{T_k \Rightarrow Y(d_k^*) \mid t, Y = 1\}$	0.055	0	0	0.722	0

注: # 表示对应取值未定义

进一步, 若观测值为 $\{T' = (T_1, T_2, T_3, T_5) = (1,1,1,1), Y = 1\}$, 即该高血压患者没有日常锻炼、饮食不健康、有烧心症状且同时伴有胸口疼痛, 但是我们无法获取其心脏病患病情况. 在信息不完全的情况下, 我们同样使用不同的方法计算其必要性概率及后验因果效应, 结果如表 7.3 所示.

表 7.3　基于观测 $\{T' = (T_1, T_2, T_3, T_5) = (1,1,1,1), Y = 1\}$ 的归因结果

	T_1	T_2	T_3	T_4	T_5
PN($T_k \Rightarrow Y$)	0.347	0.230	0.133	#	0.563
PN($T_k \Rightarrow Y \mid t_{-k}$)	#	#	#	#	0.428
PostTCE($T_k \Rightarrow Y \mid t, Y = 1$)	0.338	0.199	0	0.693	0
PostDCE$\{T_k \Rightarrow Y(d_k^*) \mid t, Y = 1\}$	0.068	0	0	0.693	0

注: # 表示对应取值未定义

结果显示 T_3 和 T_5 的后验总因果效应仍然为 0, 而由于我们没有观测到患者的心脏病确诊情况, 所以相比于表 7.2, T_4 以及对 T_4 有影响的原因变量的后验总因果效应都有所下降. 我们可以看到, 由于 T_4 未知, 在给定其他原因变量的情况下, T_5 的必要性条件概率 PN 不等于零, 与图 7.4 中 T_5 不指向 Y 的结构不符, 说明 PN 不适用于多个原因存在且各个原因之间有相互作用的场景.

7.4.2　儿童急性淋巴细胞白血病发病原因分析

急性淋巴细胞白血病 (Acute Lymphoblastic Leukaemia, ALL) 是急性白血病的一种类型, 是儿童最常见的恶性肿瘤. 儿童 ALL 约占所有儿童癌症的 25%, 其发病原因复杂, 涉及遗传、环境、生活方式等多种因素[213]. 近年来, 随着流行病学研究的深入, 越来越多的证据表明, 儿童的生活环境和日常饮食可能与其发生 ALL 的风险密切相关. 通过识别影响儿童 ALL 发病的遗传和环境因素, 可以实现对患儿进行个性化风险评估和治疗, 从而提高治疗效果并减少不必要的毒性, 同时提高公众对儿童癌症预防的意识、开发相应的预防措施.

本节我们使用的实例数据来自赵亮等 (2017)[215] 的工作, 他们在研究中通过 Logistic 回归模型分析了可能增加儿童 ALL 发病风险的 18 个环境及生活习惯相关变量, 发现了 3 个显著的风险因素: 接触家庭装饰、接触油漆和涂料以及蔬果摄入不足. 沿用本节的符号表示, 我们设 $T_1 = 1$ 表示儿童出生后居室装修, $T_2 = 1$ 表示接触油漆和涂料, $T_3 = 1$ 表示蔬果摄入不足, $Y = 1$ 表示儿童患有急性淋巴细胞白血病. 我们希望能够基于具体的观测值, 如 $\{T = (1,1,1), Y = 1\}$ 进行归因分析, 找出最有可能诱发儿童 ALL 的风险因素.

我们假设在该问题中不存在未观测混杂因素. 同时假设接触家居装饰对接触油漆和涂料的影响是单调的, 且原因 T_1, T_2, T_3 的出现都不会降低儿童 ALL 的发病风险, 即对 $t \preceq t^*$, 有 $Y(t) \leqslant Y(t^*)$. 最后, 蔬果摄入量与是否暴露于家庭装饰以及是否接触油漆和涂料无关, 即 $T_3 \perp\!\!\!\perp (T_1, T_2)$. 相关因果结构如图 7.5 所示. 根据文献中的观测数据分布情况及估计得到的 Logistic 模型, 我们得到 $P(T_1)$, $P(T_3)$ 以及条件概率 $P(T_2 \mid T_1)$ 的估计如图 7.5 所示, 对应的 Logistic 回归模型为

$$\log \frac{P(Y = 1 \mid t_1, t_2, t_3)}{1 - P(Y = 1 \mid t_1, t_2, t_3)} = -10 + 1.041 t_1 + 0.777 t_2 + 1.607 t_3,$$

从而可以得到观测变量的联合分布, $P(t,y) = P(t_1)P(t_2 \mid t_1)P(t_3)P(y \mid t_1, t_2, t_3)$.

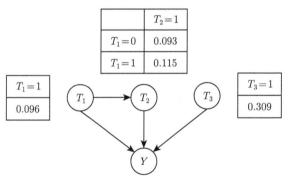

图 7.5 儿童 ALL 发病风险因素示意及观测分布情况
来源: 赵亮等 (2017)[215]

当一名患有 ALL 的儿童, 其出生时居室正在装修、经常接触油漆和涂料且不爱吃蔬菜, 即观测值为 $\{T = (1,1,1), Y = 1\}$ 时, 我们分别计算各原因的必要性概率以及后验因果效应, 最终得到结果如表 7.4. 从表中的结果来看, 原因 T_3 的后验因果总效应最大, T_2 最小, 这意味着在我们所考虑的三个因素中, 蔬果摄入不足可能是儿童 ALL 的最重要的风险因素, 出生时居所装修次之, 接触油漆和涂料相对最小. 此外, 不同的 d_k^* 取值下后验直接因果效应不同, 与我们前面的讨论相符.

当 $k > 1$ 时, 条件必要性概率 $\mathrm{PN}(T_k \Rightarrow Y \mid T_{-k} = t_{-k})$ 与后验总因果效应以及给定 $d_k^* = d_k$ 下的后验直接因果效应相同.

表 7.4　基于观测 $\{T = (1,1,1), Y = 1\}$ 的归因结果

	T_1	T_2	T_3
$\mathrm{PN}(T_k \Rightarrow Y \mid t_{-k})$	#	0.540	0.799
$\mathrm{PostTCE}(T_k \Rightarrow Y \mid t, Y = 1)$	0.683	0.540	0.799
$\mathrm{PostDCE}(T_k \Rightarrow Y(d_k^*) \mid t, Y = 1)$ $d_1^* = \begin{cases}(0,0), & 0.060 \\ (0,1), & 0.298 \\ (1,0), & 0.130 \\ (1,1), & 0.647\end{cases}$		$d_2^* = \begin{cases}0, & 0.108 \\ 1, & 0.540\end{cases}$	0.799

注: # 表示对应取值未定义

进一步, 若我们需要在没有任何先验信息的情况下判断一名儿童 ALL 患者的病因, 即观测值为 $\{T' = \varnothing, Y = 1\}$. 此时后验因果效应和调整后的归因风险如表 7.5 所示. 我们可以看到, T_k 的后验总因果效应等于调整后的归因风险, 在考虑的三个风险因素中, 蔬果摄入不足对儿童 ALL 贡献最大.

表 7.5　基于观测 $\{T' = \varnothing, Y = 1\}$ 的归因结果

	T_1	T_2	T_3
$\mathrm{AR}(T_k \mid A_k)$	0.154	0.103	0.552
$\mathrm{PostTCE}(T_k \Rightarrow Y \mid t', Y = 1)$	0.154	0.103	0.552
$\mathrm{PostDCE}(T_k \Rightarrow Y(d_k^* = 0) \mid t', Y = 1)$	0.060	0.046	0.552

最后, 我们考虑改变原因变量的顺序, 即考虑 $\widetilde{T} = (T_3, T_1, T_2)$, 容易证明新的排列顺序也满足图 7.5 的因果结构. 那么在新的排列顺序下, 后验因果效应的结果是否会发生变化呢? 表 7.6 给出了对应的结果. 我们发现每个 T_k 的后验总因果效应都不会发生改变. 同时, 我们可以得到不同 d_k^* 设置下的后验直接因果效应. 注意到 T_3 与 Y 之间没有中间变量, 四个 d_1^* 设置下的不同结果实际上解释

表 7.6　基于观测 $\{\widetilde{T} = (T_3, T_1, T_2) = (1,1,1), Y = 1\}$ 的后验因果效应

	T_3	T_1	T_2
$\mathrm{PostTCE}(T_k \Rightarrow Y \mid t, Y = 1)$	0.799	0.683	0.540
$\mathrm{PostDCE}(T_k \Rightarrow Y(d_k^*) \mid t, Y = 1)$	0.799	$d_1^* = \begin{cases}(0,0), & 0.130 \\ (0,1), & 0.283 \\ (1,0), & 0.368 \\ (1,1), & 0.799\end{cases}$	$d_2^* = \begin{cases}0, & 0.298 \\ 1, & 0.647\end{cases}$ 0.540

了 T_1 和 T_2 对于 T_3 的后验直接因果效应的修正作用, 也就是说蔬菜和水果摄入不足在不同子人群中对儿童 ALL 患病的影响是不同的.

7.4.3 感冒还是心绞痛?

本节我们考虑 Jensen 和 Nielsen (2007)[81] 中感冒与心绞痛的诊断问题, 以此说明如何在多个原因和多个结果的场景下进行归因分析. 正如我们在 7.3.1 小节所讨论, 心绞痛早期与感冒的症状非常相似, 但两者的治疗药物截然不同, 病因的误诊可能会错过最佳治疗时机, 因而准确地进行病因诊断尤为重要. 该问题中涉及的因果结构如图 7.2 所示, 对应的条件概率见表 7.7. 前面我们为了说明结果变量之间可以相互影响, 在各症状之间人为增加了两条有向边, 因而将每条有向边的两个节点之间的条件概率设定为非常小的值, 以符合实际情况. 我们希望能够基于以上条件概率, 根据患者的临床症状诊断其可能的病因.

表 7.7　感冒与心绞痛 (图 7.2) 中因果结构的条件概率

	条件事件	概率		条件事件	概率
$T_1 = 1$		0.95	$Y_2 = 1$	$\mid T_1 = 0, T_2 = 1, Y_1 = 1$	0.16
$T_2 = 1$		0.05		$\mid T_1 = 1, T_2 = 0, Y_1 = 0$	0.25
$Y_1 = 1$	$\mid T_1 = 0, T_2 = 0$	0.05		$\mid T_1 = 1, T_2 = 0, Y_1 = 1$	0.26
	$\mid T_1 = 0, T_2 = 1$	0.45		$\mid T_1 = 1, T_2 = 1, Y_1 = 0$	0.95
	$\mid T_1 = 1, T_2 = 0$	0.55		$\mid T_1 = 1, T_2 = 1, Y_1 = 1$	0.96
	$\mid T_1 = 1, T_2 = 1$	0.95	$Y_3 = 1$	$\mid T_2 = 0, Y_2 = 0$	0.04
$Y_2 = 1$	$\mid T_1 = 0, T_2 = 0, Y_1 = 0$	0.02		$\mid T_2 = 0, Y_2 = 1$	0.05
	$\mid T_1 = 0, T_2 = 0, Y_1 = 1$	0.03		$\mid T_2 = 1, Y_2 = 0$	0.9
	$\mid T_1 = 0, T_2 = 1, Y_1 = 0$	0.15		$\mid T_2 = 1, Y_2 = 1$	0.91

类似地, 我们假设在这一场景中不存在未观测混杂变量, 同时根据医学原理以及给定的条件概率数据, 可以合理认为因果结构中所有的效应都不是保护性的, 也就是说单调性假设成立. 为了说明本章介绍方法的有效性, 我们分别尝试使用多元后验干预因果效应 (MulPostICE)、后验概率 $P(T_k = t_k \mid y)$、不同原因对各结果的平均处理效应之和 (ATE) 以及不同原因对各结果的后验总因果效应之和 (PostTCE) 进行归因分析, 其中我们指定 MulPostICE 中加权函数 $g(y_1, y_2, y_3) = \sum_{j=1}^3 y_j$.

需要注意的是, 我们在 7.2 节定义的原因 T_k 对结果 Y_j 的后验总因果效应要求给定的观测数据中不能有因果链上位于 Y_j 之后的结果变量, 因而将 $\mathrm{PostTCE}(T_k \Rightarrow Y \mid y)^{\#}$ 定义为给定之前结果观测值下后验总因果效应之和, 即

$$\text{PostTCE}(T_k \Rightarrow Y \mid y)^{\#} = \text{PostTCE}(T_k \Rightarrow Y_1 \mid y_1) + \text{PostTCE}(T_k \rightarrow Y_2 \mid y_1, y_2)$$
$$+ \text{PostTCE}(T_k \Rightarrow Y_3 \mid y_1, y_2, y_3).$$

然而, 根据 PostTCE $(T_k \Rightarrow Y \mid y)^{\#}$ 的表达式, 等式右边的前两项并没有利用到全部的结果信息, 直觉上基于上述度量进行诊断可能会得到不可靠的结论.

我们考虑对不同症状的患者进行病因诊断, 我们用 O_A, O_B 和 O_C 分别表示观测到的患者 A, B 和 C 的症状, 不同方法下的结果汇总于表 7.8. 患者 A 没有咽痛和发热症状, 但是喉咙中可见斑点, 即观测为 $O_A = (y_1, y_2, y_3) = (0, 0, 1)$. 根据表 7.8 中结果, 在给定观测下直接计算不同病因的后验概率, 得到感冒的后验概率为 0.813, 远大于心绞痛的后验概率为 0.077, 因此基于贝叶斯的方法倾向于将患者诊断为感冒. 相比之下, 多元后验干预效应的结果与之截然相反, 感冒的多元后验干预效应等于 0, 也就是说消除感冒这一风险因素并不会使得患者的喉咙斑点消失, 而心绞痛的多元后验干预效为 0.073, 患者将被诊断为心绞痛. 根据图 7.2 中的因果结构, 感冒只能通过发热这一中间节点间接导致喉咙中斑点的出现, 但是我们并没有观测到患者的发热症状, 阻断了从感冒到喉咙斑点的有向路径, 这一结果显然更加合理. 两种方法得到不同的诊断结果可能是因为感冒的先验概率为 0.95, 远远大于心绞痛的先验概率. 此外, 在 ATE 与 PostTCE 两种方法下患者同样会被诊断为心绞痛.

表 7.8　不同方法下感冒与心绞痛的诊断结果

	$O_A = (0, 0, 1)$		$O_B = (1, 1, 0)$		$O_C = (1, 1, 1)$	
	$k = 1$	$k = 2$	$k = 1$	$k = 2$	$k = 1$	$k = 2$
$\text{MulPostICE}(T_k \Rightarrow Y \mid y)$	0	0.073	1.813	0.036	1.459	1.814
$P(T_k = t_k \mid y)$	0.813	0.077	0.999	0.031	0.996	0.860
$\text{PostTCE}(T_k \Rightarrow Y \mid y)^{\#}$	0.088	1.748	1.770	1.099	1.803	1.041
$\text{ATE}(T_k \Rightarrow Y)$	0.766	1.942	0.766	1.942	0.766	1.942

患者 B 的症状为咽痛同时伴有发热, 但是喉咙中未发现斑点, 即 $O_B = (y_1, y_2, y_3) = (1, 1, 0)$. 根据表中的结果, 除 ATE 之外, 所有方法都倾向于将患者诊断为感冒. 实际上, 我们注意到无论患者的症状是什么, ATE 方法得到的结果总是一致的, 这是因为 ATE 关注的是原因的结果, 完全没有利用到患者的个体信息, 评估的是不同病因对人群中相关症状出现的平均效应.

最后我们考虑三种症状都出现的患者 C, 即 $O_C = (y_1, y_2, y_3) = (1, 1, 1)$. 表中结果显示后验概率和 PostTCE 的诊断结果都是感冒, MulPostICE 与 ATE 则倾向于认为患者患有心绞痛. 这是因为喉咙中可见斑点是心绞痛的关键症状, 同时感冒通过发热对喉咙斑点影响非常弱.

综合以上结果, 可以发现不同的症状表现下, 多元后验干预效应的诊断结果都是更加合理的.

7.4.4 呼吸道病症诊断与归因

在这一小节, 我们考虑 Lauritzen 和 Spiegelhalter (1988)[96] 中呼吸道疾病相关诊断与归因问题, 该问题中涉及的因果结构如图 7.3 所示. 呼吸困难是多种呼吸系统疾病共有的症状, 包括肺结核、肺癌和支气管炎. 它可能是由气道炎症、气道痉挛或肺实质病变引起的. X 线片结果是判断肺结核和肺癌的重要辅助检查, X 线片结果阳性可能提示患者患有肺结核或肺癌.

但是如果仅考虑患者的临床症状, 往往不足以准确判断病因, 我们往往还需要了解患者的流行病学背景与生活习惯等基础信息. 例如, 近期到访过亚洲的人可能因为结核分枝杆菌在当地的高流行率而增加感染肺结核的风险, 而吸烟者由于长期暴露于烟草中的有害物质, 患支气管炎和肺癌的风险相对增加, 同时吸烟也可能造成气道痉挛, 从而导致患者出现呼吸困难. 假设在这个问题中无混杂假设与单调性假设成立, 且根据历史信息, 我们得到各变量之间的关系如表 7.9 所示, 我们希望能够综合考虑历史信息与患者的具体症状定位患者的病因, 同时量化各风险行为对临床症状的影响, 进而提出合理有效的诊疗建议.

表 7.9　呼吸道病症诊断 (图 7.3) 中因果结构的条件概率

条件事件		概率	条件事件	概率
$T_1 = 1$		0.01	$Y_1 = 1 \mid T_3 = 0, T_4 = 0$	0.05
$T_2 = 1$		0.5	$Y_2 = 1 \mid T_2 = 1, (T_3 = 1 \text{ 或 } T_4 = 1), T_5 = 1$	0.91
$T_3 = 1$	$\mid T_1 = 1$	0.15	$\mid T_2 = 1, T_3 = 0, T_4 = 0, T_5 = 1$	0.82
	$\mid T_1 = 0$	0.01	$\mid T_2 = 1, (T_3 = 1 \text{ 或 } T_4 = 1), T_5 = 0$	0.8
$T_4 = 1$	$\mid T_2 = 1$	0.1	$\mid T_2 = 1, T_3 = 0, T_4 = 0, T_5 = 0$	0.12
	$\mid T_2 = 0$	0.01	$\mid T_2 = 0, (T_3 = 1 \text{ 或 } T_4 = 1), T_5 = 1$	0.79
$T_5 = 1$	$\mid T_2 = 1$	0.7	$\mid T_2 = 0, T_3 = 0, T_4 = 0, T_5 = 1$	0.76
	$\mid T_2 = 0$	0.3	$\mid T_2 = 0, (T_3 = 1 \text{ 或 } T_4 = 1), T_5 = 0$	0.39
$Y_1 = 1$	$\mid T_3 = 1 \text{或} T_4 = 1$	0.98	$\mid T_2 = 0, T_3 = 0, T_4 = 0, T_5 = 0$	0.09

我们首先考虑基于患者的基本背景信息与临床症状对其进行病因诊断. 假设可以观测到患者是否有亚洲旅居史 (T_1) 与吸烟史 (T_2), 同时可以获取其 X 线片检测结果 (Y_1) 与是否存在呼吸困难 (Y_2) 的信息, 基于以上信息我们可以计算不同疾病, 肺结核 (T_3)、肺癌 (T_4) 与支气管炎 (T_5) 的多元后验干预因果效应, 从而进行诊断. 表 7.10 给出了不同患者的多元后验干预效应结果 (指定加权函数 $g(y_1, y_2, y_3) = \sum_{j=1}^{3} y_j$).

表 7.10　不同观测下的多元后验干预因果效应 $\text{MulPostICE}\,(T_k \Rightarrow Y \mid t', y)$

患者	$T' = (T_1, T_2)$	$Y = (Y_1, Y_2)$	$k = 3$	$k = 4$	$k = 5$
A	(1,1)	(1,0)	0.357	0.225	0
B	(0,1)	(1,0)	0.034	0.371	0
C	(1,1)	(1,1)	0.645	0.406	0.162
D	(0,1)	(1,1)	0.080	0.882	0.249

从结果来看, 患者 A 的观测信息为 $O = (T_1 = 1, T_2 = 1, Y_1 = 1, Y_2 = 0)$, 也就是说该患者吸烟、去过亚洲、胸部 X 线片检查呈阳性且未见呼吸困难, 可见肺结核的多元后验干预效应最大, 为 0.357; 肺癌次之, 为 0.225; 而支气管炎结果为 0, 即从患者 A 的临床症状与基础信息上看, 他/她最有可能患有肺结核, 同时我们可以完全排除支气管炎的可能. 相比之下, 症状相同的患者 B 因为没有亚洲旅居史, 其患有肺结核的可能性大大减小, 真实病因最可能是肺癌. 患者 C 和 D 的情况基本与 A 和 B 平行, 不同的是两名患者都有呼吸困难的症状, 即 $Y_2 = 1$. 对于这两种情况, 支气管炎的多元后验干预效应不再等于零, 但是因为 X 线片结果阳性是肺癌与肺结核的关键表现, 所以相比之下, 他们患有支气管炎的可能性较低.

下面我们考虑归因问题. 假设我们可以获取某患者的所有变量信息 $\{T = (1,1,0,1,1), Y = (1,1)\}$, 那么可以计算不同风险行为或疾病对其症状的影响, 以提出合理的治疗建议. 我们计算了不同风险行为或疾病的多元后验干预因果效应以及给定中间变量不同干预值下的直接效应. 根据表 7.11 的结果, 吸烟的多元后验干预效应取值最大, 为 1.419; 肺癌次之; 而由于该个体未患有肺结核, 根据定义, 肺结核的多元后验干预效应 0, 同时因为亚洲旅居史仅通过引起肺结核来影响患者的症状, 所以其干预效应也为 0. 也就是说, 该患者的吸烟行为是最有可能导致其目前症状的一个风险因素. 在直接效应方面, 我们考虑了四种不同的中间变量取值情况, 以了解疾病内部作用机制.

表 7.11　完整观测 $\{T = (1,1,0,1,1), Y = (1,1)\}$ 下的多元后验因果效应

	$k = 1$	$k = 2$	$k = 3$	$k = 4$	$k = 5$
$\text{MulPostICE}\,(T_k \Rightarrow Y \mid t, y)$	0	1.419	0	1.048	0.121
(1) $\text{MulPostDCE}\,\{T_k \Rightarrow Y(D_k = d_k) \mid t, y\}$	0	0.132	0	1.048	0.121
(2) $\text{MulPostDCE}\,\{T_k \Rightarrow Y(T_{4:5} = t_{4:5}) \mid t, y\}$	0	0.132	0	#	#
(3) $\text{MulPostDCE}\,\{T_k \Rightarrow Y(T_4 = t_4) \mid t, y\}$	0	0.383	0	#	#
(4) $\text{MulPostDCE}\,\{T_k \Rightarrow Y(T_5 = t_5) \mid t, y\}$	0	1.016	0	1.048	#

注: # 表示对应取值未定义

(1) 当 D_k 中的所有变量都固定为其观测值时, T_2 沿直接路径 $T_2 \rightarrow Y$ 的多元后验直接效应为 0.132, 与其多元后验干预效应相比, 我们可以发现吸烟主要是通过引起肺癌与支气管炎来影响呼吸困难症状的出现. 而 T_4 和 T_5 的多元后验直接效应分别等于它们各自的多元后验干预效应, 从图 7.3 也可以看出, T_4 或 T_5 到 Y

只有直接路径.

(2) MulPostDCE $\{T_k \Rightarrow Y(T_{4:5} = t_{4:5}) \mid t, y\}$ 等于给定集合 D_2 干预值时的多元后验直接效应, 因为吸烟不会通过引起肺结核来影响结果. 此外, 这种情况下多元后验直接效应对于 T_4 和 T_5 没有定义, 我们用 "#" 表示.

(3) 当仅给定 T_4 的取值时, T_2 的多元后验直接效应为 0.383, 表示沿直接路径 $T_2 \to Y$ 以及路径 $T_2 \to T_5 \to Y$ 的效应.

(4) 当仅给定 T_5 时, T_2 的多元后验直接效应为 1.016, 表示沿直接路径 $T_2 \to Y$ 以及路径 $T_2 \to T_4 \to Y$ 的效应; T_4 的多元后验直接效应为 1.048, 表示沿直接路径 $T_2 \to Y$ 以及路径 $T_2 \to T_4 \to Y$ 的效应.

综上, 多元后验因果效应在医学诊断以及风险归因方面都表现出合理的解释性, 可广泛应用于现实世界的原因推断问题.

7.5　本 章 小 结

传统的归因方法如归因风险、后验概率等在实际应用中存在局限性, 因为它们是相关关系驱动的、缺乏因果解释性, 往往会得到错误的结果. 本章我们基于潜在因果框架, 讨论了如何在不同情形下进行回顾性的归因分析, 从而更加准确地判断结果的原因.

具体而言, 在单个原因和单个结果的场景下, 我们从现实世界的司法责任认定实践出发, 介绍了原因的概率的多种定义, 包括充分性概率、必要性概率、致因概率等, 并给出了对应的识别假设与识别表达式; 当涉及多个原因变量时, 如医疗领域中的风险归因问题, 我们对这些定义进行了适当的扩展, 引入衡量原因的概率的新定义——后验因果效应, 同时详细介绍了其识别过程; 进一步, 我们将其推广至同时存在多个原因和多个结果的情形, 提出了多元后验因果效应的定义并讨论了识别性. 为了说明本章介绍的方法, 我们在 7.4 节通过四个应用实例详细介绍了如何利用实际数据进行归因分析, 结果表明与传统数据驱动的方法相比, 本章介绍的几种方法在相应场景中往往能提供更有解释性、更加合理的结论.

然而我们需要指出, 本章涉及的识别假设在现实世界中往往难以检验. 在不满足这些假设的情况时, 单个原因和单个结果场景下已经有众多学者对原因的概率的上下界进行了研究, 但存在多个原因变量或结果变量时, 关于后验因果效应的上下界问题仍需进一步的探索和研究.

第 8 章　基于工具变量法的因果关系发现

　　回顾我们在 1.2.2 小节介绍过的结构因果模型, 我们用有向无环图表示变量之间的因果关系, 用结构方程描述每个变量的生成机制. 该方法开创了从数据中发现因果关系及数据产生机制的方法论, 为探索发现蕴藏在数据中的 "为什么" 建立了基础. 在因果网络的框架下, 我们主要研究两类问题: 一是因果推断问题, 主要指因果作用的识别与估计; 二是本章将要介绍的因果发现 (也称因果网络结构学习) 问题.

　　在传统因果推断任务中, 我们通常假设因果图是已知的, 即假定变量之间可能存在某种因果关系, 我们只需要通过随机化试验或观察性研究数据判断因果关系是否成立. 例如, 在吸烟与肺癌的因果关系研究中, "吸烟引起肺癌" 就是通常假定的因果链条. 然而, 在很多其他研究中, 类似的因果链条并不总是明确的. 例如, 在抑郁与睡眠障碍的研究中, 可能抑郁是因、睡眠障碍是果, 或者睡眠障碍是因、抑郁是果, 甚至更一般地, 二者之间存在双向因果关系. 当我们考虑由多个变量组成的因果网络时, 这样的问题就更加严重. 例如, 在生物医学中, 基因调控网络通常用于揭示基因与其调控因子之间的复杂关系, 了解这些网络对于理解和驱动许多细胞过程以及疾病的潜在调控起着至关重要的作用; 在电信网络运营中, 网络中的单个故障会触发多个相连设备上的警报器, 了解警报器之间以及警报器与设备之间的因果关系能够有效地帮助运营人员快速识别故障根源. 但在实际中, 由于这些网络中变量个数众多, 我们很难根据先验知识得到一个确定的网络.

　　因此, 与因果推断中假定因果网络结构已知不同, 因果关系发现旨在从数据中挖掘出变量之间的因果关系, 找到用于描述变量间因果关系的图网络结构. 特别是在研究对象复杂且难以通过传统方法确定因果关系时, 因果发现有助于我们了解变量之间的因果关系, 对于理解复杂系统、支持政策制定、指导医学和社会科学实践等领域具有重要意义. 在实际研究中, 尽管随机化试验是因果关系发现的首选方法, 但由于经费限制和伦理道德等问题, 有时并不具备可行性. 因此, 学者往往致力于基于观察性研究的因果关系发现. 研究表明, 在特定假设下, 随机变量之间的部分或完整因果关系可以从观测数据中还原[132]. 同时, 得益于现实中的大量观测数据, 基于观测数据的因果发现能够提供比试验数据更高的统计效能和普遍适用性. 然而, 观测数据普遍存在未知混杂和样本选择偏倚问题, 这些因素可能混淆变量之间的因果关系, 为因果关系发现带来挑战.

8.1 节对因果关系发现的基本方法进行简要介绍, 8.2 节和 8.3 节对两种基于工具变量的因果发现方法进行具体介绍, 8.4 节介绍两个应用实例, 8.5 节是本章小结.

8.1　因果关系发现简介

现代因果关系发现研究最早可以追溯到 Reichenbach 和 Morrison (1956)[138] 的共因原则, 虽然其中的想法还比较初步, 但足以让人们意识到, 从统计信息中抽取因果信息是有可能的. 随后 Pearl 提出因果网络图模型[132], 探讨由观察性研究数据进行因果推断的统计方法, Spirtes 等 (2001)[166] 进一步介绍了图模型相关概念和几种经典的因果发现方法, 为该领域的发展奠定基础. 本节首先介绍在因果关系发现中几个常用的相关概念:

- D-分离 (D-separation): 假设有向无环图 G 中的节点 X_i 和 X_j 是不相邻的, 给定一个节点集合 C, 当以下两个条件同时成立时:

(1) 在节点 X_i 和 X_j 之间的路径中含有链式结构 $X_i \to X_k \to X_j$ 或分岔结构 $X_i \leftarrow X_k \to X_j$, 且中间节点 X_k 包含在 C 中;

(2) 在节点 X_i 和 X_j 之间的路径中含有 V-结构 $X_i \to X_k \leftarrow X_j$, 且节点 X_k 及其后代节点都不包含在 C 中. 我们称当给定 C 时, 节点 X_i 和节点 X_j D-分离, 记作 $(X_i \perp\!\!\!\perp X_j \mid C)_G$.

- 忠实性 (Faithfulness): 给定一个有向无环图 G 以及所有节点的联合概率分布 P, 用 $X_i \perp\!\!\!\perp X_j \mid C$ 表示分布 P 上的条件独立性, 如果 $X_i \perp\!\!\!\perp X_j \mid C \Rightarrow (X_i \perp\!\!\!\perp X_j \mid C)_G$, 则称分布 P 关于有向无环图 G 满足忠实性.

- 马尔可夫性 (Markov Property): 给定一个有向无环图 G 以及所有节点的联合概率分布 P, 对于图 G 的任意一个节点 X_i, 给定它的父节点集合 $\mathrm{pa}(X_i)$, 如果节点 X_i 和其非后代节点集合 $\mathrm{nd}(X_i)$ 条件独立, 即 $X_i \perp\!\!\!\perp \mathrm{nd}(X_i) \mid \mathrm{pa}(X_i)$, 则称分布 P 关于有向无环图 G 满足马尔可夫性.

- 马尔可夫等价类 (Markov Equivalence Class): 如果有向无环图 G 和 H 有相同的 D-分离特性 (即具有相同的骨架和 V-结构), 那么 G 和 H 就是马尔可夫等价的, 并且属于同一个马尔可夫等价类.

如果分布 P 关于有向无环图 G 满足马尔可夫性和忠实性, 那么图 G 中的 D-分离条件与分布 P 中的条件独立性条件等价. 传统上, 基于观察性研究的因果关系发现方法可以分为三类: 基于约束、基于评分和基于函数因果模型的方法. 除马尔可夫条件和忠实性假设外, 它们通常还依赖于无环 (Acyclicity) 假设和无未知混杂 (也称充分性 (Sufficiency)) 假设.

基于约束的方法根据变量之间的条件独立性关系构建与独立性相容的因果图,

恢复潜在因果结构的马尔可夫等价类. 代表性算法如 Verma 和 Pearl(1990) [188] 提出的归纳因果 (Inductive Causation, IC) 算法, 该方法从一个完全图出发, 针对任意两个节点 X_i 和 X_j 穷尽搜索是否存在分离集 C 使得 $X_i \perp\!\!\!\perp X_j \mid C$ 成立, 通过独立性检验结果不断删除图中的边, 获得变量间的因果无向图, 并利用 V-结构和定向规则对变量间的无向边进行定向; 在此基础上, Spirtes 等 (2001)[166] 提出的 PC (Peter-Clark) 算法通过限定两个节点的分离集 C 在它们邻居集的子集范围内, 从而避免了高维变量的条件独立性检验, 可以有效改善 IC 算法穷尽搜索的计算复杂度, 提高算法的效率.

　　基于评分的方法通过定义可分解的评分准则来评价数据和网络的拟合度, 并以该准则指导最优网络结构的搜索. 评分依据的是数据拟合程度和模型复杂性, 常用准则包括赤池信息准则 (Akaike Information Criterion, AIC)、贝叶斯信息准则 (Bayesian Information Criterion, BIC)、贝叶斯狄利克雷等价均匀 (Bayesian Dirichlet Equivalent Uniform, BDeu) 准则等, 算法主要围绕组合优化求解和贪心法等启发式搜索方法. 当定义的评分准则满足评分等价性, 即等价类中的 DAG 拥有相同的分数时, 该准则可用于指导因果结构的学习. 代表性方法如 Chickering (2002)[31] 提出的两阶段的贪婪等价搜索 (Greedy Equivalence Search, GES) 算法, 通过评分准则为每个因果网络图打分, 使用两阶段的贪婪搜索, 从一个空图开始, 第一阶段迭代地添加有向边, 第二阶段迭代地删除有向边, 以使单步得分增益达到最大化, 直至第二阶段找到一个局部最优解.

　　然而, 上述基于约束和基于评分的算法只能找到马尔可夫等价类, 即所有边都是能唯一确定的, 但某些方向不能唯一确定. 当只考虑两个变量时, 这两个变量的因果方向不能以此来确定. 另一类基于函数因果模型的方法可以有效解决这一问题, 这种方法从数据产生的因果机制出发, 探索利用函数因果模型来识别因果方向. 代表性方法如 Shimizu 等 (2006)[161] 提出的线性非高斯无环模型 (Linear Non-Gaussian Acyclic Model, LiNGAM), 该方法考虑具有线性关系的两个变量, 利用数据的非高斯性来帮助识别变量之间的因果方向, 并用独立成分分析方法求解; Hoyer 等 (2008)[75] 提出的加性噪声模型 (Additive Noise Model, ANM) 利用变量间的非线性关系来识别因果方向, 放松了 LiNGAM 模型的线性假设; 此外还有后非线性模型 (Post-NonLinear, PNL)[206]、信息几何因果推断 (Information Geometric Causal Inference, IGCI) 方法[80] 等, 但这些方法只适用于连续型数据, 同时当参数化假设不满足时可能给出较坏的估计结果.

　　后续不少学者在上述方法的基础上进行拓展和改进, 在因果网络结构学习的准确性、稳定性和效率上都取得了显著进步. 由于篇幅限制, 这里不详细展开, 感兴趣的读者可以参考更加全面的文献综述 [60, 189, 204]. 本章重点关注的是利用观察性研究数据进行因果关系发现的一个常见问题——未知混杂问题. 当存在不可观测的混杂因素时, 有向无环图中的马尔可夫性可能失效, 并导致有偏的因果作用估计结果, 这为我们进行稳健的因果关系发现带来巨大挑战. 已有研究提供了一些解决方法. 例如, 在 PC 算法的基础上, Spirtes 等 (1995)[167] 提出了快速因果推断 (Fast Causal Inference, FCI) 算法, 这种方法通过使用额外的条件独立性检验以发现潜在混杂变量; Colombo 等 (2012)[35] 给出了这种方法在高维情形下对应的真正快速因果推断 (Really Fast Causal Inference, RFCI) 算法, 但这两种方法无法完全恢复有向无环图, 只能得到信息量更少的部分祖先图; 在 LiNGAM 模型的基础上, Tashiro 等 (2014)[177] 提出了 ParceLiNGAM 算法, 主要通过检验估计的回归残差与外生变量的独立性来发现未知混杂并找到包含不受混杂因素影响的变量的子集; Frot 等 (2019)[59] 利用 Chandrasekaran 等 (2010)[24] 提出的普遍混杂假设, 在低秩稀疏框架内给出一种两阶段方法, 首先消除未知混杂变量的影响, 然后在没有剩余未知混杂的假设下进行估计; Li 等 (2024)[100] 针对非线性因果关系提出了一种去混杂的估计方法, 该方法的核心是通过一个次线性增长条件将线性的混杂效应与非线性的因果关系进行分离. 此外, 还有一些研究借助因果推断中常用的工具变量 (Instrumental Variable, IV) 方法, 将因果关系发现问题与因果作用可识别性问题相结合, 有效解决了因果关系发现中的未知混杂问题. 下面两节将对其中两种方法进行具体介绍.

8.2 基于工具变量的双向因果关系推断

回顾我们在 2.5 节介绍过的工具变量法, 当存在未观测混杂时, 该方法已被广泛应用于因果作用的估计中. 但其有效性依赖于三个主要的假设: 独立性、相关性和排除限制性. 针对可能违背假设时的无效工具变量问题, 一些学者提出通过限制无效工具变量的比例解决, 例如, Kang 等 (2016)[86] 提出的过半数原则 (Majority Rule) 要求一半以上的相关工具变量是有效的, Guo 等 (2018)[62] 提出的多数原则 (Plurality Rule) 要求有效工具变量的个数要大于有相同估计比值的无效工具变量个数的最大值. 这些方法最初用于因果方向已知时的单向因果作用估计问题, 已有一些研究将它们拓展到存在未知混杂的因果关系发现中, 但仍主要局限于因果关系是单向的情形[28,71,198]. 例如, Chen 等 (2024)[28] 提出了一种基于过半数原则的因果发现和推断方法, 但该方法只适用于高斯有向无环图, 且不允许变量间存在双向因果关系.

当考虑可能的双向因果关系时, 双向孟德尔随机化 (Mendelian Randomization, MR) 方法通常用来推断两个变量间的因果关系[40,154], 该方法通过变换暴露和结局的位置对同一对变量进行两次 MR 分析, 因此需要两个方向上都明确有效的工具变量; Darrous 等 (2021)[39] 提出了一种潜在遗传混杂 MR 方法, 该方法通过使用最大似然法估计双向因果作用, 但对误差分布及模型参数的分层先验有具体假设, 这使得模型变得敏感且在计算上不稳定; Xue 和 Pan (2022)[199] 提出了一种基于限制性最大似然的方法, 用来推断双向因果关系, 该方法假定两个方向上的多数原则都成立.

　　本节关注的是存在未知混杂时两变量间的因果关系发现和推断问题, 特别地, 我们允许可能的双向因果关系存在. 然而, 正如 Li 和 Ye (2022)[101] 指出, 单向模型中常用的识别原则无法在两个方向上同时成立, 不能直接应用于双向因果关系的推断中. 因此, 我们希望在过往研究的基础上, 放松两个方向上都满足一定识别原则的假设, 同时避免对模型参数的强烈限制, 以得到更可靠的推断结果. 下面给出具体的方法.

8.2.1　含未知混杂的双向因果关系模型

　　假定有 n 个独立同分布的观测, 对于第 i 个观测, $X_i \in \mathbb{R}$ 和 $Y_i \in \mathbb{R}$ 表示一对连续的主要关心的变量, $Z_i \in \mathbb{R}^p$ 表示 p 维的工具变量向量, U_i 表示 X_i 与 Y_i 之间所有的未知混杂. 假定所有的观测变量均已被中心化, 即 $\mathbb{E}(X_i) = \mathbb{E}(Y_i) = 0$, $\mathbb{E}(Z_i) = 0_p$. 定义 $\Sigma = \mathbb{E}(Z_i Z_i^\top)$ 并假设 Σ 是可逆的, 假设 X_i 和 Y_i 具有有限方差. 用向量或矩阵表示 n 个观测的集合: $X = (X_1, \cdots, X_n)^\top, Y = (Y_1, \cdots, Y_n)^\top, Z = (Z_1, \cdots, Z_n)^\top$. 我们考虑如下的线性结构方程模型:

$$
\begin{aligned}
Y_i &= \beta_{X \to Y} X_i + \pi_Y^\top Z_i + \xi_Y(U_i) + \zeta_i, \\
X_i &= \beta_{Y \to X} Y_i + \pi_X^\top Z_i + \xi_X(U_i) + \eta_i,
\end{aligned}
\tag{8.1}
$$

其中 $\xi_Y(U_i)$ 和 $\xi_X(U_i)$ 是 U_i 的任意函数且满足均值为零, ζ_i 和 η_i 是噪声项且满足 $\mathbb{E}(\zeta_i \mid \eta_i, Z_i, U_i) = \mathbb{E}(\eta_i \mid \zeta_i, Z_i, U_i) = 0$. 在模型 (8.1) 中, 假定候选工具变量 Z_i 独立于未知混杂 U_i, 但可能违背相关性及排除限制性假设, 即 π_X 和 π_Y 可能非零. 我们希望对模型中的参数 $(\beta_{X \to Y}, \beta_{Y \to X})$ 进行识别和推断, 从而识别可能的因果方向并估计因果作用.

　　在模型 (8.1) 下, X_i 和 Y_i 之间可能有四种因果关系: $X_i \to Y_i$, $Y_i \to X_i$, X_i 和 Y_i 之间没有边, 以及 $X_i \to Y_i$ 和 $Y_i \to X_i$ 同时存在. 前三种情况被称为单向的 (或无环的), 对应参数 $\beta_{X \to Y} \beta_{Y \to X} = 0$; 第四种情况被称为双向的 (或有环的), 对应参数 $\beta_{X \to Y} \beta_{Y \to X} \neq 0$. 当可能的双向因果关系存在时, 我们通常将模型 (8.1) 理解为一个动态平衡系统, 即前一时刻的 $X_i(Y_i)$ 影响下一时刻的 $Y_i(X_i)$, 直至达到平衡状态[77,148]. 我们对式 (8.1) 进行一定变换, 可以得到它的一个简约形式:

$$
V_i = (I - B)^{-1} (\pi^\top Z_i + R_i),
$$

其中 $V_i = (Y_i, X_i)^\top$ 表示我们主要关心的变量集, $R_i = (R_{Y,i}, R_{X,i})^\top$ 表示对应的干扰项且有 $R_{Y,i} = \xi_Y(U_i) + \zeta_i$, $R_{X,i} = \xi_X(U_i) + \eta_i$, 参数向量 $\pi = (\pi_Y^\top, \pi_X^\top)^\top$, 系数矩阵

$$B = \begin{pmatrix} 0 & \beta_{X\to Y} \\ \beta_{Y\to X} & 0 \end{pmatrix},$$

这里我们要求 $I - B$ 是可逆的. 根据模型 (8.1) 的假设, 有 $\mathbb{E}(R_{Y,i} \mid Z_i) = \mathbb{E}(R_{X,i} \mid Z_i) = 0$. 进一步从上面的简约形式中可以得到 $\mathbb{E}(Y_i \mid Z_i) = \gamma_Y^\top Z_i$, $\mathbb{E}(X_i \mid Z_i) = \gamma_X^\top Z_i$, 其中

$$\gamma_Y = \frac{\pi_Y + \beta_{X\to Y}\pi_X}{1 - \beta_{X\to Y}\beta_{Y\to X}}, \quad \gamma_X = \frac{\pi_X + \beta_{Y\to X}\pi_Y}{1 - \beta_{X\to Y}\beta_{Y\to X}}.$$

通过对上式进行变形, 我们得到

$$\gamma_Y = \pi_Y + \beta_{X\to Y}\gamma_X, \quad \gamma_X = \pi_X + \beta_{Y\to X}\gamma_Y. \tag{8.2}$$

由于 γ_Y 和 γ_X 可以从数据中直接识别, 式 (8.2) 中含有 $2p + 2$ 个未知数 ($\beta_{X\to Y}$, $\beta_{Y\to X}, \pi_X, \pi_Y$), 但仅有 $2p$ 个方程. 因此, 在没有额外假设的条件下, 感兴趣的因果参数 ($\beta_{X\to Y}, \beta_{Y\to X}$) 无法直接识别.

已有研究通常在两个方向上分别应用一定的识别条件使得对应参数可识别. 例如, 如果我们假设所有的候选 IV 在 $X \to Y$ 方向上都是有效的, 即 $\pi_Y = 0$, 那么参数 $\beta_{X\to Y}$ 可识别; 同样地, 假设 $\pi_X = 0$ 也可以使参数 $\beta_{Y\to X}$ 可识别. 然而, 正如 Li 和 Ye (2022)[101] 指出, 单向模型下常用的识别原则如过半数原则和多数原则等都无法在两个方向上同时成立, 这给我们在双向模型下进行因果推断带来了深刻挑战.

8.2.2 因果作用和因果方向的识别

虽然在两个方向上同时假设这些识别原则成立不可行, 但模型允许我们在某一个方向上的候选 IV 满足这些识别假设. 下面我们借助 Guo 等 (2018)[62] 提出的多数原则先讨论当某一给定方向 (以 $X \to Y$ 为例) 的多数原则成立时($\beta_{X\to Y}$, $\beta_{Y\to X}$) 的识别方法. 然后在更一般的情形下, 即任一方向满足多数原则而我们不知道具体的方向时, 给出这种方法的拓展[102].

我们将所有的候选 IV 分成四类, 这些分类相互独立且穷尽了所有可能的情况, 见表 8.1. 值得注意的是, $X \to Y$ 的有效 IV 通常被定义为满足 $\gamma_{X,j} \neq 0$, $\pi_{Y,j} = 0$ 的那些变量, 根据式 (8.2), 这一条件等价于 $\pi_{X,j} \neq 0, \pi_{Y,j} = 0$, 因此这里关于有效 IV 的定义与常规定义一致.

表 8.1　候选工具变量分类

IV 类型	定义
无效 IV	$\mathcal{V}_{\text{null}} = \{j : \pi_{X,j} = \pi_{Y,j} = 0\}$
$X \to Y$ 的有效 IV	$\mathcal{V}_{X \to Y} = \{j : \pi_{X,j} \neq 0, \pi_{Y,j} = 0\}$
$Y \to X$ 的有效 IV	$\mathcal{V}_{Y \to X} = \{j : \pi_{X,j} = 0, \pi_{Y,j} \neq 0\}$
多效 IV	$\mathcal{V}_{\text{pl}} = \{j : \pi_{X,j} \neq 0, \pi_{Y,j} \neq 0\}$

首先我们回顾在单向模型下, Guo 等 (2018)[62] 借助多数原则假设识别因果作用的方法. 定义 $\mathcal{S}_X = \{j : \gamma_{X,j} \neq 0\}$ 为 $X \to Y$ 方向上满足相关性假设的工具变量集合, $\mathcal{I}_{X \to Y} = \{j : \gamma_{X,j} \neq 0, \pi_{Y,j} \neq 0\}$ 表示满足相关性的无效工具变量集合, $X \to Y$ 方向上的多数原则假设可以表述为

$$|\mathcal{V}_{X \to Y}| > \max_c \left| \left\{ j \in \mathcal{I}_{X \to Y} : \frac{\pi_{Y,j}}{\gamma_{X,j}} = c \right\} \right|.$$

这一假设通过限制 $X \to Y$ 方向上有效 IV 的数量大于有相同比值 $\pi_{Y,j}/\gamma_{X,j}$ 的相关、无效 IV 的数量, 保证了参数 $\beta_{X \to Y}$ 的可识别性. 我们简要解释这一点: 根据式 (8.2), 对 $\mathcal{S}_X$ 中的任意 IV, 有 $\gamma_{Y,j}/\gamma_{X,j} = \beta_{X \to Y} + \pi_{Y,j}/\gamma_{X,j}$. 而这些 IV 中的任意有效 IV 都满足 $\pi_{Y,j} = 0$, 因此有 $\gamma_{Y,j}/\gamma_{X,j} = \beta_{X \to Y}$. 多数原则假设通过这一限制, 实际上保证了在集合 $\mathcal{S}_X$ 中, $\gamma_{Y,j}$ 和 $\gamma_{X,j}$ 比值相同且数量最多的那些变量就是 $X \to Y$ 的有效 IV, 而这一比值就是我们感兴趣的因果参数 $\beta_{X \to Y}$. 根据这一思想, Guo 等 (2018)[62] 还给出一种两阶段硬阈值 (Two-Stage Hard Thresholding, TSHT) 投票法用于估计因果作用.

如果 $X \to Y$ 方向的多数原则假设成立, 那么 $\beta_{X \to Y}$ 可以识别. 在此基础上我们进一步考虑 $\beta_{Y \to X}$ 的识别性, 根据模型 (8.1) 的假设, 有

$$\text{Cov}\{(X_i - \beta_{Y \to X} Y_i) R_{Y,i}, Z_i\} = 0.$$

可以验证, 在模型 (8.1) 下, $R_{Y,i} = Y_i - \beta_{X \to Y} X_i - \mathbb{E}(Y_i - \beta_{X \to Y} X_i \mid Z_i)$. 因为 $\beta_{X \to Y}$ 可以识别, 则 $R_{Y,i}$ 可识别. 因此如果 $\text{Cov}(Y_i R_{Y,i}, Z_i) \neq 0$, 那么 $\beta_{Y \to X}$ 可被识别. 我们将 $\text{Cov}(Y_i R_{Y,i}, Z_i) \neq 0$ 称作 $Y \to X$ 方向的协方差异质性 (Covariance Heterogeneity, CH) 条件, 它本质上要求模型 (8.1) 中的误差项 ζ_i 满足异方差性. 在没有排除限制假设的线性模型中, 异方差条件已被广泛应用于因果作用的识别[98,171,181].

经过上述讨论我们知道, 如果 $X \to Y$ 方向的多数原则和 $Y \to X$ 方向的协方差异质性条件成立, 那么因果作用可以识别. 同样地, 如果 $Y \to X$ 方向的多数原则和 $X \to Y$ 方向的协方差异质性条件成立, 因果作用也可以识别. 然而, 在实际应用中, 我们通常没有足够的先验知识来判断上述多数原则在哪一方向上成立.

因此, 一个更合理的情形是只假设多数原则在某一方向上成立, 而并不指定具体的方向. 下面我们通过适当加强多数原则假设, 在这种更一般的情形下进行因果关系发现和推断.

在给出我们的假设之前, 首先考虑当存在可能的双向因果关系时的多数原则假设. 我们将 $\mathcal{I}_{X \to Y}$ 作如下分解:

$$\mathcal{I}_{X \to Y} = \begin{cases} \mathcal{V}_{Y \to X} \cup \{\mathcal{V}_{\mathrm{pl}} \cap \mathcal{S}_X\}, & \beta_{Y \to X} \neq 0, \\ \mathcal{V}_{\mathrm{pl}} \cap \mathcal{S}_X, & \beta_{Y \to X} = 0. \end{cases}$$

这一分解表明, 当双向因果关系存在, 即 $\beta_{Y \to X} \neq 0$ 时, 相反方向的有效 IV($\mathcal{V}_{Y \to X}$) 成为我们目标方向的无效 IV, 且这些变量对应 $\{\pi_{X,j}/\gamma_{Y,j}\}_{j \in \mathcal{V}_{Y \to X}}$ 的值都为 0. 通过这一分解, 我们可以将多数原则改写为

$$|\mathcal{V}_{X \to Y}| > \max \left(\max_c \left| \left\{ j \in \mathcal{V}_{\mathrm{pl}} \cap \mathcal{S}_X : \frac{\pi_{Y,j}}{\gamma_{X,j}} = c \right\} \right|, |\mathcal{V}_{Y \to X}| \mathbb{I}(\beta_{Y \to X} \neq 0) \right).$$

注意到, 当 $\beta_{Y \to X} \neq 0$ 时, 多数原则要求 $X \to Y$ 方向的有效 IV 比 $Y \to X$ 方向的有效 IV 更多, 这保证了我们不会将 $Y \to X$ 方向的有效 IV(实际上是 $X \to Y$ 方向上有相同 $\pi_{X,j}/\gamma_{Y,j}$ 值的无效 IV) 误认为是 $X \to Y$ 的有效 IV.

假设 8.2.1 $X \to Y$ 方向的加强多数原则假设成立:

$$|\mathcal{V}_{X \to Y}| > \max \left(\max_c \left| \left\{ j \in \mathcal{V}_{\mathrm{pl}} \cap \mathcal{S}_X : \frac{\pi_{Y,j}}{\gamma_{X,j}} = c \right\} \right|, \right.$$
$$\left. |\mathcal{V}_{Y \to X}| \mathbb{I}(\beta_{Y \to X} \neq 0), |\mathcal{V}_{\mathrm{pl}} \setminus \mathcal{S}_X| \mathbb{I}(\beta_{Y \to X} \neq 0) \right),$$

且 $Y \to X$ 方向的协方差异质性条件成立: $\mathrm{Cov}(Y_i R_{Y,i}, Z_i) \neq 0$.

假设 8.2.1 在多数原则的基础上额外添加了条件 $|\mathcal{V}_{X \to Y}| > |\mathcal{V}_{\mathrm{pl}} \setminus \mathcal{S}_X| \mathbb{I}(\beta_{Y \to X} \neq 0)$. 当 $\beta_{Y \to X} = 0$ 时, 假设 8.2.1 就是多数原则假设; 而当 $\beta_{Y \to X} \neq 0$ 时, 该条件除了要求 $X \to Y$ 方向的有效 IV 比 $Y \to X$ 方向的有效 IV 更多外, 还要求 $X \to Y$ 的有效 IV 数量大于集合 $\mathcal{V}_{\mathrm{pl}} \setminus \mathcal{S}_X$ 的大小. 为了更好地理解这一假设, 我们注意到, 集合 $\mathcal{V}_{\mathrm{pl}} \setminus \mathcal{S}_X$ 实际上代表了在 $X \to Y$ 方向上不满足相关性但在 $Y \to X$ 方向上满足相关性的无效 IV 集合, 并且这些 IV 有相同的比值 $\pi_{X,j}/\gamma_{Y,j} = -\beta_{Y \to X}$. 如果这一集合 IV 的数量最多, 我们可能会误认为它们是 $Y \to X$ 方向的有效 IV, 进而误以为多数原则假设在 $Y \to X$ 方向上成立. 假设 8.2.1 通过限制 $\mathcal{V}_{X \to Y}$ 是最大的集合, 避免了这种情况的出现.

下面我们讨论假设 8.2.1 或其平行假设 (即 $Y \to X$ 方向的加强多数原则和 $X \to Y$ 方向的协方差异质性条件) 中的任意一个成立, 但我们不知道具体哪一个

成立时, 因果参数 $(\beta_{X \to Y}, \beta_{Y \to X})$ 的可识别性. 首先介绍利用观测数据的总体矩定义的 oPCH (Oracle Plurality-then-Covariance-Heterogeneity) 方法.

定义 8.2.1 (oPCH 方法)   定义 $(\beta^\star_{D \to D'}, \beta^\star_{D' \to D}, \mathcal{V}^\star_{D \to D'}) = \mathrm{oPCH}(D, D')$. 在给定 γ_D 和 $\gamma_{D'}$ 时, 令

$$b_{D \to D'} \in \operatorname*{argmax}_{b \in \mathbb{R}} \left| \left\{ j \in \mathcal{S}_D : \frac{\gamma_{D',j}}{\gamma_{D,j}} = b \right\} \right|.$$

如果 $b_{D \to D'} \neq b'_{D \to D'}$ 都是上述优化方程的解, 定义 $\beta^\star_{D \to D'} = \infty$, $\mathcal{V}^\star_{D \to D'} = \varnothing$; 如果 $b_{D \to D'}$ 是上述优化方程的唯一解, 则令 $\beta^\star_{D \to D'} = \mathrm{mode}\{\gamma_{D',j}/\gamma_{D,j}, j \in \mathcal{S}_D\}$, $\mathcal{V}^\star_{D \to D'} = \{j \in \mathcal{S}_D : \gamma_{D',j}/\gamma_{D,j} = \beta^\star_{D \to D'}\}$.

令 $\bar{D}' = D' - \beta^\star_{D \to D'} D$, $\Lambda = \bar{D}' - \mathbb{E}(\bar{D}' \mid Z)$. 定义

$$\theta_D = \Sigma^{-1} \mathbb{E}(\Lambda_i D_i Z_i) \quad \text{和} \quad \theta_{D'} = \Sigma^{-1} \mathbb{E}(\Lambda_i D'_i Z_i).$$

如果 $\theta^\top_{D'} \Sigma \theta_{D'} \neq 0$, 定义 $\beta^\star_{D' \to D} = (\theta^\top_D \Sigma \theta_{D'})/(\theta^\top_{D'} \Sigma \theta_{D'})$; 如果 $\theta^\top_{D'} \Sigma \theta_{D'} = 0$, 定义 $\beta^\star_{D' \to D} = \infty$.

定义 8.2.1 是一个总体水平上的算法, 它在一个方向上使用基于众数的方法 (可以看作是总体水平上 TSHT 的对应方法) 识别因果作用, 而在另一个方向上基于协方差异质性条件, 使用总体水平的两阶段最小二乘 (Two-Stage Least Square, TSLS) 法识别因果作用. 特别地, 通过加入对加强多数原则及协方差异质性条件进行检验的步骤, oPCH 能够帮助我们判断假设是否违背. 具体来说, 如果众数 $b_{D \to D'}$ 不是唯一的, 那么 $D \to D'$ 的加强多数原则违背; 如果 $\theta_{D'} = 0$, 那么 $D' \to D$ 的协方差异质性条件不成立. 由于我们无法判断加强多数原则在哪一方向上成立, 因此将关心的两个特征变量交换位置并分别应用 oPCH 方法, 结果记为 $(\beta_{X \to Y, \mathrm{I}}, \beta_{Y \to X, \mathrm{I}}, \mathcal{V}_{X \to Y, \mathrm{I}}) = \mathrm{oPCH}(X, Y)$ 和 $(\beta_{X \to Y, \mathrm{II}}, \beta_{Y \to X, \mathrm{II}}, \mathcal{V}_{X \to Y, \mathrm{II}}) = \mathrm{oPCH}(Y, X)$. 下面的定理 8.2.1 说明这两组结果可以在一定程度上识别真实的因果作用.

定理 8.2.1   假定假设 8.2.1 或其平行假设成立. 如果 $\beta_{X \to Y} \beta_{Y \to X} \neq 0$, 那么 $(\beta_{X \to Y}, \beta_{Y \to X})$ 可以由 $(\beta_{X \to Y, \mathrm{I}}, \beta_{Y \to X, \mathrm{I}})$ 或 $(\beta_{X \to Y, \mathrm{II}}, \beta_{Y \to X, \mathrm{II}})$ 识别, 且

$$\beta_{X \to Y, \mathrm{I}} = 1/\beta_{Y \to X, \mathrm{II}}, \quad \beta_{Y \to X, \mathrm{I}} = 1/\beta_{X \to Y, \mathrm{II}}.$$

如果 $\beta_{X \to Y} \beta_{Y \to X} = 0$, 那么 $(\beta_{X \to Y}, \beta_{Y \to X})$ 可以识别, 且 $(\beta_{X \to Y}, \beta_{Y \to X}) = (\beta^\circ_{X \to Y}, \beta^\circ_{Y \to X})$, 其中

$$
(\beta_{X\to Y}^\circ, \beta_{Y\to X}^\circ) =
\begin{cases}
(\beta_{X\to Y,\mathrm{I}}, \beta_{Y\to X,\mathrm{I}}), & \max(\beta_{X\to Y,\mathrm{II}}, \beta_{Y\to X,\mathrm{II}}) = \infty, \\
(\beta_{X\to Y,\mathrm{II}}, \beta_{Y\to X,\mathrm{II}}), & \max(\beta_{X\to Y,\mathrm{I}}, \beta_{Y\to X,\mathrm{I}}) = \infty, \\
(\beta_{X\to Y,\mathrm{I}}, \beta_{Y\to X,\mathrm{I}}), & |\mathcal{V}_{X\to Y,\mathrm{I}}| \geqslant |\mathcal{V}_{Y\to X,\mathrm{II}}| \text{ 且 } \max(b) < \infty, \\
(\beta_{X\to Y,\mathrm{II}}, \beta_{Y\to X,\mathrm{II}}), & |\mathcal{V}_{X\to Y,\mathrm{I}}| < |\mathcal{V}_{Y\to X,\mathrm{II}}| \text{ 且 } \max(b) < \infty,
\end{cases}
$$

这里 $b = (\beta_{X\to Y,\mathrm{I}}, \beta_{Y\to X,\mathrm{I}}, \beta_{X\to Y,\mathrm{II}}, \beta_{Y\to X,\mathrm{II}})^\top$.

由定理 8.2.1, 当 $\beta_{X\to Y}\beta_{Y\to X} \neq 0$ 时, $(\beta_{X\to Y,\mathrm{I}}, \beta_{Y\to X,\mathrm{I}})$ 和 $(\beta_{X\to Y,\mathrm{II}}, \beta_{Y\to X,\mathrm{II}})$ 其中一个等于 $(\beta_{X\to Y}, \beta_{Y\to X})$, 而另一个等于 $(1/\beta_{Y\to X}, 1/\beta_{X\to Y})$. 因此现有的假设仍不足以完全识别 $(\beta_{X\to Y}, \beta_{Y\to X})$. 只有当我们有更多关于 $(\beta_{X\to Y}, \beta_{Y\to X})$ 的先验知识, 因果参数才可以被唯一识别. 例如, 如果 $\beta_{X\to Y}$ 和 $\beta_{Y\to X}$ 符号相反且我们已知它们各自的符号, 那么 $\beta_{X\to Y}$ 和 $\beta_{Y\to X}$ 可以识别. 以 $\beta_{X\to Y} > 0$ 且 $\beta_{Y\to X} < 0$ 为例, 在假设 8.2.1 或其平行假设成立的条件下, 有

$$
\beta_{X\to Y} = \max(\beta_{X\to Y,\mathrm{I}}, \beta_{X\to Y,\mathrm{II}}), \quad \beta_{Y\to X} = \min(\beta_{Y\to X,\mathrm{I}}, \beta_{Y\to X,\mathrm{II}}).
$$

此外, 其他的先验知识也可以帮助我们识别因果参数. 例如, 如果我们已知 X 和 Y 之间的关系不是特别强, 比如 $0 < |\beta_{X\to Y}| < 1$ 且 $0 < |\beta_{Y\to X}| < 1$ 时, $\beta_{X\to Y}$ 和 $\beta_{Y\to X}$ 同样可以识别.

当 $\beta_{X\to Y}\beta_{Y\to X} = 0$ 时, 我们可以根据 oPCH 方法中对加强多数原则和协方差异质性条件的检验判断假设 8.2.1 和其平行假设中哪一个成立. 具体地, 如果 $\max(\beta_{X\to Y,\mathrm{II}}, \beta_{Y\to X,\mathrm{II}}) = \infty$, 那么 $Y \to X$ 方向的加强多数原则和 $X \to Y$ 方向的协方差异质性条件中有一个是不成立的, 这也就意味着平行假设被违背. 因此, 假设 8.2.1 一定是正确的且 $(\beta_{X\to Y,\mathrm{I}}, \beta_{Y\to X,\mathrm{I}})$ 识别了正确的因果作用. 同理, 如果 $\max(\beta_{X\to Y,\mathrm{I}}, \beta_{Y\to X,\mathrm{I}}) = \infty$, 那么 $(\beta_{X\to Y,\mathrm{II}}, \beta_{Y\to X,\mathrm{II}})$ 识别了正确的因果作用. 而当 $\max(b) < \infty$, 即没有证据表明某一个假设被违背时, 我们通过比较 $|\mathcal{V}_{X\to Y,\mathrm{I}}|$ 和 $|\mathcal{V}_{Y\to X,\mathrm{II}}|$ 的大小判断哪一个假设成立. 如果 $|\mathcal{V}_{X\to Y,\mathrm{I}}| \geqslant |\mathcal{V}_{Y\to X,\mathrm{II}}|$, 假设 8.2.1 是正确的且 $(\beta_{X\to Y,\mathrm{I}}, \beta_{Y\to X,\mathrm{I}})$ 识别了正确的因果作用; 反之, 平行假设是正确的且 $(\beta_{X\to Y,\mathrm{II}}, \beta_{Y\to X,\mathrm{II}})$ 识别了正确的因果作用.

定理 8.2.1 建立了双向和单向模型下因果作用的可识别性. 下面我们考虑因果方向的可识别性, 用 $\mathcal{H}$ 表示真实的因果方向:

$$
\mathcal{H} =
\begin{cases}
2, & \beta_{X\to Y}\beta_{Y\to X} \neq 0, \\
1, & \beta_{X\to Y} \neq 0, \beta_{Y\to X} = 0, \\
0, & \beta_{X\to Y} = \beta_{Y\to X} = 0, \\
-1, & \beta_{X\to Y} = 0, \beta_{Y\to X} \neq 0,
\end{cases}
$$

与因果作用的识别类似, $\mathcal{H}$ 同样可由 oPCH 方法得到两组结果识别. 具体来说,

在假设 8.2.1 或其平行假设中有一个成立的条件下, 我们有 $\mathcal{H} = \mathcal{H}^\circ$, 且

$$\mathcal{H}^\circ = \begin{cases} 2, & \min_{j \leqslant 4} |b_j| > 0, \\ 1, & \beta_{X \to Y}^\circ \neq 0, \beta_{Y \to X}^\circ = 0, \\ 0, & \beta_{X \to Y}^\circ = \beta_{Y \to X}^\circ = 0, \\ -1, & \beta_{X \to Y}^\circ = 0, \beta_{Y \to X}^\circ \neq 0, \end{cases}$$

这里 $\mathcal{H}^\circ$ 的四种情形相互独立且穷尽了所有可能的情况. 当 $\min_{j \leqslant 4} |b_j| > 0$, 即 oPCH 方法得到的两组结果均非零时, 有 $\beta_{X \to Y} \beta_{Y \to X} \neq 0$. 因此, 即使在没有额外假设的情况下因果作用不能被唯一识别, 我们仍可以识别因果方向为双向. 而当 $\min_{j \leqslant 4} |b_j| = 0$ 时, 有 $\beta_{X \to Y} \beta_{Y \to X} = 0$. 根据定理 8.2.1, 此时 $(\beta_{X \to Y}^\circ, \beta_{Y \to X}^\circ)$ 识别了真实的因果作用, 同时根据因果作用是否为 0, 我们可以判断是否存在这一方向的边.

上面我们给出了在模型 (8.1) 下因果作用和因果方向的完整识别方法, 8.2.3 小节将基于这些识别结果给出在有限样本中进行因果推断和因果发现的方法.

8.2.3　估计及理论保证

本小节介绍估计因果方向和因果作用的方法. 首先, 我们给出在有限样本中估计因果参数和其方差, 以及有效 IV 集的 PCH 方法, 见算法 1. 该算法包含两个主要的步骤, 第一步基于加强多数原则, 使用修正的 TSHT 方法估计某一方向的因果作用, 见算法 1—4 行. 其中, 第 2 行估计该方向上所有满足相关性的 IV 集合 $\hat{\mathcal{S}}_D$ 及其中每个 IV 的票数 (即 $\hat{\mathcal{S}}_D$ 中与它有相同比值估计的元素的个数), 并将 $\hat{\mathcal{S}}_D$ 中相同票数最多的那个 IV 集作为备选的有效 IV 集. 第 3 行通过检验众数的唯一性, 判断是否有证据表明该方向上的加强多数原则违背. 如果没有, 备选的有效 IV 集就是我们要找的有效 IV 集, 利用这些有效 IV 和 TSLS 法可以估计因果参数 $\hat{\beta}_{D \to D'}$ 及其方差, 见算法第 4 行; 第二步基于协方差异质性条件, 使用 TSLS 法估计另一个方向的因果作用, 见算法 5—10 行. 其中, 第 6 行检验 $H_0 : \theta_{D'} = 0$, $\chi_d^2(\alpha)$ 表示自由度为 d 的 χ^2 分布的 α 分位数. 如果 $\hat{\theta}_D^\top \hat{\Omega}_D \hat{\theta}_D$ 没有显著大于 0, 表明该方向上的协方差异质性条件违背; 如果没有违背, 则使用 TSLS 法估计因果参数 $\hat{\beta}_{D' \to D}$ 及其方差, 这里的暴露和结局分别为 $D' \odot \hat{\Lambda}$ 和 $D \odot \hat{\Lambda}$, $\odot$ 表示向量和矩阵的阿达马积. 由于篇幅限制, 算法 1 中的估计量 $\hat{\sigma}_{D,j}$, $\hat{\sigma}_{k \to j}$, $Z_{\cdot, \hat{v}_{D \to D'}}$, $Z_{\cdot, \hat{v}_{D \to D'}^c}$, $\hat{\sigma}_{D' \to D}^2$ 及 $\hat{\Omega}_{D'}$ 这里没有具体给出, 感兴趣的读者可参考文献 [102]. 类似 8.2.2 小节, 由于我们无法判断加强多数原则在哪一方向上成立, 因此将关心的两个特征变量交换位置并分别应用 PCH 算法, 输出结果记为 $\{(\hat{\beta}_{X \to Y, \mathrm{I}}, \hat{\sigma}_{X \to Y, \mathrm{I}}^2, \hat{\beta}_{Y \to X, \mathrm{I}}, \hat{\sigma}_{Y \to X, \mathrm{I}}^2), \hat{\mathcal{V}}_{X \to Y, \mathrm{I}}\}$ 和 $\{(\hat{\beta}_{Y \to X, \mathrm{II}}, \hat{\sigma}_{Y \to X, \mathrm{II}}^2, \hat{\beta}_{X \to Y, \mathrm{II}}, \hat{\sigma}_{X \to Y, \mathrm{II}}^2), \hat{\mathcal{V}}_{Y \to X, \mathrm{II}}\}$.

算法 1 PCH 方法 ($\mathrm{PCH}(D, D', Z)$).

输入: D, D', Z;

输出: $\{(\hat{\beta}_{D \to D'}, \hat{\sigma}^2_{D \to D'}, \hat{\beta}_{D' \to D}, \hat{\sigma}^2_{D' \to D}), \hat{\mathcal{V}}_{D \to D'}\}$;

1 计算 $\hat{\gamma}_D = (Z^\top Z)^{-1} Z^\top D$ 和 $\hat{\gamma}_{D'} = (Z^\top Z)^{-1} Z^\top D'$;

2 估计该方向上相关 IV 的集合: $\hat{\mathcal{S}}_D = \{j : |\hat{\gamma}_{D,j}| \geqslant \hat{\sigma}_{D,j} \sqrt{\log n / n}\}$, 并计算 $\hat{\mathcal{S}}_D$ 中每个 IV 的票数:

$$\hat{Q}_j = \left| \left\{ k \in \hat{\mathcal{S}}_D : \left| \frac{\hat{\gamma}_{D',k}}{\hat{\gamma}_{D,k}} - \frac{\hat{\gamma}_{D',j}}{\hat{\gamma}_{D,j}} \right| \leqslant \hat{\sigma}_{k \to j} \sqrt{\frac{\log n}{n}} \right\} \right|,$$

令

$$\tilde{\mathcal{V}}_{D \to D'} = \left\{ j \in \hat{\mathcal{S}}_D : \hat{Q}_j = \max_{k \in \hat{\mathcal{S}}_D} \hat{Q}_k \right\};$$

3 **if** $|\tilde{\mathcal{V}}_{D \to D'}| = \max_{j \in \hat{\mathcal{S}}_D} \hat{Q}_j$ **then**

4 　　令 $\hat{\mathcal{V}}_{D \to D'} = \tilde{\mathcal{V}}_{D \to D'}$, 借助暴露 D、结局 D'、工具变量 $Z_{\cdot, \hat{\mathcal{V}}_{D \to D'}}$ 及混杂因素 $Z_{\cdot, \hat{\mathcal{V}}^c_{D \to D'}}$, 使用 TSLS 法估计 $(\hat{\beta}_{D \to D'}, \hat{\sigma}^2_{D \to D'})$;

5 　　令 $\bar{D}' = D' - \hat{\beta}_{D \to D'} D$, $\hat{\Lambda} = P_Z^\perp \bar{D}'$, 计算 $\hat{\theta}_D = (Z^\top Z)^{-1} Z^\top (D \odot \hat{\Lambda})$ 和 $\hat{\theta}_{D'} = (Z^\top Z)^{-1} Z^\top (D' \odot \hat{\Lambda})$;

6 　　**if** $\hat{\theta}_{D'}^\top \hat{\Omega}_{D'} \hat{\theta}_{D'} \geqslant \chi^2_p(1 - 1/n)$ **then**

7 　　　　根据 $\hat{\beta}_{D' \to D} = (\hat{\theta}_D^\top \hat{\Sigma} \hat{\theta}_D)/(\hat{\theta}_{D'}^\top \hat{\Sigma} \hat{\theta}_{D'})$ 估计因果效应 $\beta_{D' \to D}$, 并计算 $\hat{\beta}_{D' \to D}$ 的方差 $\hat{\sigma}^2_{D' \to D}$;

8 　　**else**

9 　　　　设 $\hat{\beta}_{D' \to D} = \hat{\sigma}^2_{D' \to D} = \mathrm{NA}$;

10 　　**end**

11 **else**

12 　　设 $\hat{\mathcal{V}}_{D \to D'} = \varnothing$, $\hat{\beta}_{D \to D'} = \hat{\sigma}^2_{D \to D'} = \hat{\beta}_{D' \to D} = \hat{\sigma}^2_{D' \to D} = \mathrm{NA}$.

13 **end**

借助上述结果, 我们可以计算对应参数的置信区间, 并在双向模型中进行因果推断. 以 $\hat{\beta}_{X \to Y, \mathrm{I}}$ 为例, 它对应的 $1 - \alpha$ 置信区间 $\widehat{\mathrm{CI}}_{X \to Y, \mathrm{I}}(\alpha) = (\hat{\beta}_{X \to Y, \mathrm{I}} - z_{1 - \alpha/2} \hat{\sigma}_{X \to Y, \mathrm{I}} / \sqrt{n}, \hat{\beta}_{X \to Y, \mathrm{I}} + z_{1 - \alpha/2} \hat{\sigma}_{X \to Y, \mathrm{I}} / \sqrt{n})$, 其中 $z_{1 - \alpha/2}$ 表示标准正态分布的 $1 - \alpha/2$ 分位数, n 为有限样本容量. 记因果参数和对应置信区间的估计结果为 $\widehat{\mathrm{PCH}}_* = (\hat{\beta}_{X \to Y, *}, \hat{\beta}_{Y \to X, *}, \widehat{\mathrm{CI}}_{X \to Y, *}(\alpha), \widehat{\mathrm{CI}}_{Y \to X, *}(\alpha))$, 其中 $* \in \{\mathrm{I}, \mathrm{II}\}$, 并记 $\overline{\mathrm{CI}}(\alpha) = \widehat{\mathrm{CI}}_{X \to Y, \mathrm{I}}(\alpha) \cup \widehat{\mathrm{CI}}_{Y \to X, \mathrm{I}}(\alpha) \cup \widehat{\mathrm{CI}}_{X \to Y, \mathrm{II}}(\alpha) \cup \widehat{\mathrm{CI}}_{Y \to X, \mathrm{II}}(\alpha)$. 这里, 如果算法 1 得到的参数估计结果为 NA, 我们记对应的置信区间估计也为 NA, 相应的 $\overline{\mathrm{CI}}(\alpha)$ 也记为 NA. 根据前面的识别过程, 为了判断因果关系是否是双向的, 我们

需要在总体水平上判断 $\min_{j\leqslant 4}|b_j| > 0$ 是否成立. 这里我们使用 b 的有限样本估计并考虑了它的不确定性, 即通过参数估计的 $1 - 1/n$ 置信区间是否包含 0 判断对应参数是否为 0. 如果 $\overline{\mathrm{CI}}(1/n) = \mathrm{NA}$ 或 $0 \in \overline{\mathrm{CI}}(1/n)$, 表明至少有一个方向对应因果参数为 0, 此时我们借助定理 8.2.1 并在 $\beta_{X\to Y}\beta_{Y\to X} = 0$ 的情形下进行估计. 如果 $\mathrm{NA} \in \{\hat{\beta}_{X\to Y,\mathrm{II}}, \hat{\beta}_{Y\to X,\mathrm{II}}\}$ 或 $|\hat{\mathcal{V}}_{X\to Y,\mathrm{I}}| \geqslant |\hat{\mathcal{V}}_{Y\to X,\mathrm{II}}|$, 那么最终估计结果为 $(\hat{\beta}_{X\to Y}, \hat{\beta}_{Y\to X}, \widehat{\mathrm{CI}}_{X\to Y}(\alpha), \widehat{\mathrm{CI}}_{Y\to X}(\alpha)) = \widehat{\mathrm{PCH}}_{\mathrm{I}}$; 反之, 我们将 $\widehat{\mathrm{PCH}}_{\mathrm{II}}$ 作为最终估计结果. 由此可得估计的因果方向为 $\hat{\mathcal{H}} = \mathbb{I}(0 \notin \widehat{\mathrm{CI}}_{X\to Y}(1/n)) - \mathbb{I}(0 \notin \widehat{\mathrm{CI}}_{Y\to X}(1/n))$. 而当 $\overline{\mathrm{CI}}(1/n) = \mathrm{NA}$ 和 $0 \in \overline{\mathrm{CI}}(1/n)$ 均不成立时, 则表明因果关系是双向的即 $\hat{\mathcal{H}} = 2$, 此时如果我们进一步假定 $\beta_{X\to Y} > 0$ 且 $\beta_{Y\to X} < 0$, 那么根据定理 8.2.1 后的讨论, 如果 $\hat{\beta}_{X\to Y,\mathrm{I}} > \hat{\beta}_{X\to Y,\mathrm{II}}$, $\widehat{\mathrm{PCH}}_{\mathrm{I}}$ 是最终的估计结果, 反之, $\widehat{\mathrm{PCH}}_{\mathrm{II}}$ 是最终的估计结果.

最后, 我们可以给出这种 PCH 方法在因果发现和推断方面的理论保证:

定理 8.2.2　假定假设 8.2.1 或其平行假设成立, 那么有

$$\lim_{n\to\infty} \mathrm{P}(\hat{\mathcal{H}} = \mathcal{H}) = 1.$$

进一步假定当 $\beta_{X\to Y}\beta_{Y\to X} \neq 0$ 时, 满足 $\beta_{X\to Y} > 0$ 且 $\beta_{Y\to X} < 0$, 那么有

$$\lim_{n\to\infty} \mathrm{P}\{\beta_{X\to Y} \in \widehat{\mathrm{CI}}_{X\to Y}(\alpha)\} = 1 - \alpha, \quad \lim_{n\to\infty} \mathrm{P}\{\beta_{Y\to X} \in \widehat{\mathrm{CI}}_{Y\to X}(\alpha)\} = 1 - \alpha.$$

定理 8.2.2 建立了我们的估计方法在因果发现上的相合性和因果推断上的有效性, 表明估计的因果方向 $\hat{\mathcal{H}}$ 是真实方向的相合估计, 且估计的置信区间 $\widehat{\mathrm{CI}}_{X\to Y}(\alpha)$ 和 $\widehat{\mathrm{CI}}_{Y\to X}(\alpha)$ 能够在 $1 - \alpha$ 的水平下渐近覆盖真实的因果作用 $\beta_{X\to Y}$ 和 $\beta_{Y\to X}$.

8.3　基于工具变量的因果结构学习

8.2 节介绍的方法适用于两变量间的因果发现和推断问题, 本节我们考虑含未知混杂的因果网络结构学习问题. 与两个变量间的类似, 工具变量法同样可以用于解决网络中的未知混杂问题, 但对 IV 的有效性有一定要求. 例如, Oates 等 (2016)[127] 给出条件 DAG 的概念, 并通过整数线性规划开发了一种基于得分的估计方法, 用于推断条件 DAG 中的因果结构; Chen 等 (2018)[25] 提出了一种两阶段惩罚最小二乘法, 用于在大型线性结构方程模型中进行估计, 但这两种方法均要求对每个主要关心的变量都存在一个已知的有效 IV 集. 当考虑无效 IV 时, Chen 等 (2023)[29] 提出一种逐步选择方法来筛选有效 IV, 并使用两阶段最小二乘和 Wald 检验方法进行推断; Li 等 (2023)[99] 和 Chen 等 (2024)[28] 开发了一种用于估计祖先关系图和候选 IV 集的剥离算法, 并使用基于似然的推断方法恢复图

中的边. 然而, 这些方法都依赖于线性结构方程模型的假设, 即要求候选 IV 对主要变量的影响是线性的, 这在与实际情况不符时可能导致弱工具变量问题, 降低模型的估计性能并产生错误的结论[26,123,172].

本节介绍一种在部分线性结构方程模型下, 利用可能的无效 IV 在网络中进行因果发现和推断的方法. 特别地, 该方法允许候选 IV 与主要变量间存在非线性关系, 可以一定程度上避免模型误设而导致的不准确的因果发现和推断问题.

8.3.1 含工具变量的因果网络模型

考虑含有 p 个内生主要变量 $Y = (Y_1, Y_2, \cdots, Y_p)$ 和 q 个外生次要变量 $Z = (Z_1, Z_2, \cdots, Z_q)$ 的因果图 G, Z 和 Y 均有有限方差, 令

$$G = (Z, Y; \mathcal{E}, \mathcal{I}), \tag{8.3}$$

其中 $\mathcal{E} = \{(i,j) : Y_i \to Y_j\}$ 表示 Y 中变量的因果关系, $\mathcal{I} = \{(\ell, j) : Z_\ell \to Y_j\}$ 是从 Z 指向 Y 的边的集合. 假设从 Y 到 Z 没有直接边, 因此 Z 可以被视为一些潜在的工具变量, 我们希望利用这些潜在工具变量恢复 Y 中的因果关系. 在图 G 的基础上, 定义以下记号:

(1) Y_j 的父节点集, $\mathrm{pa}_G(j) = \{k : Y_k \to Y_j\}$;

(2) Y_j 的祖先节点集, $\mathrm{an}_G(j) = \{k : Y_k \to \cdots \to Y_j\}$;

(3) Y_j 的干预集, $\mathrm{in}_G(j) = \{\ell : Z_\ell \to Y_j\}$;

(4) 有向路径 $Y_k \to \cdots \to Y_j$ 的中介集, $\mathrm{me}_G(k,j) = \{i : Y_k \to \cdots \to Y_i \to \cdots \to Y_j\}$;

(5) 有向路径 $Y_k \to \cdots \to Y_j$ 的非中介集, $\mathrm{nm}_G(k,j) = \mathrm{an}_G(j) \setminus (\mathrm{me}_G(k,j) \cup \{k\})$;

(6) 如果 $(k,j) \in \mathcal{E}$ 且 $\mathrm{me}_G(k,j) = \varnothing$, 称 Y_k 是 Y_j 的非中介父节点;

(7) 图 G 的叶子节点, $\mathrm{leaf}(G) = \{j : Y_j$ 没有后代在G中$\}$;

(8) G 中 Y_k 到 Y_j 最长有向路径的长度, $l_G(k,j)$;

(9) Y_j 的高度, 即 Y_j 到 G 的一个叶子节点的最长路径的长度, $h_G(j)$. 如果 $(k,j) \in \mathcal{E}$, 那么有 $h_G(k) > h_G(j)$ 且所有叶子节点的高度均为 0.

在上面的因果图中, 我们假设 Z 是外生变量, 因此保证了有效 IV 的独立性成立; Z 有指向 Y 的边, 而 Y 没有指向 Z 的边, 这提供了相关性成立的基础. 据此, 我们给出这一图模型下, 有效 IV 和候选 IV 的定义.

定义 8.3.1(有效 IV) 如果一个次要变量 Z_ℓ 有指向 Y_j 的直接边, 即 $(\ell, j) \in \mathcal{I}$ 且没有指向其他主要变量的直接边, 即对任意 $i \neq j$ 有 $(\ell, i) \notin \mathcal{I}$, 则称 Z_ℓ 在图 G 中是 Y_j 的一个有效 IV. 用 $\mathrm{iv}_G(j) = \{\ell : Z_\ell \to Y_j, Z_\ell \nrightarrow Y_i, i \neq j\}$ 表示图 G 中 Y_j 的有效 IV 集合.

定义 8.3.2(候选 IV)　如果一个次要变量 Z_ℓ 有指向 Y_j 的直接边, 即 $(\ell, j) \in \mathcal{I}$ 且没有指向 Y_j 的任意非后代变量的直接边, 则称 Z_ℓ 在图 G 中是 Y_j 的一个候选 IV. 用 $\mathrm{ca}_G(j) = \{\ell : Z_\ell \to Y_j, Z_\ell \to Y_k 仅当 j \in \mathrm{an}_G(k)\}$ 表示图 G 中 Y_j 的候选 IV 集合.

对于式 (8.3) 中定义的因果图, 我们考虑如下的部分线性结构方程模型:

$$Y_j = \sum_{i=1}^{p} \beta_{ij}^* Y_i + g_j(Z_{\mathrm{in}_G(j)}) + \epsilon_j, \quad \mathbb{E}(\epsilon_j) = 0, \quad Z \perp\!\!\!\perp \epsilon_j, \quad j = 1, 2, \cdots, p, \quad (8.4)$$

其中, 参数 β_{ij}^* 表示 Y_i 到 Y_j 的直接效应, $\beta_{ij}^* \neq 0$ 表示 Y_i 是 Y_j 的直接原因, 即 $i \in \mathrm{pa}_G(j)$. 函数项 $g_j(\cdot)$ 表示 $Z_{\mathrm{in}_G(j)}$ 对 Y_j 的因果作用, 其形式未知且并不限制在线性函数中. 我们感兴趣的是主要变量 Y 之间的因果关系和因果作用, 即 $B^* = (\beta_{ij}^*)_{p \times p}$ 和 $\mathcal{E}$. 然而, $\epsilon = (\epsilon_1, \cdots, \epsilon_p)^\top$ 中含有潜在未知混杂的信息, $\mathrm{Cov}(Y, \epsilon)$ 可能不为 0, 导致现有用于部分线性模型的估计方法无法适用. 因此, 我们考虑借助无效 IV 进行因果关系发现并识别因果作用.

8.3.2　因果图和因果效应的识别

下面, 我们介绍利用 Z 和 Y 之间的关系识别因果关系 $\mathcal{E}$ 和因果效应 $B^* = (\beta_{ij}^*)_{p \times p}$ 的方法. 首先给出以下假设.

　　假设 8.3.1　候选 IV 之间相互独立, 即 $Z_i \perp\!\!\!\perp Z_j$, $i \neq j$, $i, j \in 1, 2, \cdots, q$.

　　假设 8.3.2　如果 Z_ℓ 到 Y_j 的一个非中介父节点有直接边, 那么 $Z_\ell \not\perp\!\!\!\perp Y_j$.

　　假设 8.3.3　对每一个主要变量 Y_j, 至少有 γ $(\gamma > 0)$ 个有效 IV, 即对任意 $j = 1, 2, \cdots, p$, 有 $|\mathrm{iv}_G(j)| \geqslant \gamma$.

假设 8.3.1 要求候选 IV 之间相互独立, 这在许多孟德尔随机化研究中是合理的, 因为这些研究通常使用来自不同基因区域的基因变异作为 IV; 假设 8.3.2 是我们前面介绍过的忠实性假定的一个变形, 其含义为如果因果图上存在 Z_ℓ 到 Y_j 的有向路径, 那么它们之间也不满足概率分布上的独立性; 假设 8.3.3 要求每个变量 Y_j 至少有 γ $(\gamma > 0)$ 个有效 IV, 这里的 γ 可以根据先验知识指定. 一般地, γ 可以设置为 1, 也就是说我们只要求每个变量 Y_j 都存在有效 IV.

在识别因果关系 $\mathcal{E}$ 之前, 我们首先介绍祖先关系图 (Ancestral Relation Graph, ARG) 的概念, 然后借助 Chen 等 (2024)[28] 的方法识别图 G 的 ARG 以粗略捕捉 Y 之间的因果关系, 并据此得到候选 IV 的集合.

定义 8.3.3 (祖先关系图)　因果图 $G = (Z, Y; \mathcal{E}, \mathcal{I})$ 的祖先关系图定义为 $G^+ = (Z, Y; \mathcal{E}^+, \mathcal{I}^+)$, 其中

$$\mathcal{E}^+ = \{(k, j) : k \in \mathrm{an}_G(j)\}, \quad \mathcal{I}^+ = \{(\ell, j) : \ell \in \cup_{k \in \mathrm{an}_G(j) \cup \{j\}} \mathrm{in}_G(k)\}.$$

根据定义, 只要图 G 中的两个节点 Y_i 和 Y_j 之间有有向路径, 那么 $(i,j) \in \mathcal{E}^+$; 只要 Z_ℓ 和 Y_j 之间有有向路径, 那么 $(\ell, j) \in \mathcal{I}^+$. 在假设 8.3.1 到假设 8.3.3 成立的条件下, 我们可以利用 Z 和 Y 之间的关系恢复 ARG. 具体来说, 当且仅当主要变量 Y_k 是 G 的叶子节点时有: 存在一个 Z_ℓ, 使得对于所有的 $k' \neq k$, 都有 $Z_\ell \not\perp\!\!\!\perp Y_k$ 且 $Z_\ell \perp\!\!\!\perp Y_{k'}$, 且这样的 Z_ℓ 在图 G 中是 Y_k 的一个有效 IV. 也就是说, 图 G 的叶子节点及其有效 IV 可以通过下式识别:

$$\mathrm{leaf}(G) = \{k : 存在 \ell, 使得对任意 k' \neq k, 有 Z_\ell \not\perp\!\!\!\perp Y_k \ 且 Z_\ell \perp\!\!\!\perp Y_{k'}\},$$
$$\mathrm{iv}_G(k) = \{\ell : 对任意 k' \neq k, 有 Z_\ell \not\perp\!\!\!\perp Y_k 且 Z_\ell \perp\!\!\!\perp Y_{k'}\}, \quad k \in \mathrm{leaf}(G). \tag{8.5}$$

一旦识别了图 G 的叶子节点, 我们可以从图中移除这些节点及对应的有效 IV, 得到 G 的一个子图 $G^- = (Z^-, Y^-; \mathcal{E}^-, \mathcal{I}^-)$, 其中 $Z^- = Z \setminus Z_{\mathrm{iv}_G(\mathrm{leaf}(G))}$, $Y^- = Y \setminus Y_{\mathrm{leaf}(G)}$, $\mathcal{E}^-$ 和 $\mathcal{I}^-$ 表示剩下的边. 根据定义 8.3.1, 对 Y 中的所有变量 Y_j, 有 $\mathrm{iv}_G(j) \subseteq \mathrm{iv}_{G^-}(j)$, 这意味着假设 8.3.3 在子图 G^- 上依然成立, 而假设 8.3.1 和假设 8.3.2 在子图 G^- 上也自然成立. 因此, 我们可以使用同样的方法识别子图 G^- 的叶子节点和对应有效 IV. 通过迭代地使用这种方法, 我们可以根据 Y 中元素在图 G 中的高度, 从低到高依次将它们移除. 节点 Y_i 到与它相同或比它更高高度的节点是没有有向边的, 但其他高度的节点之间关系未知. 因此, 下面我们进一步恢复 $Y \setminus Y^-$ 和 $Y_{\mathrm{leaf}(G^-)}$ 之间的祖先关系. 在假设 8.3.1 到假设 8.3.3 成立的条件下, 对任意 $k \in \mathrm{leaf}(G^-)$ 及 $Y_j \in Y \setminus Y^-$, 有

(1) 如果对所有的 $\ell \in \mathrm{iv}_{G^-}(k)$ 都有 $Z_\ell \not\perp\!\!\!\perp Y_j$, 那么 $(k,j) \in \mathcal{E}^+$;

(2) 如果 Y_k 是 Y_j 的一个非中介父节点, 那么对所有的 $\ell \in \mathrm{iv}_{G^-}(k)$ 都有 $Z_\ell \not\perp\!\!\!\perp Y_j$.

也就是说, $Y \setminus Y^-$ 和 $Y_{\mathrm{leaf}(G)}$ 之间的祖先关系可以通过下式得到

$$\{(k,j) : Y_j \in Y \setminus Y^-, k \in \mathrm{leaf}(G^-) 且对任意 \ell \in \mathrm{iv}_{G^-}(k), 有 Z_\ell \not\perp\!\!\!\perp Y_j\} \subseteq \mathcal{E}^+. \tag{8.6}$$

下面我们通过一个简单的例子理解这一识别过程.

例 8.3.1 考虑图 8.1 的因果关系, 当 $k = 3$ 时, Z_3 满足对所有的 $k' \neq k$, 有 $Z_3 \not\perp\!\!\!\perp Y_3$ 且 $Z_3 \perp\!\!\!\perp Y_{k'}$. 因此, 根据式 (8.5), Y_3 是图中的叶子节点且 Z_3 是 Y_3 的一个有效 IV. 在图中移去 Z_3, Y_3 及其对应边 (虚线部分) 得到子图. 类似地, 我们可以得到子图的叶子节点为 Y_2, 对应有效 IV 为 Z_2 和 Z_4. 以此类推, 我们得到 Y 中元素根据高度从低到高依次为 Y_3, Y_2, Y_1. 下面我们进一步判断 $Y \setminus Y^-$ (这里为 Y_3) 和 $Y_{\mathrm{leaf}(G^-)}$ (这里为 Y_2) 之间的祖先关系. 对于子图中 Y_2 的所有有效 IV (Z_2 和 Z_4), 有 $Z_2 \not\perp\!\!\!\perp Y_3$ 且 $Z_4 \not\perp\!\!\!\perp Y_3$. 因此, 根据式 (8.6), Y_2 是 Y_3 的一个祖先节点. 类似地, 可以得到 Y_1 是 Y_2 的一个祖先节点.

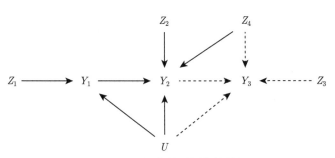

图 8.1　识别祖先关系图的简单例子

根据这一识别过程, 所有始于非中介父节点的边已经被纳入祖先关系 $\mathcal{E}^+$ 中, 而还未被识别的就是图 G 中含有中介的有向路径. 但由于这些路径是由多个始于非中介父节点的有向边组成的, 我们容易从已识别的边中发现这些祖先关系. 例如, 在例 8.3.1 中, 根据 $(1,2) \in \mathcal{E}^+$, $(2,3) \in \mathcal{E}^+$, 容易得到 $(1,3) \in \mathcal{E}^+$. 进一步, 根据定义, $\mathcal{I}^+$ 和候选 IV 集合也可以被识别

$$\mathcal{I}^+ = \{(\ell, j) : \text{对任意 } i \in \{j\} \cup \mathrm{an}_G(j), \text{ 有 } Z_\ell \not\perp\!\!\!\perp Y_i\},$$

$$\mathrm{ca}_G(k) = \{\ell : \text{当且仅当}(k,j) \in \mathcal{E}^+, \text{有}(\ell,k) \in \mathcal{I}^+ \text{且}(\ell,j) \in \mathcal{I}^+, j \neq k\}, \quad 1 \leqslant k \leqslant p,$$

这里我们识别了图 G 中每个主要变量 Y_k 的候选 IV 集合 $\mathrm{ca}_G(k)$, 但这一集合中的工具变量并不都是有效的, 因此不能直接用于因果作用的识别中. 下面我们借助 Sun 等 (2023)[172] 给出的 G-估计方法, 在模型 (8.4) 下通过构建代理 IV 的方法识别因果作用. 我们首先介绍如何构建代理 IV, 然后解释构建的代理 IV 为什么能够帮助我们识别因果作用, 最后利用代理 IV 识别因果作用.

定义 8.3.4　对于每个主要变量 Y_j, 如果其下标集合 ν_j 满足 $\nu_j \subseteq \mathrm{ca}_G(j)$ 且 $|\nu_j| \geqslant \gamma$, 定义子空间:

$$\mathcal{D}(\nu_j) = \big\{d(Z_{\mathrm{ca}_G(j)}) : \mathbb{E}\{d(Z_{\mathrm{ca}_G(j)}) \mid Z_{\mathrm{ca}_G(j) \setminus \nu_j}\} = 0\big\} \cap \mathcal{H}(Z_{\mathrm{ca}_G(j)}),$$

其中, $\mathcal{H}(Z_{\mathrm{ca}_G(j)})$ 表示 $Z_{\mathrm{ca}_G(j)}$ 中一维函数的希尔伯特 (Hilbert) 空间. 所有可能的 $\mathcal{D}(\nu_j)$ 的交集定义为

$$\mathcal{A}_\gamma(j) = \cap_{\nu_j \subseteq \mathrm{ca}_G(j), |\nu_j| \geqslant \gamma} \mathcal{D}(\nu_j).$$

对于离散的 $Z_{\mathrm{ca}_G(j)}$, 空间 $\mathcal{H}(Z_{\mathrm{ca}_G(j)})$ 可以由有限个数的正交函数张成. 由于 $\mathcal{A}_\gamma(j) \subseteq \mathcal{H}(Z_{\mathrm{ca}_G(j)})$, 我们用 $\mathbf{A}_\gamma(Z_{\mathrm{ca}_G(j)})$ 表示所有 $\mathcal{A}_\gamma(j)$ 的基函数组成的向量, 并将其作为代理 IV. 对于连续的 $Z_{\mathrm{ca}_G(j)}$, 由于 $\mathcal{A}_\gamma(j)$ 形成了一个无限维希尔伯特空间, 我们根据 Newey (1993)[124] 和 Tchetgen Tchetgen 等 (2010)[179] 的方法构造 $\mathbf{A}_\gamma(Z_{\mathrm{ca}_G(j)})$: 从函数空间 $\mathcal{A}_\gamma(j)$ 中选取稠密的基函数, 如三角基、小波基或多

项式基的张量积组成集合 $\{\phi_s(Z_{\mathrm{ca}_G(j)}), s = 1, 2, \cdots\}$, $\mathbf{A}_\gamma(Z_{\mathrm{ca}_G(j)})$ 为由这些基函数的有限子集组成的向量.

下面我们解释为什么 $\mathbf{A}_\gamma(Z_{\mathrm{ca}_G(j)})$ 可以作为代理 IV 帮助识别因果作用. 考虑 $\mathrm{me}_G(k, j) = \varnothing$ 的简单情形, 也就是说直接作用 β_{kj}^* 代表了 Y_k 对 Y_j 的全部因果作用. 这种情形下相关变量的关系如图 8.2 所示, 虚线表示可能存在的因果关系, 因此有 $Y_{\mathrm{nm}_G(k,j)} \perp\!\!\!\perp Z_{\mathrm{ca}_G(k)}$ 且 $Z_{\mathrm{in}_G(j)} \perp\!\!\!\perp Z_{\mathrm{ca}_G(k)} \mid Z_{\mathrm{ca}_G(k)\backslash \mathrm{iv}_G(k)}$. 那么对于所有的 $d(Z_{\mathrm{ca}_G(k)}) \in \mathcal{D}(\mathrm{iv}_G(k))$, 有

$$\mathbb{E}\{d(Z_{\mathrm{ca}_G(k)})(Y_j - \beta_{kj}^* Y_k)\}$$

$$= \mathbb{E}\left\{ d(Z_{\mathrm{ca}_G(k)}) \left(\sum_{i \in \mathrm{nm}_G(k,j)} \beta_{ij}^* Y_i + g_j(Z_{\mathrm{in}_G(j)}) + \epsilon_j \right) \right\}$$

$$= \mathbb{E}\{d(Z_{\mathrm{ca}_G(k)}) g_j(Z_{\mathrm{in}_G(j)})\}$$

$$= \mathbb{E}\big[\mathbb{E}\{d(Z_{\mathrm{ca}_G(k)}) \mid Z_{\mathrm{ca}_G(k)\backslash \mathrm{iv}_G(k)}\}\mathbb{E}\{g_j(Z_{\mathrm{in}_G(j)}) \mid Z_{\mathrm{ca}_G(k)\backslash \mathrm{iv}_G(k)}\}\big]$$

$$= 0. \tag{8.7}$$

根据 $\mathcal{A}_\gamma(k)$ 的定义, 有 $\mathcal{A}_\gamma(k) \subseteq \mathcal{D}(\mathrm{iv}_G(k))$, 那么 $\mathcal{A}_\gamma(k)$ 中所有随机变量都满足式 (8.7) 中的矩条件. 因此对于由 $\mathcal{A}_\gamma(k)$ 的基函数组成的向量 $\mathbf{A}_\gamma(Z_{\mathrm{ca}_G(j)})$, 有

$$\mathbb{E}\{\mathbf{A}_\gamma(Z_{\mathrm{ca}_G(k)})(Y_j - \beta_{kj}^* Y_k)\} = 0. \tag{8.8}$$

这意味着即使确切的有效 IV 是未知的, 我们仍可以基于 $\mathrm{ca}_G(k)$ 构建一个满足式 (8.8) 的代理 IV $\mathbf{A}_\gamma(Z_{\mathrm{ca}_G(j)})$, 用来识别因果作用 β_{kj}^*. 我们还是通过图 8.1 的例子说明怎样得到代理 IV.

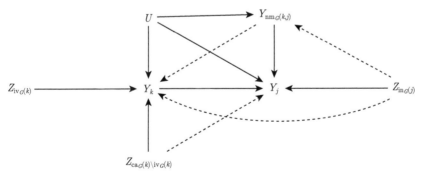

图 8.2 只有两个主要变量 Y_k 和 Y_j 时相关变量的因果关系

例 8.3.2 考虑假设 8.3.3 中 $\gamma = 1$ 的情形, 我们关注的是 Y_2 对其他变量的因果作用. 根据例 8.3.1 的讨论, 我们可以识别出 Y_2 的候选 IV 集为 $\{2, 4\}$. 假定 $Z_i \in \{0, 1\}$, $i = 2, 4$, 那么有

$$\mathcal{H}(Z_{\{2,4\}}) = \mathrm{span}(\{Z_2 - \mu_2, Z_4 - \mu_4, (Z_2 - \mu_2)(Z_4 - \mu_4)\}),$$

其中 $\mu_i = \mathbb{E}(Z_i), i = 2, 4$, $\mathrm{span}(\cdot)$ 表示由向量张成的子空间. 对于 Y_2, 满足 $\mathrm{iv}_G(2) \subseteq \mathrm{ca}_G(2)$ 且 $|\mathrm{iv}_G(2)| \geqslant 1$ 的有效 IV 集合可以是 $\{2\}$, $\{4\}$ 或 $\{2,4\}$, 对应定义 8.3.4 中 ν_2 的可能取值. 根据假设 8.3.1, 候选 IV 之间相互独立. 因此, 当 $\nu_2 = \{2\}$ 时, 对应 $\mathcal{D}(\{2\})$ 为 $\mathrm{span}(\{Z_2 - \mu_2, (Z_2 - \mu_2)(Z_4 - \mu_4)\})$; 当 $\nu_2 = \{4\}$ 时, 对应 $\mathcal{D}(\{4\})$ 为 $\mathrm{span}(\{Z_4 - \mu_4, (Z_2 - \mu_2)(Z_4 - \mu_4)\})$; 当 $\nu_2 = \{2,4\}$ 时, 对应 $\mathcal{D}(\{2,4\})$ 为 $\mathrm{span}(\{Z_2 - \mu_2, Z_4 - \mu_4, (Z_2 - \mu_2)(Z_4 - \mu_4)\})$. 这些所有可能的 $\mathcal{D}(\nu_2)$ 的交集 $\mathcal{A}_1(2)$ 为 $\mathrm{span}(\{(Z_2 - \mu_2)(Z_4 - \mu_4)\})$. 因此, 包含 $\mathcal{A}_1(2)$ 中所有基函数的向量 $\mathbf{A}_1(Z_{\mathrm{ca}_G(2)})$ 为 $(Z_2 - \mu_2)(Z_4 - \mu_4)$, 它满足式 (8.8), 可以用来识别因果作用.

下面我们借助构造的代理 IV 证明因果作用 $\beta^* = (\beta_{kj}^*)_{(k,j)\in\mathcal{E}^+}$ 的可识别性, 并进一步给出 $\mathcal{E}$ 的识别过程. 首先给出下面的假设.

假设 8.3.4　对每一个有后代节点的 Y_k, 有 $\left\|\mathbb{E}\{\mathbf{A}_\gamma(Z_{\mathrm{ca}_G(k)})Y_k\}\right\|_0 > 0$.

根据定义 8.3.4, $\mathbb{E}\{\mathbf{A}_\gamma(Z_{\mathrm{ca}_G(k)})\} = 0$. 因此, 假设 8.3.4 实际上要求我们的代理 IV $\mathbf{A}_\gamma(Z_{\mathrm{ca}_G(k)})$ 满足相关性假定. 此外, 由于 $\mathbf{A}_\gamma(Z_{\mathrm{ca}_G(k)})$ 代表了函数空间 $\mathcal{A}_\gamma(k)$ 的特征, 这一假设意味着 $\mathcal{A}_\gamma(k)$ 中要存在与 Y_k 相关的随机变量.

为了识别 $\beta^* = (\beta_{kj}^*)_{(k,j)\in\mathcal{E}^+}$, 我们首先考虑 $\mathrm{me}_G(k,j) = \varnothing$, 即 $l_G(k,j) = 1$ 的简单情形. 由于 $\mathrm{me}_G(k,j) = \mathrm{me}_{G^+}(k,j)$ 且 $l_G(k,j) = l_{G^+}(k,j)$, 这里的 $\mathrm{me}_G(k,j)$ 和 $l_G(k,j)$ 可以从已识别的 G^+ 中得到. 根据定义 8.3.4, $\mathcal{A}_\gamma(k) = \cap_{\nu_k \subseteq \mathrm{ca}_G(k),|\nu_k|\geqslant\gamma}\mathcal{D}(\nu_k)$. 因此 $\mathcal{A}_\gamma(k)$ 及 $\mathbf{A}_\gamma(Z_{\mathrm{ca}_G(k)})$ 可以通过已识别的 $\mathrm{ca}_G(k)$ 得到. 在假设 8.3.4 成立的条件下, 式 (8.8) 有唯一解, 因此我们可以识别所有满足 $l_G(k,j) = 1$ 的 β_{kj}^*, 并通过迭代的方法识别其他参数. 具体来说, 假设我们已经识别了 $l_G(k,j) \leqslant l\ (l>0)$ 的所有 β_{kj}^*, 那么, 对于任意 $l_G(k,j) = l+1$ 的 β_{kj}^*, 任意中介节点 $Y_i \in \mathrm{me}_G(k,j)$ 都满足 $l_G(i,j) \leqslant l$, 因此因果作用 β_{ij}^* 可被识别. 通过将 $Y_j - \sum_{i\in\mathrm{me}_G(k,j)} \beta_{ij}^* Y_i$ 看作 Y_j, 在假设 8.3.4 成立的条件下, β_{kj}^* 可以通过下式被唯一识别:

$$\mathbb{E}\{M_{kj}(\beta^*)\} := \mathbb{E}\left\{\mathbf{A}_\gamma(Z_{\mathrm{ca}_G(k)})\left(Y_j - \sum_{i\in\mathrm{me}_G(k,j)} \beta_{ij}^* Y_i - \beta_{kj}^* Y_k\right)\right\} = 0, \quad (8.9)$$

这里 $Y_j - \sum_{i\in\mathrm{me}_G(k,j)} \beta_{ij}^* Y_i$ 可以看作是剔除了中介节点的影响后 Y_j 的取值, 因此保证了我们得到的是 Y_k 到 Y_j 的直接因果作用. 通过不断迭代, 我们可以根据 $l_G(k,j)$ 从小到大的次序估计出所有的 β_{kj}^*. 也就是说, β^* 可以通过矩条件 $\mathbb{E}\{M(\beta^*)\} = 0$ 被唯一识别, 其中 $M(\beta^*)$ 由 $\{M_{kj}(\beta^*)\}_{(k,j)\in\mathcal{E}^+}$ 组成. 基于已经识别的 β^* 的值, 我们可以得到图 G 中主要变量 Y 之间的因果关系 $\mathcal{E}$ 为 $\{(k,j): \beta_{kj}^* \neq 0, (k,j) \in \mathcal{E}^+\}$. 注意到, 我们的识别过程不需要指定工具变量作用的具体形式, 因此保证了在更灵活的部分线性模型 (8.3) 下进行识别.

8.3.3 估计及理论保证

本小节介绍在有限样本中, 利用上述识别结果估计因果图和因果作用的方法, 我们将这种方法称为基于工具变量的部分线性因果发现方法. 首先, 为了对祖先关系图进行估计, 我们引入 Székely 等 (2007)[175] 提出的距离相关性 (Distance Correlation, DC) 衡量两个随机变量之间的依赖性. 与 Pearson 相关系数不同的是, 当且仅当两个随机变量相互独立时, DC 等于 0. 而且, 对于二元正态分布, DC 是关于线性相关系数的严格增函数. 这为我们利用经验 DC 和基于 DC 的独立性检验判断 Z 和 Y 的独立性提供了基础. 具体地, 对于一个独立同分布的样本 $(\mathbf{Y}_{n \times p}, \mathbf{Z}_{n \times q})$, $\mathcal{R}_n(Z_i, Y_j)$ 表示 Z_i 和 Y_j 之间的经验 DC, 它可以通过下式计算:

$$\mathcal{R}_n(Z_i, Y_j) = \frac{\mathcal{V}_n(Z_i, Y_j)}{\sqrt{\mathcal{V}_n(Z_i, Z_i)\mathcal{V}_n(Y_j, Y_j)}}, \tag{8.10}$$

其中, $\mathcal{V}_n(\cdot)$ 表示经验距离协方差. 根据 Székely 等 (2007)[175], $\mathcal{V}_n(Z_i, Y_j) = \{S_1(Z_i, Y_j) + S_2(Z_i, Y_j) - 2S_3(Z_i, Y_j)\}^{1/2}$, 其中

$$S_1(Z_i, Y_j) = \frac{1}{n^2} \sum_{s=1}^{n} \sum_{t=1}^{n} |Z_{si} - Z_{ti}| \cdot |Y_{sj} - Y_{tj}|,$$

$$S_2(Z_i, Y_j) = \frac{1}{n^2} \sum_{s=1}^{n} \sum_{t=1}^{n} |Z_{si} - Z_{ti}| \cdot \frac{1}{n^2} \sum_{s=1}^{n} \sum_{t=1}^{n} |Y_{sj} - Y_{tj}|,$$

$$S_3(Z_i, Y_j) = \frac{1}{n^3} \sum_{s=1}^{n} \sum_{t=1}^{n} \sum_{\ell=1}^{n} |Z_{si} - Z_{\ell i}| \cdot |Y_{tj} - Y_{\ell j}|.$$

经验距离协方差 $\mathcal{V}_n(Z_i, Z_i)$ 和 $\mathcal{V}_n(Y_j, Y_j)$ 可以类似计算. 基于 DC 的独立性检验原假设为 $H_0 : Z_i \perp\!\!\!\perp Y_j$, 检验统计量由下式给出:

$$T_n(Z_i, Y_j) = \frac{n\mathcal{V}_n^2(Z_i, Y_j)}{S_2(Z_i, Y_j)}. \tag{8.11}$$

如果 $T_n(Z_i, Y_j) > \{\Phi^{-1}(1 - \alpha/2)\}^2$, 其中 $\Phi(\cdot)$ 是标准正态分布的累积分布函数, 那么我们可以在显著性水平 α 上拒绝两个变量独立的原假设.

下面我们给出用来估计 ARG 和候选 IV 集合的算法 2. 根据前面的讨论我们知道, 叶子节点的有效 IV 只依赖于该叶子节点而与其他主要变量都独立. 因此, 用 $\|R_{\ell,+}^-\|_0$ 表示 Z_ℓ 依赖于 Y^- 中变量的个数, 我们在 Z^- 中找到使得 $\|R_{\ell,+}^-\|_0$ 最小 (大于 0) 所对应的 Z_ℓ 作为工具变量, 并将 Y^- 中与 Z_ℓ 最强相关 (即经验 DC 最大) 的 Y_k 作为对应的叶子节点, 见算法 2 第 5—6 行. 接着, 我们根据式

(8.6) 来恢复 $Y \setminus Y^-$ 和 $Y_{\text{leaf}(G^-)}$ 之间的祖先关系, 这里我们使用估计的独立性结果 $R_{\ell j} \neq 0$ 代替 Z_ℓ 和 Y_j 的真实独立性, 见算法 2 第 7 行. 通过不断地重复上述过程并更新子图 G, 我们可以找到所有始于非中介父节点的边, 见算法 2 第 8—9 行. 借助这些边最终可以恢复 ARG 和候选 IV 集, 见算法 2 第 11—13 行.

下面我们在算法 2 的基础上, 给出估计因果作用 β^* 和因果关系 $\mathcal{E}$ 的算法 3.

算法 2　基于 DC 的 ARG 和候选 IV 集的估计算法

　　输入: 数据 $(\mathbf{Y}_{n \times p}, \mathbf{Z}_{n \times q})$ 和显著性水平 α;

　　输出: $\mathcal{E}^+$ 和 $\mathcal{I}^+$ 的估计值和候选 IV 集合;

1 通过式 (8.10) 计算经验 DC: $C = (C_{ij})_{q \times p}$, 其中 $C_{ij} \leftarrow \mathcal{R}_n(Z_i, Y_j)$;

2 利用式 (8.11) 进行基于 DC 的条件独立性检验: $R = (R_{ij})_{q \times p}$, 其中
$$R_{ij} \leftarrow \mathbb{I}\big\{T_n(Z_i, Y_j) > \big(\Phi^{-1}(1 - \alpha/2)\big)^2\big\};$$

3 初始化: $\hat{\mathcal{E}}^+ \leftarrow \varnothing, \hat{\mathcal{I}}^+ \leftarrow \{(i,j) : R_{ij} \neq 0\}, Y^- \leftarrow Y, Z^- \leftarrow Z, \mathcal{E}^- \leftarrow \hat{\mathcal{E}}^+,$
$\mathcal{I}^- \leftarrow \hat{\mathcal{I}}^+, G^- \leftarrow \{Z^-, Y^-; \mathcal{E}^-, \mathcal{I}^-\}, R^- \leftarrow R$;

4 **while** $Y^- \neq \varnothing$ **do**

5 　　更新 $\text{leaf}(G^-), \{\text{iv}_{G^-}(k)\}_{k \in \text{leaf}(G^-)}$:

$$\text{leaf}(G^-) \leftarrow \left\{k : k = \operatorname*{argmax}_{j:Y_j \in \mathbf{Y}^-} C_{\ell j}, \text{其中} \ell = \operatorname*{argmin}_{\|R^-_{\ell,+}\|_0 > 0} \|R^-_{\ell,+}\|_0, Z_\ell \in Z^-\right\},$$

$$\text{iv}_{G^-}(k) \leftarrow \left\{\ell : \ell = \operatorname*{argmin}_{\|R^-_{\ell,+}\|_0 > 0} \|R^-_{\ell,+}\|_0, Z_\ell \in Z^- \text{且} k = \operatorname*{argmax}_{j:\, Y_j \in Y^-} C_{\ell j}\right\},$$

6 　　　　　　　　　　$k \in \text{leaf}(G^-)$;

7 　　更新 $\hat{\mathcal{E}}^+$: $\hat{\mathcal{E}}^+ \leftarrow \hat{\mathcal{E}}^+ \cup \mathcal{E}'$, 其中

$$\mathcal{E}' \leftarrow \big\{(k,j) : Y_j \in Y \setminus Y^-, \ k \in \text{leaf}(G^-) \text{且对任意} \ell \in \text{iv}_{G^-}(k), \ R_{\ell j} \neq 0\big\};$$

8 　　更新 $Z^- \leftarrow Z^- \setminus Z_{\text{iv}_{G^-}(\text{leaf}(G^-))}, Y^- \leftarrow Y^- \setminus Y_{\text{leaf}(G^-)}$;

9 　　更新 R^-: 保留 R 中与 Y^- 中变量有关的列;

10 **end**

11 $\hat{\mathcal{E}}^+ \leftarrow \{(k,j) : Y_k \to \cdots \to Y_j \text{ in } \hat{\mathcal{E}}^+\}$;

12 $\hat{\mathcal{I}}^+ \leftarrow \{(\ell,j) : (\ell,k) \in \hat{\mathcal{I}}^+ \text{且}(k,j) \in \hat{\mathcal{E}}^+\}$;

13 $\hat{\text{ca}}_G(k) \leftarrow \{\ell : \text{当且仅当}(k,j) \in \hat{\mathcal{E}}^+, \text{有}(\ell,k) \in \hat{\mathcal{I}}^+ \text{且}(\ell,j) \in \hat{\mathcal{I}}^+\}, 1 \leqslant k \leqslant p$;

14 **返回:** $\hat{\mathcal{E}}^+, \hat{\mathcal{I}}^+, \hat{\text{ca}}_G(k), k = 1, \cdots, p$.

算法 3 β^* 和 $\mathcal{E}$ 的估计

输入: 数据 $(\mathbf{Y}_{n\times p}, \mathbf{Z}_{n\times q})$, 估计的祖先关系图 $\hat{G}^+$ 和候选 IV 集
$\{\hat{\mathrm{ca}}_G(k)\}_{k=1,\cdots,p}$, 加权矩阵 Ω 及 FDR 控制水平 $q^* > 0$;

输出: β^* 和 $\mathcal{E}$ 的估计值;

1 **初始化:** $N \leftarrow |\hat{\mathcal{E}}^+|, \hat{\beta} \leftarrow \mathbf{0}_{N\times 1}, \hat{\mathcal{E}} \leftarrow \varnothing, P \leftarrow \mathbf{0}_{N\times 1}$;

2 对 $\hat{\mathcal{E}}^+$ 中每一个有后代节点的 Y_k, 根据 $Z_{\hat{\mathrm{ca}}_G(k)}$ 的类型计算 $\hat{\mathbf{A}}_\gamma(Z_{\hat{\mathrm{ca}}_G(k)})$;

3 对每个 $(k,j) \in \hat{\mathcal{E}}^+$, $\hat{\mathrm{me}}_G(k,j) \leftarrow \{i : (i,j) \in \hat{\mathcal{E}}^+, (k,i) \in \hat{\mathcal{E}}^+\}$;

4 对每个 $(k,j) \in \hat{\mathcal{E}}^+$ 和元素为 $\beta_i = \beta_{k_i j_i}, i = 1,\cdots,N$ 的 $\beta \in \mathbb{R}^{N\times 1}$:

$$\hat{M}_{kj}(\beta) \leftarrow \hat{\mathbf{A}}_\gamma(Z_{\hat{\mathrm{ca}}_G(k)})(Y_j - \sum_{i\in\hat{\mathrm{me}}_G(k,j)} \beta_{ij}Y_i - \beta_{kj}Y_k);$$

5 对任意 $\beta \in \mathbb{R}^{N\times 1}$, 按照顺序 $(k_1,j_1),\cdots,(k_N,j_N)$ 将 $\hat{M}_{kj}(\beta)$ 组合起来:
$\hat{M}(\beta) \leftarrow \{\hat{M}_{k_1 j_1}(\beta)^\top, \cdots, \hat{M}_{k_N j_N}(\beta)^\top\}^\top$; 然后求解下面的优化问题:

$$\hat{\beta} \leftarrow \arg\min_\beta \mathbb{P}_n\{\hat{M}(\beta)\}^\top \Omega \mathbb{P}_n\{\hat{M}(\beta)\}; \tag{8.12}$$

6 估计 $\hat{\beta}_i$ 的标准差 $\hat{\sigma}_i$;

7 计算 p 值 $P_i \leftarrow 2\left\{1 - \Phi\left(\dfrac{|\hat{\beta}_i|}{\hat{\sigma}_i}\right)\right\}, i = 1,\cdots,N$;

8 对 p 值进行排序: $P_{(1)} \leqslant P_{(2)} \leqslant \cdots \leqslant P_{(N)}$, 用 $\mathcal{E}_{(1)}, \cdots, \mathcal{E}_{(N)}$ 表示对应的边;

9 $k \leftarrow \arg\max_{i=1,\cdots,N} P_{(i)} \leqslant iq^* / \left(N\sum_{j=1}^N \dfrac{1}{j}\right)$;

10 $\hat{\mathcal{E}} \leftarrow \{\mathcal{E}_{(i)}\}_{i\leqslant k}$;

11 **返回:** $\hat{\beta}, \hat{\mathcal{E}}$.

根据矩条件 $\mathbb{E}\{M(\beta^*)\} = 0$, 我们使用广义矩估计 (Generalized Method of Momets, GMM) 的方法估计 β^*. 首先根据候选 IV 的类型估计 $M(\beta^*)$ 中的未知函数 $\mathbf{A}_\gamma(Z_{\mathrm{ca}_G(k)})$. 对任意 Y_k, 如果 $Z_{\mathrm{ca}_G(k)}$ 为二值, 那么我们将 $\{\nu : \nu \subseteq \mathrm{ca}_G(k), |\nu| \geqslant |\mathrm{ca}_G(k)| - \gamma + 1\}$ 中的元素按照一定的次序 $\{\nu(1),\cdots,\nu(t_k)\}$ 列出, t_k 是这些元素的总个数. 对于任意满足 $|\nu| \geqslant |\mathrm{ca}_G(k)| - \gamma + 1$ 的子集 ν 和满足定义 8.3.4 中 $|\nu_k| \geqslant \gamma$ 的子集 ν_k 有 $\nu \cap \nu_k \neq \varnothing$. 因此, $\mathbb{E}\{\Pi_{s\in\nu}(Z_s - \mu_s) \mid Z_{\mathrm{ca}_G(k)\setminus\nu_k}\} = 0$, 其中 $\mu_s = \mathbb{E}(Z_s)$. 进一步有

$$\mathbf{A}_\gamma(Z_{\mathrm{ca}_G(k)}) = \{\Pi_{s\in\nu(1)}(Z_s - \mu_s),\cdots,\Pi_{s\in\nu(t_k)}(Z_s - \mu_s)\}^\top.$$

通过将上式中的 μ_s 替换为 $\mathbb{P}_n(Z_s)$, 我们可以实现对 $\mathbf{A}_\gamma(Z_{\mathrm{ca}_G(k)})$ 的估计. 对于多分类的 $Z_{\mathrm{ca}_G(k)}$, 我们将其转化为哑变量并用类似方法估计 $\mathbf{A}_\gamma(Z_{\mathrm{ca}_G(k)})$. 对于连续的 $Z_{\mathrm{ca}_G(k)}$, 我们使用前面识别过程中讨论的方法近似估计 $\mathbf{A}_\gamma(Z_{\mathrm{ca}_G(k)})$.

　　得到 $\mathbf{A}_\gamma(Z_{\mathrm{ca}_G(k)})$ 的估计后, 我们首先借助式 (8.9) 得到 $M_{kj}(\beta^*)$ 的估计值, 见算法 3 第 3—4 行. 然后使用 GMM 方法估计 β^* 并计算其标准差, 见算法 3 第 5—6 行. 其中, 式 (8.12) 中的 Ω 是 GMM 的加权矩阵, 可能影响估计值的渐近方差. 实际应用中, 根据 Hansen (1982)[69], Ω 可以被简单指定为单位阵或从数据中计算. 然后, 我们根据 $\hat\beta$ 的渐近正态性 (见定理 8.3.1) 检验 $\hat{\mathcal{E}}^+$ 中每条边对应的 β^* 是否为 0, 以此来估计因果关系 $\mathcal{E}$, 并用 Benjamini-Hochberg 方法[12] 调整多重检验的 p 值, 见算法 3 第 7—10 行.

　　最后, 我们给出利用上述方法估计因果图和因果作用的理论保证.

　　定理 8.3.1　　在假设 8.3.1 到假设 8.3.3 成立的条件下, 设算法 2 中的 $\alpha = O(n^{-2})$, 有

$$\lim_{n\to\infty} \mathrm{P}(\hat{G}^+ = G^+) = 1 \quad \text{且} \quad \lim_{n\to\infty} \mathrm{P}\{\hat{\mathrm{ca}}_G(k) = \mathrm{ca}_G(k)\} = 1, \quad k = 1, \cdots, p.$$

　　进一步假定假设 8.3.4 成立, 我们可以得到根据算法 3 估计的因果作用参数 $\hat\beta$ 满足渐近正态性, 即 $\sqrt{n}(\hat\beta - \beta^*) \to N(0, V)$.

　　上述定理中的 V 是基于 GMM 的三明治 (Sandwich) 渐近方差, 其形式比较复杂, 此处略去. 我们进一步考虑该方法在估计因果图上的错误发现率 (False Discovery Rate, FDR), 用 TP, RE 和 FP 分别表示估计的边中与真实方向一致、与真实方向相反以及真实因果图中不存在的边的个数. 错误发现率定义为 $\mathrm{FDR}(\hat{\mathcal{E}}) = (\mathrm{RE} + \mathrm{FP})/(\mathrm{TP} + \mathrm{RE} + \mathrm{FP})$, 下面的定理 8.3.2 表明我们的方法可以控制估计的因果图的 FDR, 这保证了估计的边的可信度.

　　定理 8.3.2　　在假设 8.3.1 到假设 8.3.4 成立且真实因果图的 $\mathcal{E} \neq \varnothing$ 的条件下, 对任意给定的正常数 q^*, 有

$$\lim_{n\to\infty} \mathbb{E}\{\mathrm{FDR}(\hat{\mathcal{E}})\} \leqslant q^*.$$

8.4　应用实例

8.4.1　BMI 与血压的关系研究

　　肥胖是指可能损害健康的异常或过多的脂肪堆积, 是一种由遗传、内分泌和环境等多种因素共同作用而导致的慢性代谢性疾病, 往往伴有体重增加[214]. 近年来随着人们生活方式的改变, 肥胖已经成为一种全球性流行病. 超重或肥胖往往合并糖尿病、高血压、脂肪肝等多种代谢性疾病, 它们互相影响, 可导致严重的心脑血管疾病、肾脏疾病等, 对人体健康构成巨大威胁[27]. 大量研究表明, 肥胖是高血压和糖尿病的显著危险因素[58,116,170,190]. 同时, 也有一些研究表明代谢异常可能影响体重变化[116,122].

因此, 这一小节我们借助 8.2 节的方法分别研究体重指数 (Body Mass Index, BMI) 与代谢特征收缩压 (Systolic Blood Pressure, SBP) 之间的因果关系. 实例数据来自英国生物样本库 (UK Biobank), 这是一项大型前瞻性队列研究, 收集了 2006 年至 2010 年英国各地约 50 万人的遗传、身体和健康数据. 我们将与 BMI 和 SBP 这两个特征均有关联的遗传变异作为工具变量, 并根据 MRC-IEU 中心的 GWAS 汇总统计 p 值[53], 以及千人基因组中 EUR 群体的连锁不平衡 (Linkage Disequilibrium, LD) 数据[56] 选择候选 IV. 其中, p 值的显著性阈值设定为 10^{-3}, R 语言包 "TwoSampleMR" 的 LD-clumping 阈值设定为 10^{-6}, 我们提取了所有满足条件的遗传变异, 并排除了次等位基因频率低于 5% 的变异. 研究对象纳入了所有入组时 18 岁及以上且没有服用任何降低胆固醇、管理血压或治疗糖尿病的药物, 也没有使用外源性激素的参与者, 因此确保了对所研究的代谢特征的评估不受药理学影响.

研究最终选择的候选 IV 的数量为 1553, 样本量为 161988, 不同方法得到因果方向与因果作用的估计见表 8.2. 结果显示, PCH 方法得到的因果关系为 BMI→SBP 且 BMI 对 SBP 有正向影响. 值得注意的是, 这里 $\beta_{Y \to X}$ 的 95% 置信区间并不包含 0, 看起来与 $\hat{\mathcal{H}}$ 是矛盾的, 实际上是因为我们在估计因果方向时使用的是 $1 - 1/n$ 置信水平, 而对应 $1 - 1/n$ 置信区间是包含 0 的, 因此与估计的因果方向并不矛盾. 我们的结果与 Zhao 等 (2020)[210] 和 Spiller 等 (2022)[165] 的单向 MR 分析结果一致, 表明没有 SBP→BMI 的反作用. 而其他三种现有方法中, TSHT 方法与 PCH 方法得到相同的因果方向, Egger 方法没有发现显著的因果方向, 逆方差加权 (Inverse-Variance Weighted, IVW) 方法得到了双向的因果关系. 但这些方法没有可以在两个方向上同时使用的理论保证, 因此结果的可信度不高.

表 8.2　BMI(X) 与 SBP(Y) 之间估计的因果方向及因果作用

方法	$\hat{\mathcal{H}}$	$\hat{\beta}_{X \to Y}$	$\widehat{CI}_{X \to Y}(0.05)$	$\hat{\beta}_{Y \to X}$	$\widehat{CI}_{Y \to X}(0.05)$
PCH	1	0.352	(0.281, 0.422)	−0.009	(−0.017, −0.001)
TSHT	1	0.413	(0.305, 0.520)	−0.010	(−0.018, −0.002)
Egger	0	0.263	(−0.032, 0.557)	−0.012	(−0.034, 0.010)
IVW	2	0.513	(0.339, 0.686)	0.041	(0.027, 0.055)

8.4.2　阿尔茨海默病基因调控网络研究

基因调控网络 (Gene Regulatory Network, GRN) 是描述基因之间相互作用关系的生物网络, 重建健康和疾病组织的基因调控网络对于理解生物学过程、揭示疾病发病机制具有重要作用[9]. 阿尔茨海默病 (Alzheimer's Disease, AD) 是一种不可逆的神经退行性疾病, 表现为脑组织退化而导致的认知功能丧失, 全球患者数量达数百万人. 研究表明, 阿尔茨海默病的发病风险 60%—80% 取决于遗传因素, 目前已发现 40 多个与阿尔茨海默病相关的遗传风险位点, 包括 PSENs、APP 和 APOE 等[108,156]. 因此, 研究阿尔茨海默病的基因调控网络对其治疗具有重要意义.

本小节利用 8.3 节的方法推断阿尔茨海默病相关的基因通路. 实例数据来自阿尔茨海默病神经影像学计划 (Alzheimer's Disease Neuroimaging Initiative, ADNI), 该计划始于 2004 年, 从美国和加拿大 60 多个临床站点收集数据, 是一项纵向多中心研究. 原始数据可从 https://adni.loni.usc.edu 获取, 包括基因表达、全基因组测序及表型数据. 我们这里使用了 Chen 等 (2024)[28] 处理后的数据集, 其基因表达水平根据基线协变量进行了调整. 该数据集共包含 $p = 21$ 个基因作为主要变量和 $q = 42$ 个单核苷酸多态性 (SNPs) 作为潜在的工具变量. 研究人群被分为两组: 462 人患有阿尔茨海默病或轻度认知障碍 (AD-MCI 组), 247 人认知功能正常 (CN 组). 我们分别对 AD-MCI 和 CN 两组的基因通路进行推断.

图 8.3 展示了从 AD-MCI 和 CN 两组人群中恢复的基因调控网络图. 与 CN 组相比, AD-MCI 组明显含有更多从 LRP1 出发的节点, 包括从 LRP1 到 APBB1, CAPN1, CDK5R1, FADD 和 GAPDH. 这一结果与已有研究[85,162] 结论一致, 表明 LRP1 与阿尔茨海默病的病理生理机制有关; LRP1→APOE 的连接在 AD-MCI 组和 CN 组中都存在, 这可能支持了 Vázquez-Higuera 等 (2009)[187] 的研究观点, 即 τ 蛋白和 LRP1 之间的协同效应以一种独立于 APOE 等位基因的方式改变阿尔茨海默病的发病风险; 此外, 涉及 APP 的有向路径在两组中也有所不同, 这可能表明 APP 在阿尔茨海默病发病机制中起到关键作用, 与之前的研究[121,153,208] 结论一致; APBB1→CASP3 的定向路径两组之间有所不同, 这与

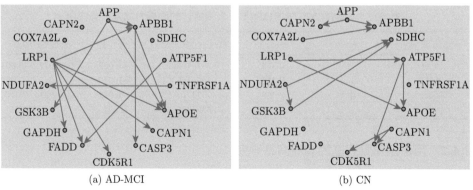

(a) AD-MCI   (b) CN

图 8.3 (a)AD-MCI 组和 (b)CN 组的基因调控网络

Zeidán-Chuliá 等 (2014)[205] 的发现一致. 值得注意的是, 与 Chen 等 (2024)[28] 的研究结果相比, 我们这里的研究结果揭示了更广泛的通路, 表明 8.3 节的方法可以给我们提供更多关于阿尔茨海默病潜在基因调控网络的理解.

8.5　本 章 小 结

　　因果关系发现是一种形式化探究变量间因果关系的重要方法, 已被广泛应用于各领域的科学研究. 本章聚焦于观察性研究数据中的未知混杂问题, 重点介绍了两种基于工具变量的因果关系发现方法. 其中, 8.2 节的方法适用于两个变量间的因果关系研究, 特别考虑了可能的双向因果关系. 8.3 节的方法适用于因果网络结构研究, 其核心在于允许候选工具变量与主要变量间的非线性关系存在. 这两种方法突破了以往研究的相关限制, 为我们利用观测数据进行因果发现和推断提供了理论保证. 最后, 8.4 节使用两个实例说明如何在实际中应用这两种方法, 所得到的结果也在一定程度上表明, 其能够在现实世界中为我们提供更丰富、更可靠的关于因果关系的理解.

　　尽管工具变量法在因果推断领域已得到较为成熟的发展, 其在因果关系发现中的应用仍处于起步阶段, 具有广阔的研究前景. 未来的研究可在多个方向上拓展, 例如, 构建适应主要变量间非线性与异质性关系的模型, 或在存在潜在双向关系的网络结构中实现方法上的突破. 此外, 随着大数据时代的到来, 数据规模增加和复杂性提高, 我们也期待未来有更多的研究在高维情形下使用工具变量法进行因果发现, 或将工具变量法与现代机器学习技术相结合, 以提高因果发现的效率和准确性, 推动该领域进一步发展.

参 考 文 献

[1] Abadie A, Imbens G W. Large sample properties of matching estimators for average treatment effects. Econometrica, 2006, 74(1): 235-267.

[2] Abadie A, Imbens G W. Matching on the estimated propensity score. Econometrica, 2016, 84(2): 781-807.

[3] Ai C, Chen X. Efficient estimation of models with conditional moment restrictions containing unknown functions. Econometrica, 2003, 71(6): 1795-1843.

[4] Angrist J D, Imbens G W, Rubin D B. Identification of causal effects using instrumental variables. Journal of the American Statistical Association, 1996, 91(434): 444-455.

[5] Angrist J D, Krueger A B. Does compulsory school attendance affect schooling and earnings? The Quarterly Journal of Economics, 1991, 106(4): 979-1014.

[6] Antonelli J, Mealli F, Beck B, et al. Principal stratification with continuous treatments and continuous post-treatment variables. 2023.2309.14486. https://arxiv.org/abs/2309.14486v1.

[7] Baiocchi M, Cheng J, Small D S. Instrumental variable methods for causal inference. Statistics in Medicine, 2014, 33(13): 2297-2340.

[8] Bandeen-Roche K, Miglioretti D L, Zeger S L, et al. Latent variable regression for multiple discrete outcomes. Journal of the American Statistical Association, 1997, 92(440): 1375-1386.

[9] Barabási A L, Gulbahce N, Loscalzo J. Network medicine: A network-based approach to human disease. Nature Reviews Genetics, 2011, 12(1): 56-68.

[10] Baron R M, Kenny D A. The moderator-mediator variable distinction in social psychological research: Conceptual, strategic, and statistical considerations. Journal of Personality and Social Psychology, 1986, 51(6): 1173-1182.

[11] Bartalotti O, Kédagni D, Possebom V. Identifying marginal treatment effects in the presence of sample selection. Journal of Econometrics, 2023, 234(2): 565-584.

[12] Benjamini Y, Yekutieli D. The control of the false discovery rate in multiple testing under dependency. The Annals of Statistics, 2001, 29(4): 1165-1188.

[13] Bickel P J, Hammel E A, O'Connell J W. Sex bias in graduate admissions: Data from Berkeley. Science, 1975, 187: 398-404.

[14] Bickel P J, Ritov Y, Tsybakov A B. Simultaneous analysis of Lasso and Dantzig selector. The Annals of Statistics, 2009, 37(4): 1705-1732.

[15] Blundell R, Pistaferri L, Preston I. Consumption inequality and partial insurance. American Economic Review, 2008, 98(5): 1887-1921.

[16] Booth F W, Roberts C K, Laye M J. Lack of exercise is a major cause of chronic diseases. Comprehensive Physiology, 2012, 2(2):1143-1211.

[17] Bostic R, Gabriel S, Painter G. Housing wealth, financial wealth, and consumption: New evidence from micro data. Regional Science and Urban Economics, 2009, 39(1): 79-89.

[18] Bruzzi P, Green S B, Byar D P, et al. Estimating the population attributable risk for multiple risk factors using case-control data. American Journal of Epidemiology, 1985, 122(5): 904-914.

[19] Buchinsky M, Li F H, Liao Z P. Estimation and inference of semiparametric models using data from several sources. Journal of Econometrics, 2022, 226(1): 80-103.

[20] Card D. Using geographic variation in college proximity to estimate the return to schooling. National Bureau of Economic Research, 1993.

[21] Carlson S A, Fulton J E, Pratt M, et al. Inadequate physical activity and health care expenditures in the United States. Progress in Cardiovascular Diseases, 2015, 57(4): 315-323.

[22] Chan K C G. A simple multiply robust estimator for missing response problem. Stat, 2013, 2(1): 143-149.

[23] Chan K C G, Yam S C P. Oracle, multiple robust and multipurpose calibration in a missing response problem. Statistical Science, 2014, 29(3): 380-398.

[24] Chandrasekaran V, Parrilo P A, Willsky A S. Latent variable graphical model selection via convex optimization. 2010 48th Annual Allerton Conference on Communication, Control, and Computing (Allerton). IEEE, 2010: 1610-1613.

[25] Chen C, Ren M, Zhang M, et al. A two-stage penalized least squares method for constructing large systems of structural equations. Journal of Machine Learning Research, 2018, 19(2): 1-34.

[26] Chen J, Chen D L, Lewis G. Mostly harmless machine learning: Learning optimal instruments in linear IV models. 2020. arXiv preprint arXiv:2011.06158.

[27] Chen K, Shen Z W, Gu W J, et al. Prevalence of obesity and associated complications in China: A cross-sectional, real-world study in 15.8 million adults. Diabetes, Obesity and Metabolism, 2023, 25(11): 3390-3399.

[28] Chen L, Li C L, Shen X T, et al. Discovery and inference of a causal network with hidden confounding. Journal of the American Statistical Association, 2024, 119(548): 2572-2584.

[29] Chen S, Lin Z, Shen X, et al. Inference of causal metabolite networks in the presence of invalid instrumental variables with GWAS summary data. Genetic Epidemiology, 2023, 47(8): 585-599.

[30] Chen X, Hong H, Tarozzi A. Semiparametric efficiency in GMM models with auxiliary data. The Annals of Statistics, 2008, 36(2): 808-843.

[31] Chickering D M. Optimal structure identification with greedy search. Journal of Machine Learning Research, 2002, 3(Nov): 507-554.

[32] Cochran W G. Analysis of covariance: Its nature and uses. Biometrics, 1957, 13(3): 261-281.

[33] Codogno J S, Turi B C, Kemper H C, et al. Physical inactivity of adults and 1-year health care expenditures in Brazil. International Journal of Public Health, 2015, 60(3): 309-316.

[34] Colnet B, Mayer I, Chen G H, et al. Causal inference methods for combining randomized trials and observational studies: A review. Statistical Science, 2024, 39(1): 165-191.

[35] Colombo D, Maathuis M H, Kalisch M, et al. Learning high-dimensional directed acyclic graphs with latent and selection variables. The Annals of Statistics, 2012, 40(1): 294-321.

[36] Connors A F, Speroff T, Dawson N V, et al. The effectiveness of right heart catheterization in the initial care of critically III patients. Journal of the American Medical Association, 1996, 276(11): 889-897.

[37] Cui Y F, Pu H M, Shi X, et al. Semiparametric proximal causal inference. Journal of the American Statistical Association, 2024, 119(546): 1348-1359.

[38] Currie J, Yelowitz A. Are public housing projects good for kids? Journal of Public Economics, 2000, 75(1): 99-124.

[39] Darrous L, Mounier N, Kutalik Z. Simultaneous estimation of bi-directional causal effects and heritable confounding from GWAS summary statistics. Nature Communications, 2021, 12: 7274.

[40] Davey Smith G, Hemani G. Mendelian randomization: Genetic anchors for causal inference in epidemiological studies. Human Molecular Genetics, 2014, 23(R1): R89-R98.

[41] Dawid A P. Causal inference without counterfactuals. Journal of the American Statistical Association, 2000, 95(450): 407-424.

[42] Dawid A P, Faigman D L, Fienberg S E. Fitting science into legal contexts: Assessing effects of causes or causes of effects? Sociological Methods & Research, 2014, 43(3): 359-390.

[43] Dawid A P, Faigman D L, Fienberg S E. On the causes of effects: Response to pearl. Sociological Methods & Research, 2015, 44(1): 165-174.

[44] Dehejia R H, Wahba S. Causal effects in nonexperimental studies: Reevaluating the evaluation of training programs. Journal of the American Statistical Association, 1999, 94(448): 1053-1062.

[45] Deng Y, GuoY, Chang Y, et al. Identification and estimation of the heterogeneous survivor average causal effect in observational studies. 2021. arXiv preprint arXiv: 2109.13623.

[46] Deville J C, Särndal C E. Calibration estimators in survey sampling. Journal of the American Statistical Association, 1992, 87(418): 376-382.

[47] Ding P, Geng Z, Yan W, et al. Identifiability and estimation of causal effects by principal stratification with outcomes truncated by death. Journal of the American Statistical Association, 2011, 106(496): 1578-1591.

[48] Ding P, Lu J N. Principal stratification analysis using principal scores. Journal of the Royal Statistical Society Series B: Statistical Methodology, 2017, 79(3): 757-777.

[49] D'Haultfoeuille X. A new instrumental method for dealing with endogenous selection. Journal of Econometrics, 2010, 154(1): 1-15.

[50] D'Haultfoeuille X. On the completeness condition in nonparametric instrumental problems. Econometric Theory, 2011, 27(3): 460-471.

[51] D'Orazio M. Statistical Matching: Theory and Practice. Hoboken, NJ: John Wiley & Sons, 2006.

[52] Elliott M R, Joffe M M, Chen Z. A potential outcomes approach to developmental toxicity analyses. Biometrics, 2006, 62(2): 352-360.

[53] Elsworth B, Lyon M, Alexander T, et al. The MRC IEU OpenGWAS data infrastructure. BioRxiv, 2020.

[54] Enders C K, Fairchild A J, MacKinnon D P. A Bayesian approach for estimating mediation effects with missing data. Multivariate Behavioral Research, 2013, 48(3): 340-369.

[55] Evans K, Sun B, Robins J, et al. Doubly robust regression analysis for data fusion. Statistica Sinica, 2021, 31(3): 1285-1307.

[56] Fairley S, Lowy-Gallego E, Perry E, et al. The International Genome Sample Resource (IGSR) collection of open human genomic variation resources. Nucleic Acids Research, 2020, 48(D1): D941-D947.

[57] Frangakis C E, Rubin D B. Principal stratification in causal inference. Biometrics, 2002, 58(1): 21-29.

[58] Franks P W, Atabaki-Pasdar N. Causal inference in obesity research. Journal of Internal Medicine, 2017, 281(3): 222-232.

[59] Frot B, Nandy P, Maathuis M H. Robust causal structure learning with some hidden variables. Journal of the Royal Statistical Society Series B: Statistical Methodology, 2019, 81(3): 459-487.

[60] Glymour C, Zhang K, Spirtes P. Review of causal discovery methods based on graphical models. Frontiers in Genetics, 2019, 10: 524.

[61] Gu X S, Rosenbaum P R. Comparison of multivariate matching methods: Structures, distances, and algorithms. Journal of Computational and Graphical Statistics, 1993, 2(4): 405-420.

[62] Guo Z J, Kang H, Cai T, et al. Confidence intervals for causal effects with invalid instruments by using two-stage hard thresholding with voting. Journal of the Royal Statistical Society Series B: Statistical Methodology, 2018, 80(4): 793-815.

[63] Hahn J. On the role of the propensity score in efficient semiparametric estimation of average treatment effects. Econometrica, 1998, 66(2): 315-331.

[64] Hahn J, Todd P, Van der Klaauw W. Identification and estimation of treatment effects with a regression-discontinuity design. Econometrica, 2001, 69(1): 201-209.

[65] Hájek V, Marsalek E. The differentiation of pathogenic staphy lococci and a suggestion for their taxonomic classification. Zentralblatt fur Bakteriologie, Parasitenkunde,

Infektionskrankheiten und Hygiene. Erste Abteilung Originale. Reihe A: Medizinische Mikrobiologie und Parasitologie, 1971, 217(2): 176-182.

[66] Han P S. A further study of the multiply robust estimator in missing data analysis. Journal of Statistical Planning and Inference, 2014, 148: 101-110.

[67] Han P S. Multiply robust estimation in regression analysis with missing data. Journal of the American Statistical Association, 2014, 109(507): 1159-1173.

[68] Han P, Wang L. Estimation with missing data: Beyond double robustness. Biometrika, 2013, 100(2): 417-430.

[69] Hansen L P. Large sample properties of generalized method of moments estimators. Econometrica, 1982, 50(4): 1029-1054.

[70] Hausman J A. Specification tests in econometrics. Econometrica, 1978, 46(6): 1251-1271.

[71] Hemani G, Tilling K, Davey Smith G. Orienting the causal relationship between imprecisely measured traits using GWAS summary data. PLoS Genetics, 2017, 13(11): e1007081.

[72] Hjort N L, Claeskens G. Frequentist model average estimators. Journal of the American Statistical Association, 2003, 98(464): 879-899.

[73] Hoeting J A, Madigan D, Raftery A E, et al. Bayesian model averaging: A tutorial. Statistical Science, 1999, 14(4): 382-417.

[74] Horvitz D G, Thompson D J. A generalization of sampling without replacement from a finite universe. Journal of the American Statistical Association, 1952, 47(260): 663-685.

[75] Hoyer P O, Janzing D, Mooij J, et al. Nonlinear causal discovery with additive noise models. Proceedings of the 21st International Conference on Neural Information Processing Systems, 2008: 689-696.

[76] Huber J, Payne J W, Puto C. Adding asymmetrically dominated alternatives: Violations of regularity and the similarity hypothesis. Journal of Consumer Research, 1982, 9(1): 90-98.

[77] Hyttinen A, Eberhardt F, Hoyer P O. Learning linear cyclic causal models with latent variables. Journal of Machine Learning Research, 2012, 13(1): 3387-3439.

[78] Imai K, Keele L, Yamamoto T. Identification, inference and sensitivity analysis for causal mediation effects. Statistical Science, 2010, 25(1): 51-71.

[79] Imai K, King G, Stuart E A. Misunderstandings between experimentalists and observationalists about causal inference. Journal of the Royal Statistical Society Series A: Statistics in Society, 2008, 171(2): 481-502.

[80] Janzing D, Mooij J, Zhang K, et al. Information-geometric approach to inferring causal directions. Artificial Intelligence, 2012, 182: 1-31.

[81] Jensen F V, Nielsen T D. Bayesian Networks and Decision Graphs, vol. 2. New York: Springer, 2007.

[82] Jiang Z C, Ding P. Identification of causal effects within principal strata using auxiliary variables. Statistical Science, 2021, 36(4): 493-508.

[83] Jiang Z C, Yang S, Ding P. Multiply robust estimation of causal effects under principal ignorability. Journal of the Royal Statistical Society Series B: Statistical Methodology, 2022, 84(4): 1423-1445.

[84] Jo B, Stuart E A, MacKinnon D P, et al. The use of propensity scores in mediation analysis. Multivariate Behavioral Research, 2011, 46(3): 425-452.

[85] Kang D E, Saitoh T, Chen X, et al. Genetic association of the low-density lipoprotein receptor-related protein gene (LRP), an apolipoprotein E receptor, with late-onset Alzheimer's disease. Neurology, 1997, 49(1): 56-61.

[86] Kang H, Zhang A R, Cai T T, et al. Instrumental variables estimation with some invalid instruments and its application to mendelian randomization. Journal of the American Statistical Association, 2016, 111(513): 132-144.

[87] Kang J D Y, Schafer J L. Demystifying double robustness: A comparison of alternative strategies for estimating a population mean from incomplete data. Statistical Science, 2007, 22(4): 523-539.

[88] Kédagni D. Identifying treatment effects in the presence of confounded types. Journal of Econometrics, 2023, 234(2): 479-511.

[89] Kemper P, Blumenthal D, Corrigan J M , et al. The design of the community tracking study: A longitudinal study of health system change and its effects on people. Inquiry, 1996, 33: 195-206.

[90] Kitagawa T, Muris C. Model averaging in semiparametric estimation of treatment effects. Journal of Econometrics, 2016, 193(1): 271-289.

[91] Kokkinos P, Sheriff H, Kheirbek R. Physical inactivity and mortality risk. Cardiology Research and Practice, 2011, 1(2011): 924945.

[92] Konrat C, Boutron I, Trinquart L, et al. Underrepresentation of elderly people in randomised controlled trials. The example of trials of 4 widely prescribed drugs. PLoS One, 2012, 7(3): e33559.

[93] Koopmans T C. Identification problems in economic model construction. Econometrica, 1949, 17(2): 125-144.

[94] Laan M J, Robins J M. Unified Methods for Censored Longitudinal Data and Causality. New York: Springer, 2003.

[95] Lalonde R J. Evaluating the econometric evaluations of training programs with experimental data. The American Economic Review, 1986, 76(4): 604-620.

[96] Lauritzen S L, Spiegelhalter D J. Local computations with probabilities on graphical structures and their application to expert systems. Journal of the Royal Statistical Society Series B: Statistical Methodology, 1988, 50(2): 157-194.

[97] Leigh J P, Schembri M. Instrumental variables technique: cigarette price provided better estimate of effects of smoking on SF-12. Journal of Clinical Epidemiology, 2004, 57(3): 284-293.

[98] Lewbel A. Using heteroscedasticity to identify and estimate mismeasured and endogenous regressor models. Journal of Business & Economic Statistics, 2012, 30(1): 67-80.

[99] Li C, Shen X, Pan W. Inference for a large directed acyclic graph with unspecified interventions. Journal of Machine Learning Research, 2023, 24(73): 1-48.

[100] Li C L, Shen X T, Pan W. Nonlinear causal discovery with confounders. Journal of the American Statistical Association, 2024, 119(546): 1205-1214.

[101] Li S, Ye T. A focusing framework for testing bi-directional causal effects with GWAS summary data. 2022. 2203.06887. https://arxiv.org/abs/2203.06887v1.

[102] Li W, Duan R, Li S. Discovery and inference of possibly bi-directional causal relationships with invalid instrumental variables. 2024. 2407.11646. https://arxiv.org/abs/2407.11646v1.

[103] Li W, Gu Y, Liu L. Demystifying a class of multiply robust estimators. Biometrika, 2020, 107(4): 919-933.

[104] Li W, Liu J P, Ding P, et al. Identification and multiply robust estimation of causal effects via instrumental variables from an auxiliary heterogeneous population. 2024. 2407.18166. https://arxiv.org/abs/2407.18166v1.

[105] Li W, Lu Z T, Jia J Z, et al. Retrospective causal inference with multiple effect variables. Biometrika, 2024, 111(2): 573-589.

[106] Li W, Luo S S, Xu W L. Calibrated regression estimation using empirical likelihood under data fusion. Computational Statistics & Data Analysis, 2024, 190(C): 107871.

[107] Li W, Miao W, Tchetgen Tchetgen E. Non-parametric inference about mean functionals of non-ignorable non-response data without identifying the joint distribution. Journal of the Royal Statistical Society Series B: Statistical Methodology, 2023, 85(3): 913-935.

[108] Li W W, Pang Y N, Wang Y, et al. Aberrant palmitoylation caused by a ZDHHC21 mutation contributes to pathophysiology of Alzheimer's disease. BMC Medicine, 2023, 21(1): 223.

[109] Li W, Zhou X H. Identifiability and estimation of causal mediation effects with missing data. Statistics in Medicine, 2017, 36(25): 3948-3965.

[110] Little R J, Rubin D B. Statistical Analysis with Missing Data. New York: John Wiley & Sons, 2019.

[111] Liu C A. Distribution theory of the least squares averaging estimator. Journal of Econometrics, 2015, 186(1): 142-159.

[112] Lu Z T, Geng Z, Li W, et al. Evaluating causes of effects by posterior effects of causes. Biometrika, 2023, 110(2): 449-465.

[113] Luo S S, Li W, He Y B. Causal inference with outcomes truncated by death in multiarm studies. Biometrics, 2023, 79(1): 502-513.

[114] Luo S S, Li W, Miao W, et al. Identification and estimation of causal effects in the presence of confounded principal strata. Statistics in Medicine, 2024, 43(22): 4372-4387.

[115] Luo S S, Zhang Y C, Li W. Multiply robust estimation of causal effects using linked data. 2023. arXiv preprint arXiv:2309.08199.

[116] Malone J I, Hansen B C. Does obesity cause type 2 diabetes mellitus (T2DM)? Or is it the opposite? Pediatric Diabetes, 2019, 20(1): 5-9.

[117] Miao W, Geng Z, Tchetgen Tchetgen E J. Identifying causal effects with proxy variables of an unmeasured confounder. Biometrika, 2018, 105(4): 987-993.

[118] Miao W, Li W, Hu W J, et al. Invited commentary: Estimation and bounds under data fusion. American Journal of Epidemiology, 2022, 191(4): 674-678.

[119] Miao W, Liu L, Tchetgen Tchetgen E , et al. Identification, doubly robust estimation, and semiparametric efficiency theory of nonignorable missing data with a shadow variable. 2015. 1509.02556. https://arxiv.org/abs/1509.02556v3.

[120] Miao W, Tchetgen Tchetgen E. Identification and inference with nonignorable missing covariate data. Statistica Sinica, 2018, 28(4): 2049.

[121] Mullan M, Crawford F, Axelman K, et al. A pathogenic mutation for probable Alzheimer's disease in the APP gene at the N-terminus of β-amyloid. Nature Genetics, 1992, 1(5): 345-347.

[122] Narkiewicz K. Obesity and hypertension—The issue is more complex than we thought. Nephrology Dialysis Transplantation, 2006, 21(2): 264-267.

[123] Newey W K. Efficient instrumental variables estimation of nonlinear models. Econometrica, 1990, 58(4): 809-837.

[124] Newey W K. Efficient estimation of models with conditional moment restrictions. Handbook of Statistics, 1993, 11: 419-454.

[125] Newey W K, McFadden D. Large sample estimation and hypothesis testing. Handbook of Econometrics, 1994, 4: 2111-2245.

[126] Newey W K, Powell J L. Instrumental variable estimation of nonparametric models. Econometrica, 2003, 71(5): 1565-1578.

[127] Oates C J, Smith J Q, Mukherjee S. Estimating causal structure using conditional DAG models. Journal of Machine Learning Research, 2016, 17(54): 1-23.

[128] Oreopoulos P. Estimating average and local average treatment effects of education when compulsory schooling laws really matter. American Economic Review, 2006, 96(1): 152-175.

[129] Owen A B. Empirical Likelihood. Boca Raton: CRC Press, 2001.

[130] Pearl J. Causal diagrams for empirical research. Biometrika, 1995, 82(4): 669-688.

[131] Pearl J. Probabilities of causation: Three counterfactual interpretations and their identification. Synthese, 1999, 121: 93-149.

[132] Pearl J. Causality: Models, Reasoning, and Inference. Cambridge: Cambridge University Press, 2000.

[133] Pearl J. Direct and indirect effects. Proceedings of the 17th Conference on Uncertainty in Artificial Intelligence. Cambridge: Morgan Kaufmann Publishers Inc., 2001.

[134] Pearl J, Mackenzie D. The Book of Why: The New Science of Cause and Effect. Basic Books, 2018.

[135] Price C J, Kimmel C A, Tyl R W, et al. The developmental toxicity of ethylene glycol in rats and mice. Toxicology and Applied Pharmacology, 1985, 81(1): 113-127.

[136] Qin J, Lawless J. Empirical likelihood and general estimating equations. The Annals of Statistics, 1994, 22(1): 300-325.

[137] Qin J, Zhang B. Empirical-likelihood-based inference in missing response problems and its application in observational studies. Journal of the Royal Statistical Society Series B: Statistical Methodology, 2007, 69(1): 101-122.

[138] Reichenbach M, Morrison P. The direction of time. Physics Today, 1956, 9(10): 24-28.

[139] Richens J G, Lee C M, Johri S. Improving the accuracy of medical diagnosis with causal machine learning. Nature Communications, 2020, 11: 3923.

[140] Robins J, Greenland S. The probability of causation under a stochastic model for individual risk. Biometrics, 1989, 45(4): 1125-1138.

[141] Robins J M, Greenland S. Identifiability and exchangeability for direct and indirect effects. Epidemiology, 1992, 3(2): 143-155.

[142] Robins J M, Rotnitzky A, Zhao L P. Estimation of regression coefficients when some regressors are not always observed. Journal of the American Statistical Association, 1994, 89(427): 846-866.

[143] Robins J M, Rotnitzky A, Zhao L P. Analysis of semiparametric regression models for repeated outcomes in the presence of missing data. Journal of the American Statistical Association, 1995, 90(429): 106-121.

[144] Rolling C A, Yang Y, Velez D. Combining estimates of conditional treatment effects. Econometric Theory, 2019, 35(6): 1089-1110.

[145] Rosenbaum R, Rubin D B. The central role of the propensity score in observational studies for causal effects. Biometrika, 1983, 70(1): 41-55.

[146] Rosenbaum P R, Rubin D B. Constructing a control group using multivariate matched sampling methods that incorporate the propensity score. The American Statistician, 1985, 39(1): 33-38.

[147] Roth J, Sant'Anna P H, Bilinski A, et al. What's trending in difference-in-differences? A synthesis of the recent econometrics literature. Journal of Econometrics, 2023, 235(2): 2218-2244.

[148] Rothenhäusler D, Meinshausen N, Bühlmann P, et al. Anchor regression: Heterogeneous data meet causality. Journal of the Royal Statistical Society Series B: Statistical Methodology, 2021, 83(2): 215-246.

[149] Rotnitzky A, Robins J M. Semiparametric regression estimation in the presence of dependent censoring. Biometrika, 1995, 82(4): 805-820.

[150] Rubin D B. Estimating causal effects of treatments in randomized and nonrandomized studies. Journal of Educational Psychology, 1974, 66(5): 688-701.

[151] Rubin D B. Using multivariate matched sampling and regression adjustment to control bias in observational studies. Journal of the American Statistical Association, 1979, 74(366): 318-328.

[152] Rubin D B, Thomas N. Matching using estimated propensity scores: Relating theory to practice. Biometrics, 1996, 52(1): 249-264.

[153] Sandbrink R, Hartmann T, Masters C L, et al. Genes contributing to Alzheimer's disease. Mol Psychiatry, 1996, 1(1): 27-40.

[154] Sanderson E, Glymour M M, Holmes M V, et al. Mendelian randomization. Nature Reviews Methods Primers, 2022, 2(1): 6.

[155] Scharfstein D O, Rotnitzky A, Robins J M. Adjusting for nonignorable drop-out using semiparametric nonresponse models. Journal of the American Statistical Association, 1999, 94(448): 1096-1120.

[156] Scheltens P, De Strooper B, Kivipelto M, et al. Alzheimer's disease. The Lancet, 2021, 397(10284): 1577-1590.

[157] Schwartz S, Li F, Reiter J P. Sensitivity analysis for unmeasured confounding in principal stratification settings with binary variables. Statistics in Medicine, 2012, 31(10): 949-962.

[158] Shan J W, Li W, Ai C R. Efficient nonparametric inference of causal mediation effects with nonignorable missing confounders. 2024. 2402.05384. https://arxiv.org/abs/2402.05384v1.

[159] Shi P F, Zhang X Y, Zhong W. Estimating conditional average treatment effects with heteroscedasticity by model averaging and matching. Economics Letters, 2024, 238: 111679.

[160] Shi X, Miao W, Tchetgen Tchetgen E. A selective review of negative control methods in epidemiology. Current Epidemiology Reports, 2020, 7: 190-202.

[161] Shimizu S, Hoyer P O, Hyvärinen A, et al. A linear non-Gaussian acyclic model for causal discovery. Journal of Machine Learning Research, 2006, 7(10): 2003-2030.

[162] Shinohara M, Tachibana M, Kanekiyo T, et al. Role of LRP1 in the pathogenesis of alzheimer's disease: Evidence from clinical and preclinical studies. Journal of Lipid Research, 2017, 58(7): 1267-1281.

[163] Shu H, Tan Z. Improved methods for moment restriction models with data combination and an application to two-sample instrumental variable estimation. Canadian Journal of Statistics, 2020, 48(2): 259-284.

[164] Shuai K, Luo S, Li W, et al. Identifying causal effects using instrumental variables from the auxiliary population. Statistica Sinica, to appear. 2024.

[165] Spiller W, Hartwig F P, Sanderson E, et al. Interaction-based mendelian randomization with measured and unmeasured gene-by-covariate interactions. PLoS One, 2022, 17(8): e0271933.

[166] Spirtes P, Glymour C, Scheines R. Causation, Prediction, and Search. Cambridge: MIT Press, 2001.

[167] Spirtes P, Meek C, Richardson T. Causal inference in the presence of latent variables and selection bias. Proceedings of the Eleventh Conference on Uncertainty in Artificial Intelligence, 1995: 499-506.

[168] Stuart E A. Matching methods for causal inference: A review and a look forward. Statistical Science, 2010, 25(1): 1-21.

[169] Stuart E A, Jo B. Assessing the sensitivity of methods for estimating principal causal effects. Statistical Methods in Medical Research, 2015, 24(6): 657-674.

[170] Sullivan P W, Ghushchyan V H, Ben-Joseph R. The impact of obesity on diabetes, hyperlipidemia and hypertension in the United States. Quality of Life Research, 2008, 17: 1063-1071.

[171] Sun B, Cui Y, Tchetgen Tchetgen E. Selective machine learning of the average treatment effect with an invalid instrumental variable. Journal of Machine Learning Research, 2022, 23(1): 9249-9288.

[172] Sun B, Liu Z, Tchetgen Tchetgen E. Semiparametric efficient G-estimation with invalid instrumental variables. Biometrika, 2023, 110(4): 953-971.

[173] Sun B, Miao W. On semiparametric instrumental variable estimation of average treatment effects through data fusion. Statistica Sinica, 2022, 32: 569-590.

[174] Sun J W, Wang R, Li D D, et al. Use of linked databases for improved confounding control: Considerations for potential selection bias. American Journal of Epidemiology, 2022, 191(4): 711-723.

[175] Székely G J, Rizzo M L, Bakirov N K. Measuring and testing dependence by correlation of distances. The Annals of Statistics, 2007, 35(6): 2769-2794.

[176] Tan P, Karpatne A, Steinbach M, et al. Introduction to Data Mining Massachusetts. Addison-Weslèy, 2006.

[177] Tashiro T, Shimizu S, Hyvärinen A, et al. Parcelingam: A causal ordering method robust against latent confounders. Neural Computation, 2014, 26(1): 57-83.

[178] Tchetgen Tchetgen E J, Phiri K, Shapiro R. A simple regression-based approach to account for survival bias in birth outcomes research. Epidemiology, 2015, 26(4): 473-480.

[179] Tchetgen Tchetgen E J, Robins J M, Rotnitzky A. On doubly robust estimation in a semiparametric odds ratio model. Biometrika, 2010, 97(1): 171-180.

[180] Tchetgen Tchetgen E J, Shpitser I. Semiparametric theory for causal mediation analysis: Efficiency bounds, multiple robustness and sensitivity analysis. The Annals of Statistics, 2012, 40(3): 1816-1845.

[181] Tchetgen Tchetgen E, Sun B L, Walter S. The GENIUS approach to robust mendelian randomization inference. Statistical Science, 2021, 36(3): 443-464.

[182] Tchetgen Tchetgen E, Ying A, Cui Y, et al. An introduction to proximal causal inference. Statistical Science, 2024, 39(3): 375-390.

[183] Thistlethwaite D L, Campbell D T. Regression-discontinuity analysis: An alternative to the ex post facto experiment. Journal of Educational Psychology, 1960, 51(6): 309-317.

[184] Tong J, Cheng C, Tong G, et al. Doubly robust estimation and sensitivity analysis with outcomes truncated by death in multi-arm clinical trials. 2024. arXiv preprint arXiv:2410.07483.

[185] Trichopoulos D, Zavitsanos X, Katsouyanni K, et al. Psychological stress and fatal heart attack: The Athens (1981) earthquake natural experiment. The Lancet, 1983,

321(8322): 441-444.

[186] van de Geer Sara A. High-dimensional generalized linear models and the Lasso. The Annals of Statistics, 2008, 36(2): 614-645.

[187] Vázquez-Higuera J L, Mateo I, Sánchez-Juan P, et al. Genetic interaction between tau and the apolipoprotein E receptor LRP1 increases Alzheimer's disease risk. Dementia and Geriatric Cognitive Disorders, 2009, 28(2): 116-120.

[188] Verma T, Pearl J. Equivalence and synthesis of causal models. Proceedings of the Sixth Annual Conference on Uncertainty in Artificial Intelligence, 1990: 255-270.

[189] Vowels M J, Camgoz N C, Bowden R. D'ya like DAGs?A survey on structure learning and causal discovery. ACM Computing Surveys, 2023, 55(4): 1-36.

[190] Walsh E, Shaw J, Cherbuin N. Trajectories of BMI change impact glucose and insulin metabolism. Nutrition, Metabolism and Cardiovascular Diseases, 2018, 28(3): 243-251.

[191] Wang H, Zhang X, Zou G. Frequentist model averaging estimation: A review. Journal of Systems Science and Complexity, 2009, 22(4): 732-748.

[192] Wang L, Richardson T S, Zhou X H. Causal analysis of ordinal treatments and binary outcomes under truncation by death. Journal of the Royal Statistical Society Series B: Statistical Methodology, 2017, 79(3): 719-735.

[193] Wang L B, Zhou X H, Richardson T S. Identification and estimation of causal effects with outcomes truncated by death. Biometrika, 2017, 104(3): 597-612.

[194] Wang S, Shao J, Kim J K. An instrumental variable approach for identification and estimation with nonignorable nonresponse. Statistica Sinica, 2014, 24(3): 1097-1116.

[195] Ware J E, Kosinski M, Keller S D. A 12-item short-form health survey: Construction of scales and preliminary tests of reliability and validity. Medical Care, 1996, 34(3): 220-233.

[196] Wright P G. The Tariff on a Animal and Vegetable Oils. London: Macmillan Publishers, 1928.

[197] Wu W, Jia F. A new procedure to test mediation with missing data through nonparametric bootstrapping and multiple imputation. Multivariate Behavioral Research, 2013, 48(5): 663-691.

[198] Xue H, Pan W. Inferring causal direction between two traits in the presence of horizontal pleiotropy with GWAS summary data. PLoS Genetics, 2020, 16(11): e1009105.

[199] Xue H, Pan W. Robust inference of bi-directional causal relationships in presence of correlated pleiotropy with GWAS summary data. PLoS Genetics, 2022, 18(5): e1010205.

[200] Yang S, Ding P. Combining multiple observational data sources to estimate causal effects. Journal of the American Statistical Association, 2020, 115(531): 1540-1554.

[201] Yang Y. Adaptive estimation in pattern recognition by combining different procedures. Statistica Sinica, 2000, 10(4): 1069-1089.

[202] Yang Y. Adaptive regression by mixing. Journal of the American Statistical Association, 2001, 96(454): 574-588.

[203] Yang Y. Combining forecasting procedures: Some theoretical results. Econometric Theory, 2004, 20(1): 176-222.

[204] Zanga A, Ozkirimli E, Stella F. A survey on causal discovery: Theory and practice. International Journal of Approximate Reasoning, 2022, 151: 101-129.

[205] Zeidán-Chuliá F, de Oliveira B H, Salmina A B, et al. Altered expression of alzheimer's disease-related genes in the cerebellum of autistic patients: A model for disrupted brain connectome and therapy. Cell Death & Disease, 2014, 5(5): e1250-e1250.

[206] Zhang K, Hyvarinen A. On the identifiability of the post-nonlinear causal model. 2012. 1205.2599. https://arxiv.org/abs/1205.2599v1.

[207] Zhang X, Liu C A. Inference after model averaging in linear regression models. Econometric Theory, 2019, 35(4): 816-841.

[208] Zhang Y W, Thompson R, Zhang H, et al. APP processing in Alzheimer's disease. Molecular Brain, 2011, 4(3): 1-13.

[209] Zhang Z, Wang L. Methods for mediation analysis with missing data. Psychometrika, 2013, 78: 154-184.

[210] Zhao Q, Wang J, Hemani G, et al. Statistical inference in two-sample summary-data Mendelian randomization using robust adjusted profile score. The Annals of Statistics, 2020, 48(3): 1742-1769.

[211] Zhao Q, Wang J, Spiller W, et al. Two-Sample instrumental variable analyses using heterogeneous samples. Statistical Science, 2019, 34(2): 317-333.

[212] 中国高血压防治指南修订委员会, 高血压联盟 (中国), 中国医疗保健国际交流促进会高血压病学分会, 等. 中国高血压防治指南 (2024 年修订版). 中华高血压杂志 (中英文), 2024, 32(7): 603-700.

[213] 张娜, 沈树红, 王宁玲, 等. 年长儿童及青少年急性淋巴细胞白血病多中心临床研究. 中华血液学杂志, 2018, 39(9): 717-723.

[214] 王岳鹏, 臧丽, 母义明. 中国肥胖的现状及管理. 中华内科杂志, 2023, 62(12): 1373-1379.

[215] 赵亮, 曾强, 张丽, 等. 环境危险因素暴露对儿童急性淋巴细胞白血病发生风险的影响. 中华疾病控制杂志, 2017, 21(4): 375-378.

[216] Zou J, Li W, Lin W. Semiparametric Causal Discovery and Inference with Invalid Instruments. 2025. ArXiv Preprint arXiv: 2504. 2085.

"统计与数据科学丛书" 已出版书目